工业和信息化部"十四五"规划教材

教育部高等学校材料类专业教学指导委员会规划教材

材料科学研究与工程技术系列

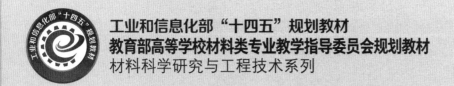

塑性成形物理基础

Physical Basis of Plastic Forming

U0223673

杜之明 主 编

程远胜 副主编

哈尔滨工业大学出版社
HARBIN INSTITUTE OF TECHNOLOGY PRESS

内 容 简 介

本书以金属结构和缺陷理论为基础,系统介绍了金属塑性变形的基本理论和基本知识,包括金属塑性变形的位错理论、金属冷热加工过程中的塑性变形、金属的塑性和变形抗力、金属塑性变形的宏观规律、金属塑性成形中的摩擦与润滑、金属塑性加工过程中的断裂等,并根据金属微成形的研究进展编写了金属塑性变形的尺寸效应等内容。

本书为材料成型与控制工程专业本科生教材,也可供相关专业的师生和从事材料塑性加工的研究人员、技术人员参考。

图书在版编目(CIP)数据

塑性成形物理基础/杜之明主编. —哈尔滨:哈
尔滨工业大学出版社,2023.8
(材料科学研究与工程技术系列)
ISBN 978－7－5767－0857－8

Ⅰ.①塑… Ⅱ.①杜… Ⅲ.①塑性变形 Ⅳ.
①TB301.1

中国国家版本馆 CIP 数据核字(2023)第 101570 号

策划编辑 许雅莹
责任编辑 李青晏 宋晓翠
封面设计 刘 乐
出版发行 哈尔滨工业大学出版社
社 址 哈尔滨市南岗区复华四道街 10 号 邮编 150006
传 真 0451－86414749
网 址 http://hitpress.hit.edu.cn
印 刷 哈尔滨市工大节能印刷厂
开 本 787mm×1092mm 1/16 印张 16.25 字数 385 千字
版 次 2023 年 8 月第 1 版 2023 年 8 月第 1 次印刷
书 号 ISBN 978－7－5767－0857－8
定 价 58.00 元

前　　言

为适应国家教育改革形势的需要,各高等院校材料成型与控制工程专业都大量增加了金属塑性加工物理学方面的内容。多数院校把原"压力加工原理"分成"塑性成形物理基础"和"弹－塑性加工力学"两门课程,分别单独设课。本书基于材料成型与控制工程专业塑性加工方向的教材使用需要,编者在近年来哈尔滨工业大学塑性加工方向本科生"塑性成形物理基础"授课讲义基础上加以适当修改、补充编写而成。本书以金属结构和缺陷理论为基础,系统介绍了金属塑性变形的基本理论和基本知识,包括金属塑性变形的位错理论、金属冷热加工过程中的塑性变形、金属的塑性和变形抗力、金属塑性变形的宏观规律、金属塑性成形中的摩擦与润滑、金属塑性加工过程中的断裂等,并根据金属微成形的研究进展编写了金属塑性变形的尺寸效应等新的知识内容。

本书为材料成型与控制工程专业本科生教材,采用多媒体教学,讲授学时约为 30 学时。本书也可供相关专业的师生和从事材料塑性加工的研究人员、技术人员参考。

本书由哈尔滨工业大学杜之明任主编,哈尔滨工业大学程远胜任副主编,参编人员有孙永根、綦育仕、陈丽丽。全书编写分工如下:第 1～3 章、第 4 章 4.1～4.5 节由杜之明编写;第 4 章 4.6 节由綦育仕编写;第 5 章由孙永根编写;第 6～7 章,第 8 章 8.1～8.4 节、8.6～8.7 节由程远胜编写;第 8 章 8.5 节由陈丽丽编写。全书由杜之明统稿。

由于时间仓促,编者水平有限,书中可能存在不足之处,恳请广大读者批评指正。

编　者
2023 年 5 月

目　　录

第1章　金属塑性变形的位错理论

1.1　金属的晶体结构

一般情形下,固态金属都是晶体(非晶体是指原子无周期、无规律排列,如玻璃)。

原子在晶体所占的空间内按照一定的几何规律做周期性的排列,原子在空间的规则排列称为空间点阵。

为便于理解和描述晶体中原子的排列情况,常用一些直线将晶体中各原子的中心连接起来使之构成一空间格子,并称为晶格。

从晶格中选取出具有晶格特征代表性的最小几何单元来分析晶体中的原子排列规律,最小几何单元称为晶胞。晶胞的棱边长度称为晶格常数,其度量单位为 Å (1 Å = 10^{-10} m)。

1.1.1　三种典型的晶胞结构

各种固态金属的晶体结构并不完全相同。工业上使用的几十种金属中,除少数具有复杂晶体结构外,最常见的金属晶体结构有三种,即体心立方结构、面心立方结构和密排六方结构。

1. 体心立方结构

如图 1.1 所示,晶胞中每个角都有一个原子,在立方晶胞中心也有一个原子。晶胞的棱边相等,三个轴互相垂直。

属于体心立方晶格的金属有 Mo、V、Cr、W、α−Fe、β−Ti 等。

图 1.1　体心立方结构原子堆积示意图

2. 面心立方结构

如图 1.2 所示,晶胞中每个角都有一个原子,每个面的中心也都有一个原子。晶胞的棱边相等,三个轴互相垂直。

属于面心立方晶格的金属有 Al、Ni、Cu、γ−Fe 等。

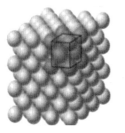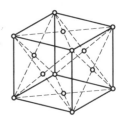

图 1.2 面心立方结构原子堆积示意图

3. 密排六方结构

如图 1.3 所示,密排六方晶胞像一个六方柱体,在六方柱体的十二个角上各有一个原子,上、下面的中心各有一个原子,在晶胞中间还有三个原子。密排六方晶胞有两个晶格常数:六方底面的边长 a 和两个底面的距离 c。

属于密排六方晶格的金属有 Zn、Mg、Be、$\alpha-$Ti、$\alpha-$Co 等。

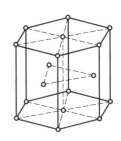

图 1.3 密排六方结构原子堆积示意图

1.1.2 晶面指数和晶向指数

为便于描述不同结晶面和结晶方向上的原子排列情况,晶体学中采用一定的符号来表示各种晶面和晶向,称为晶面指数和晶向指数。

1. 立方结构的晶面指数(密勒(Miller)指数)

在解析几何中,空间任意一个平面是用方程式来表示的:

$$\frac{X}{A}+\frac{Y}{B}+\frac{Z}{C}=1 \tag{1.1}$$

式中　X、Y、Z——平面上任意一点在给定坐标系中的坐标;

　　　　A、B、C——平面在相应坐标轴上的截距。

显然三个系数 $\frac{1}{A}$、$\frac{1}{B}$、$\frac{1}{C}$ 确定时,平面也就确定了。如果三个系数按比例变化,那么方程式便代表一组平行平面。

晶体学中,任何晶面在晶体中总是按一定周期重复出现,任一晶面都有无数多、平行的等同晶面与它同组,我们需要的正是能表示晶面组的指数。因此,只需知道 $\frac{1}{A}:\frac{1}{B}:\frac{1}{C}$ 的比值。

通常将它按比例化为简单整数比 $h:k:l$,而用符号 (hkl) 来表示等同晶面组,这就称为晶面指数或密勒指数。

必须指出：在晶体学中，坐标系是以晶轴作为坐标轴，各轴上的量度单位不是绝对单位制，而是分别以各轴上的点阵常数 a、b、c 为量度单位。

求晶面指数的步骤如下：

（1）选取三个晶轴为坐标系的轴，各轴分别以相应的点阵常数为量度单位。

（2）从欲确定的晶面组中，选取一个不通过原点的晶面，找出它在三个坐标轴上的截距 A、B、C。

（3）取各截距的倒数，按比例化为简单整数 h、k、l，用圆括号表示成 (hkl)。

当某一截面与一晶轴平行时，它在这个轴上的截距可看成是 ∞，则相应的指数为 0。

当截距为负值时，在相应的指数上面加以负号，如 $(11\bar{2})$。各指数同乘以 -1，晶面组不变。由于对称关系，在同一晶体结构中，有些晶面位向不同，但其原子排列情况相同，则这些晶面属于同一面族，即原子排列相同的晶面，往往不是一组，如与 (111) 面等同的还有三组，即 $(\bar{1}11)$、$(1\bar{1}1)$、$(11\bar{1})$ 等，这四组合成一个晶面族，改用大括号表示成 $\{111\}$。推而广之，用 $\{hkl\}$ 来泛指各晶面族。

2. 立方结构的晶向指数

晶向即是通过晶体点阵中一些阵点的直线所代表的方向，它可以用几何学表示空间任一直线的方向的方法来表示，这样的指数称晶向指数。其一般求法如下：

（1）选取参考坐标系。

（2）通过坐标原点作一与所求晶向平行的另一晶向。

（3）求出这个晶向上任一质点的矢量在三个坐标轴上的分量（即求出任一质点的坐标数）。

（4）将此数按比例简化为整数 u、v、w，用方括号表示成 $[uvw]$，即为晶向指数。如坐标值为负数，即在相应指数上面加负号。

原子排列情况相同但空间位向不同的同一类晶面称晶向族，用尖括号表示成 $\langle uvw \rangle$。

3. 密排六方结构的晶面指数和晶向指数

密勒指数也可适用于六方结构，但与用于立方结构时有许多不同，如在六方结构中有四个坐标轴，水平坐标轴由相互成 $120°$ 的三个坐标轴 a_1、a_2、a_3 组成，加上一个 c 轴组成坐标系。晶面指数和晶向指数采用四个数，如 $(hkil)$ 和 $[uvtw]$。六个柱面分为两两平行的三组形成晶面族 $\{10\bar{1}0\}$，三个水平轴代表的晶向合成晶向族 $\langle 2\bar{1}\bar{1}0 \rangle$。密排六方结构的晶向、晶面及其指数如图 1.4 所示。

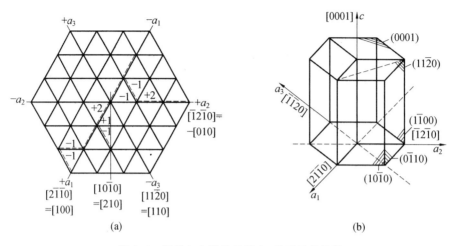

图 1.4 密排六方结构的晶向、晶面及其指数

1.1.3 实际多晶体的晶体结构

位向相同的一群晶胞聚合在一起,组成金属单晶体。单晶体由于在各方向上的原子密度不同,因此各方向上呈现的物理性能、化学性能、力学性能也各不相同,称为晶体的方向性。

然而实际使用的金属,在显微镜下可以观察到都是由很多晶粒组成的,每一个晶粒都是有一定位向的单晶体,晶粒和晶粒间存在位向差。

多晶体是由很多不同位向的晶粒组成的,晶粒的方向性互相抵消,因而在一般情形下,多晶体不显示方向性。

实际晶体原子的排列并不像理想晶体中的那么规则和完整,而是或多或少地存在着各式各样的、偏离规则排列的不完整性区域,通常称为晶体缺陷。晶体缺陷对晶体的性能,如强度、塑性、电阻等产生重大影响。

按照晶体缺陷几何形状的不同,可将它们分为点缺陷、线缺陷、面缺陷和体缺陷。

1. 点缺陷

点缺陷包括空位、间隙原子、杂质或溶质原子,其特点是在空间三个方向上的尺寸都很小(相当于原子的尺寸)。

在晶体中,位于点阵结点上的原子并不是静止的,而是以其平衡位置为中心做热运动。在一定温度时,原子热运动的平均能量是一定的,但是各个原子的能量并不完全相等,而且经常发生变化,此起彼伏。在任何瞬间,总有一些原子的能量大到足以克服周围原子对它的约束作用,就可能脱离原来的平衡位置而迁移到别处。结果在原来的位置上出现了空结点,称为空位。

离开平衡位置的原子有三个去处:①迁移到晶体的表面上;②迁移到晶体点阵的间隙中,在形成空位的同时产生了(同类)间隙原子即自填隙原子,如图 1.5 所示;③迁移到其他空位处,虽不增加空位数量,但可使空位变换位置。自填隙原子在点阵中会造成很大的畸变,需要消耗很多能量,在熔点以下,单靠热涨落难以产生自填隙原子,而需要外面供给能量。

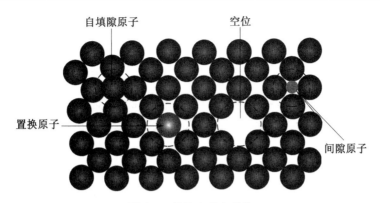

图 1.5　晶体中的点缺陷

实验证明,高能粒子辐照可使金属同时产生空位和自填隙原子。从理论上讲,冷加工应当具有与辐照相同的作用,但目前的实验指出,冷加工主要产生空位。空位的存在使周围原子失去一个近邻原子而影响原子间作用力的平衡,因而周围的原子都要向空位方向稍微做些调整,造成了点阵的局部弹性畸变。

处于晶格间隙中的(异类)间隙原子大多是原子半径很小的原子。尽管原子半径很小,但仍比晶格中的间隙大得多,所以造成的晶格畸变远较空位严重。

占据在原来基体原子平衡位置上的异类原子称为置换原子。由于置换原子的大小与基体原子的大小不可能完全相同,因此其周围邻近原子也将偏离平衡位置,造成晶格畸变。

间隙原子和置换原子在一定温度下也有一个平衡浓度值,一般称为固溶度或溶解度。通常置换原子的固溶度比间隙原子的固溶度要大得多。

空位等点缺陷可以在热力学平衡的晶体中存在,是热力学稳定缺陷;而线缺陷和面缺陷则是热力学不稳定缺陷。

稳定指的是动态的平衡稳定。实际晶体中空位是不断产生和消失的。若单位时间内新产生的空位和消失的空位数量相等,则总的空位数量保持不变。设有 N 个原子的晶体,在平衡时晶体的空位数为 n,形成一个空位所需要的能量为 U_v,应用统计热力学方法研究这一平衡过程,可求得空位的浓度。

可根据热力学推导出空位的平衡浓度:

$$C = \frac{n}{N} = A\mathrm{e}^{-\frac{U_v}{kT}} \tag{1.2}$$

式中　A——由振动熵决定的系数,一般在 $1\sim10$ 之间;

　　　k——玻尔兹曼常数;

　　　T——热力学温度。

间隙原子的平衡浓度也有类似的公式。在金属晶体中,间隙原子的形成能比空位形成能高几倍,因此在一定温度下,间隙原子浓度远低于空位浓度。

晶体中的空位和间隙原子是处在不断的运动变化之中的,这种迁移运动完全是随机的,是不规则的布朗运动。温度越高,空位的迁移频率越大。空位的迁移造成金属晶体中的自扩散现象。自扩散取决于空位的浓度和迁移频率,因此自扩散随温度升高而剧烈进行。间隙原子的迁移能比空位的迁移能小得多,其迁移频率远高于空位。

空位所引起的点阵畸变会使传导电子受到散射,产生附加电阻。附加电阻的大小与空位浓度成正比,因此可以间接地利用电阻法测定空位浓度。

2. 线缺陷(位错)

晶体中的线缺陷实际就是各种类型的位错。位错的概念是在研究晶体塑性变形的过程中提出来的,并发展成为一门重要的晶体学理论,它是解释金属塑性变形的最基本的理论。

位错是在晶体中某处有一列或若干列原子发生了有规律的错排现象,使长度达几百至几万个原子间距,宽约几个原子间距范围内的原子离开其平衡位置,发生了有规律的错动。

晶体中最基本的位错是刃型位错和螺型位错。

(1)刃型位错。

刃型位错示意图如图 1.6 所示。设想某一原子平面在晶体内部中断,这个原子平面中断处的边缘就是一个刃型位错(由于它的形状类似于在晶体中插入一把刀刃而得名)。刃型位错刃口处的原子列称为位错线。这个中断的原子面则称为额外半原子面。

刃型位错分正负。若额外半原子面位于晶体的上部,则称为正刃型位错,以"⊥"表示;反之,若额外半原子面位于晶体的下部,则称为负刃型位错,以"⊤"表示。实际上这种正负之分并无本质的区别,只是为了表示两者的位置关系,便于讨论位错运动行为。

显而易见,刃型位错线周围发生了弹性畸变。就正刃型位错而言,位错线上面的原子显得拥挤,受压应力;而下面的原子显得稀疏,受拉应力。

在位错中心,晶格畸变最大,随着与位错中心距离的增加,畸变程度逐渐减小。

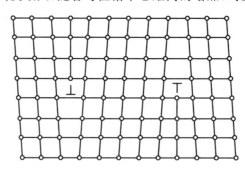

图 1.6　刃型位错示意图

通常把晶格畸变程度大于其正常原子间距的区域称为位错宽度,其值约为半个原子间距。位错线长度很长,可达数万个原子间距,相比之下,位错宽度显得非常小,所以把位错看成是线缺陷。但事实上,位错是一条具有一定宽度的细长管道,研究相当于原子尺度范围时,就要考虑位错的宽度。

刃型位错可以与间隙原子和置换原子发生弹性交互作用。各种间隙原子和尺寸较大的置换原子,它们的应力场是压应力,与正刃型位错的上半部分的应力相同,两者相互排斥;但与下半部分的应力相反,两者相互吸引。所以这些点缺陷大多易于被吸引而聚集到正刃型位错的下半部,或者负刃型位错的上半部。对于尺寸较小的置换原子,则易于聚集在刃型位错受压应力的地方。因此就会使位错的晶格畸变降低,同时使位错难于运动,从而造成金属的强化。位错的特殊结构也可以看成是晶体在塑性变形时,由于局部区域的原子发生滑移而造成的。设想有一个力加在图 1.7 所示晶体的右上角,促使右上角上半部晶块中的原子沿着滑移面向左移动一个原子间距,其移动方向和移动距离用图 1.7 中滑移矢量表示。

　　由于晶体左上半部的原子尚未滑移,于是就出现了滑移区和未滑移区的边界,其结构恰好是一个正刃型位错,因此可以把位错理解为晶体中已滑移区和未滑移区的边界。

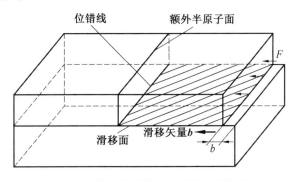

图 1.7　晶体局部滑移造成的刃型位错

　　(2)螺型位错。

　　如图 1.8 所示,在晶体右端施加一切应力,使右端上下两部分晶体沿滑移面的滑移方向 $ABCD$ 相对滑移一个原子间距,而晶体左端并未发生滑移,于是就出现了已滑移区(晶体右部分)与未滑移区(晶体左部分)的边界 AD。从滑移面上下相邻两层晶面上原子排列的情况可以看出,局部的原子发生了错排和不对齐的现象。此局部原子的排列已改变为螺旋形,如图 1.8 所示,它沿着一根轴线盘旋前进,每绕一周,原子面就沿滑移方向前进一个晶面间距,所以形象地称此原子错排为螺型位错,并把这一轴线定义为螺型位错线。实际螺型位错也是一根管道,而不是一根线。

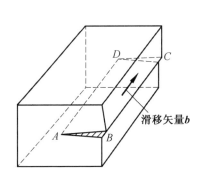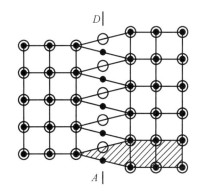

图 1.8　螺型位错示意图

　　根据位错线周围原子排列的旋转方向的不同,螺型位错可分为左螺型位错和右螺型位错两种。通常用拇指代表螺旋方向,而以其余四指代表螺旋的旋转方向,符合右手法则的称为右螺型位错,符合左手法则的称为左螺型位错。实际上左右螺型位错也无本质的区别,只是原子扭曲方向不同。

在实际晶体中经常含有大量的位错,通常把单位体积中所包含的位错线的总长度称为位错密度 ρ(单位为 m^{-2}),即

$$\rho = \frac{L}{V} \tag{1.3}$$

式中　V——晶体体积;

L——该晶体中位错线的总长度。

一般在经过充分退火的多晶体中,位错密度达 $10^6 \sim 10^8\ m^{-2}$;而经过剧烈变形的金属,其位错密度高达 $10^{10} \sim 10^{12}\ m^{-2}$,即在 $1\ cm^3$ 的金属内,含有千百万千米长的位错线。

位错的存在对金属材料的机械性能等有重要影响。如果金属中不含位错,那么它将有极高的强度,目前采用一些特殊方法已能制造出几乎不含位错的结构完整的小晶体。直径为 $0.05 \sim 2\ \mu m$、长度为 $2 \sim 10\ mm$ 的晶须,其变形抗力很高,例如直径 $1.6\ \mu m$ 的铁晶须,其抗拉强度竟高达 $13\ 400\ MN/m^2$;而工业上应用的退火纯铁,抗拉强度则低于 $300\ MN/m^2$,两者相差 40 多倍。不含位错的晶须不易塑性变形,因而强度很高;而工业纯铁中含有位错,易于变形,所以强度很低。如果采用冷塑性变形等方法使金属中的位错密度大大提高,则金属的强度也可以随之提高。金属强度与位错密度之间的关系如图 1.9 所示。

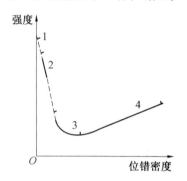

图 1.9　金属强度与位错密度之间的关系
1—理论强度;2—晶须强度;3—未强化的纯金属强度;4—合金化、加工硬化或热处理的合金强度

3. 面缺陷

面缺陷有以下几种。

(1)堆垛层错。

如面心立方结构的堆垛次序为:ABCABC…。

如果用 $\triangle$ 符号代表 AB、BC、CA 的层次堆垛,以 $\triangledown$ 表示相反的层次堆垛,即 BA、CB、AC,则面心立方结构的堆垛次序为 $\triangle\triangle\triangle\triangle\triangle\triangle$…。

堆垛层错(简称层错)是在原子的堆积次序出现错排。以面心立方结构(图 1.10)为例,有两种基本类型的层错。

①相当于从正常层序中抽走一层,称为抽出型层错,表达为:

$$\uparrow$$
$$A\ B\ C\ A\ ;\ C\ A\ B\ C$$
$$\triangle\triangle\triangle\ \ \triangledown\ \ \triangle\triangle\triangle$$

②相当于从正常层序中插入一层,称为插入型层错,表达为:

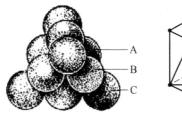

图 1.10　面心立方结构原子堆积模型

↓

Ａ Ｂ Ｃ：Ｂ：Ａ Ｂ Ｃ
△△▽　▽△△

　　各种金属产生层错的难易程度不一样,取决于产生层错能的高低。层错能高,层错产生概率小,如 Al、Ni 等称为高层错能金属;层错能低,层错产生概率大,如 α 黄铜、不锈钢等称为低层错能金属。

　　(2)晶界。

　　晶体结构相同但位向不同的晶粒之间的界面称为晶粒间界,简称晶界。

　　当相邻晶粒的位向差小于 10°时,称为小角度晶界;位向差大于 10°时,称为大角度晶界。晶粒的位向差不同,则其晶界的结构和性质也不同。小角度晶界基本上由位错构成,大角度晶界的结构却十分复杂,目前仍不十分清楚,而多晶体金属材料中的晶界大都属于大角度晶界,如图 1.11 所示。晶界处的原子排列不规则,偏离平衡位置,晶格畸变大,晶界上原子的平均能量高于晶界内部的平均能量,高出的能量称为晶界能。

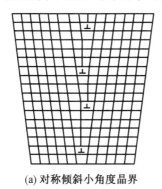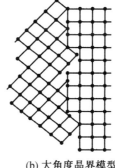

(a) 对称倾斜小角度晶界　　　　(b) 大角度晶界模型

图 1.11　晶界结构示意图

　　较高晶界能有自发地向低能状态转化的趋势。晶粒长大和晶界平直化都能减小晶界的总面积,降低晶界能,但只有原子具备一定的动能时才会出现这一过程。温度越高,原子动能越大,越有利于晶粒长大和晶界平直化。

　　由于晶界结构与晶体内部不一样,是不完整的,因此其具有一系列不同于晶粒内部的特性。晶界处点阵畸变较大,存在着晶界能。理论和实验的结果都表明,大角度晶界能远高于小角度晶界能,所以大角度晶界的迁移速率较小角度晶界大。钢在热处理时,奥氏体晶粒随加热温度的升高而增大,就是一个最典型的实例。

　　晶界处原子排列的不规则性使它在常温下会对金属材料的塑性变形起阻碍作用,在宏观上表现为晶界较晶粒内部具有较高的强度和硬度。显然,晶粒越细,金属材料的强度、硬度也越高。高温状态下使用的金属或合金,晶界的作用恰好与常温相反。因此,对于在较低温度下使用金属材料,总是希望得到细小的晶粒。

晶界处的原子偏离其平衡位置,具有较高的动能,并存在较多的空位、位错等缺陷,故原子的扩散速度比在晶粒内部快得多。而且,晶界的熔点较低,如有人研究发现,在极纯的锡中晶界的熔点比晶粒本身低约 0.14 ℃,因而金属的熔化先从晶界开始。当晶界处富集杂质原子时,其熔点降低很多,热加工及热处理过程中有时产生过烧缺陷,就是指加热温度过高,导致晶界熔化并氧化。

金属与合金的固态相变往往首先发生于晶界。进一步讲,原始晶粒越细,晶粒越多,则新相的形核率越高。

金属在腐蚀性介质中使用时,晶界的腐蚀速度一般都比晶粒内部快,这也是由于晶界的能量较高,原子处于不稳定状态。在金相分析中,用化学试剂侵蚀试样抛光的表面,晶界首先被腐蚀而形成凹槽,因此在显微镜下很容易观察到黑色的晶界。

由于界面能的存在,当金属中存在降低界面能的异类原子时,这些原子就将向晶界偏聚,这种现象称为内吸附。例如往钢中加入微量的硼(<0.000 5%),即向晶界偏聚,这对钢的性能有重要影响。相反,凡是提高界面能的原子将会在晶粒内部偏聚,这种现象称为反内吸附。内吸附和反内吸附现象对金属和合金的性能以及相变过程有重要影响。

(3)亚晶界。

在多晶体金属中,每个晶粒内的原子排列并不十分整齐,其中会出现位向差极小的亚结构或亚组织,这种亚结构之间的分界面就被称为亚晶界。亚结构和亚晶界的含义是广泛的,它们分别泛指尺寸比晶粒更小的所有细微组织和这些细微组织的分界面。它们可在凝固时形成,可在变形时形成,也可在回复再结晶时形成,还可在固态相变时形成,如形变亚结构和形变退火时多边形化形成的亚晶和它们之间的界面均属此类,如图1.12所示。亚晶界实际上是一系列位错所组成的小角度晶界,位向差小于 20°。

图 1.12　金属晶粒内亚结构示意图

(4)孪晶界。

孪晶界是所有晶界中最简单的一种。孪晶是指两个晶体(或一个晶体的两部分)沿一个公共晶面呈镜面对称的位向关系,此公共晶面称为孪晶面,在孪晶面上的原子同时位于两个晶体点阵的节点上,且为孪晶的两部分所共有,这种形式的晶面称为共格孪晶面。孪晶之间的界面称为孪晶界,孪晶界常常就是孪晶面。但也有孪晶界不与孪晶面相重合的情况,这时称为非共格孪晶界,如图 1.13 所示。

孪晶界也具有界面能。当孪晶界就是孪晶面时,由于界面上的原子没有发生错排现象,故其界面能是很低的,约为一般大角度晶界的 1/10;但若为非共格孪晶界时,界面能将增高,约为一般大角度晶界的 1/2。

孪晶的形成与堆垛层错有密切关系。在密排晶体中,如果密排面的堆垛顺序发生错乱就会产生孪晶。例如,面心立方晶体是以{111}面按 ABCABCABC…的顺序堆垛形成

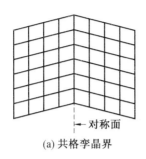 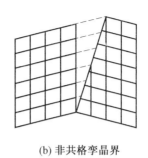

(a) 共格孪晶界　　　　　　　　(b) 非共格孪晶界

图 1.13　孪晶界示意图

的。如果从某一层起,堆垛顺序发生错排,即 ABCACBACBA…,则上下两部分晶体就形成了晶面对称的孪晶关系。可以预料,层错能高的金属中不易产生孪晶。

孪晶可以在形变的晶体中产生,称为机械孪晶或形变孪晶;也可以从气相、液相或固相中成长着的晶体中产生,称为成长孪晶;对于变形后的面心立方金属来说,还经常在退火时产生,称为退火孪晶。α黄铜经过变形后,可产生形变孪晶,随后的再结晶退火,又能产生大量的退火孪晶。

(5)相界。

具有不同晶体结构的两相之间的分界面称为相界。相界的结构有三类,即共格相界、半共格相界和非共格相界,如图 1.14 所示。

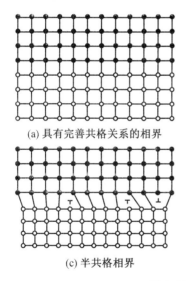 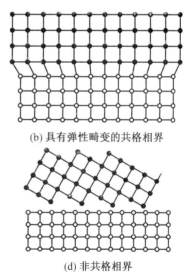

(a) 具有完善共格关系的相界　　　　　(b) 具有弹性畸变的共格相界

(c) 半共格相界　　　　　　　(d) 非共格相界

图 1.14　各种相界结构示意图

共格相界是指界面上的原子同时位于两相晶格的结点上,为两种晶格所共有。相界上原子排列规律既符合这个相晶粒内原子排列规律,又符合另一个相晶粒内原子排列规律。这是一种具有完善共格关系的相界,在相界上,两相原子匹配得很好,几乎没有畸变,但这种相界很少。一般两相的晶体结构或多或少地会有所差异,因此在共格相界上,两相晶体的原子间距存在着差异,从而必然存在弹性畸变,使相界一侧的晶体受到压应力,而另一侧受到拉应力。当畸变能高至不能维持共格关系时,则共格关系破坏,变成一种非共格相界。

介于共格和非共格之间的是半共格相界,界面上的两相原子部分地保持对应关系。其特征是沿相界面每隔一定距离即存在一个刃型位错。非共格相界的界面能最高,半共格相界的界面能次之,共格相界的界面能最低。

4. 体缺陷

根据分类,体缺陷在三维方向上的尺寸都不小。如果以金属的晶体结构作为一种理想的结构,偏离这种结构即为缺陷,那么非晶态结构就是一种体缺陷。晶体结构的根本特点是它的原子排列的周期性,即通过点阵平移操作可以与其自身重合。而在非晶态结构中,这种周期性消失了。非晶态金属合金是不具有长程原子有序的金属和合金,它们也被称为玻璃态合金或非结晶合金。如果非晶态和孔洞是一种几何体缺陷,那么,弥散析出物的相,各种夹杂物其中包括非金属夹杂物等则是化学成分体缺陷,而宏观体积内应力的不均匀性就是状态体缺陷。

1.2   单晶体的塑性变形

所有金属和合金一般都是晶体结构。要研究金属晶体塑性变形本质,必须从晶体的具体结构出发。工程上实际金属主要是多晶体。多晶体就是由大量的晶粒组成,每一晶粒都是一个单晶体。因此要探究多晶体塑性变形本质,首先必须研究单晶体的塑性变形机制。单晶体的塑性变形主要通过滑移和孪生两种方式。

1.2.1   滑移

1. 滑移带

取金属单晶体试样,表面抛光,然后进行拉伸。经适量塑性变形后,肉眼或在金相显微镜下观察,可在表面观察到许多相互平行的线条,称为滑移带。

如进一步用高倍电子显微镜观察,发现每一条滑移带均是由密集在一起的相互平行的滑移线所组成,这些滑移线实际上是塑性变形后在晶体表面上产生的一个个小台阶,其高度为 $70\sim1\,200$ 个原子间距,滑移线间的距离为 $100\sim200$ 个原子间距。相互靠近的一组小台阶在宏观上的反映是一个大台阶,这就是滑移带。晶体的塑性变形实际上就是晶体的一部分相对另一部分沿某些晶面和晶向发生滑动的结果,这种变形方式就称为滑移,如图 1.15 所示。

滑移带的发展过程首先是出现滑移线,后来发展成滑移带,并且滑移线的数目总是随着塑性变形程度的增大而增多,一方面滑移带不断增宽,另一方面在原有滑移带之间还会出现新的滑移带,滑移带间的距离则在不断缩短。滑移带的数目、宽度、滑移带间距及每一滑移带中滑移线的数目随金属的成分和变形条件的不同而变化。

对滑移带的观察可见,滑移是集中在一小部分的滑移面(约 1%)上发生,也就是说许多潜在的滑移面没有参与滑移,大多数晶面上的原子对其相邻晶面的原子没有滑动,这说明滑移的空间分布是不均匀的。因此,单晶体的塑性变形是不均匀的。

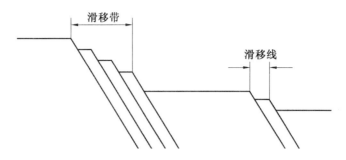

图 1.15　滑移带和滑移线示意图

2. 滑移面和滑移方向

研究表明,晶体的滑移总是沿着一定的结晶学平面(滑移面)发生,而且只能沿此面上的一定晶向(滑移方向)进行。大量研究证实,滑移面一般是原子密度最大或比较大的晶面,这是由于最密排面间的面间距最大,其晶面间的结合力最弱;而滑移方向是原子密度最大的密排方向。一个滑移面及其面上的一个滑移方向,组成一个滑移系。当其他条件相同时,金属晶体的滑移系越多,则滑移时可能出现的滑移位向越多,金属的塑性就越好。

金属的晶体结构不同,其滑移面和滑移方向也不同,三种常见金属结构的滑移面、滑移方向及滑移系如图 1.16 所示。

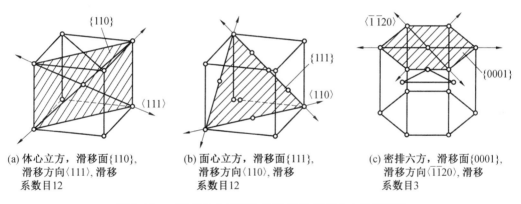

(a) 体心立方,滑移面{110},
滑移方向⟨111⟩,滑移
系数目12

(b) 面心立方,滑移面{111},
滑移方向⟨110⟩,滑移
系数目12

(c) 密排六方,滑移面{0001},
滑移方向⟨$\overline{1}\overline{1}20$⟩,滑移
系数目3

图 1.16　三种常见金属结构的滑移面、滑移方向及滑移系

体心立方金属的密排面即滑移面为{110},共有 6 个滑移面,密排晶向即滑移方向为⟨111⟩,每个滑移面上有两个滑移方向,因此共有 12 个滑移系。

面心立方金属的密排面是{111},共有 4 个滑移面,滑移方向为⟨110⟩,每个滑移面上有 3 个滑移方向,因此共有 12 个滑移系。晶体在滑移时,不可能沿着这 12 个滑移系同时滑动,只能沿着位向最有利的滑移系产生滑移。

一般密排六方金属的滑移面在室温时只有{0001}一个,滑移方向为⟨1120⟩,滑移面上有 3 个滑移方向,所以它的滑移系只有 3 个。

一般地说,滑移系的多少在一定程度上决定了金属塑性的好坏,例如,面心立方和体心立方金属的塑性较好(面心立方金属致密度为 0.74,滑移方向为 3;体心立方金属致密度为 0.68,滑移方向为 2),而密排六方金属的塑性较差。

决定密排六方点阵金属的一个非常重要的因素是轴比 c/a。当 $c/a>1.633$ 时，(0001)是六方晶体中最密排面，例如锌和镉具有显著的超轴比，室温时滑移面总是基面。当 $c/a<1.633$ 时，棱柱面$(10\bar{1}0)$是最密排面，例如 $\alpha-Ti$ 和铍具有显著的低轴比，因此棱柱面是最主要的滑移面。镁的轴比 $c/a=1.633$，滑移面除基面外，还有棱柱面。

然而，影响金属塑性的因素是复杂的，不只是与滑移系的多少有关，所以不能单凭滑移系的多少来判断金属塑性的好坏。还须指出，滑移系少的金属，各向异性更明显。

3. 临界剪应力

滑移是在切应力的作用下发生的。当晶体受力时，并不是所有的滑移系都同时开动，而是由受力状态决定，也就是说，当沿某一滑移系的分切应力达到某一临界值时，滑移才能开始。这一临界值即为临界剪应力或临界分切应力。

当拉力 F 作用于单晶体时，某一滑移系的分切应力 τ 可按图 1.17 求得。

设 A 为晶体的横截面积，ϕ 为滑移面与横截面的夹角，λ 为拉力与滑移方向的夹角，则在滑移方向上的分力为 $F\cos\lambda$，而滑移面的面积为 $A/\cos\phi$，所以

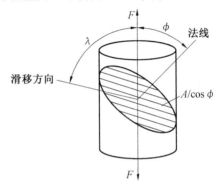

图 1.17　计算分切应力的分析

$$\tau=\frac{F}{A}\cos\phi\cos\lambda \qquad (1.4)$$

式(1.4)表明，当外力一定时，作用于滑移系上的分切应力与晶体受力的位向有关，$\cos\phi\cos\lambda$ 称为取向因子。显然，当滑移面的法向、滑移方向和外力轴处于同一平面，且 ϕ 为 45°时，取向因子具有最大值，此时的剪应力也最大，所以它是最有利于滑移的取向，称为软取向。无论 ϕ 大于或小于 45°都不利于滑移的取向。当 ϕ 为 90°或 λ 为 90°时，则根本无法滑移，这种取向称为硬取向。

当 $\sigma=\sigma_s$ 时，晶体开始塑性变形，这时滑移方向上的剪应力即临界剪应力，用 τ_s 表示（多晶体在一定条件下有一定的 σ_s）：

$$\tau_s=\sigma_s\cos\phi\cos\lambda \qquad (1.5)$$

单晶体屈服应力与取向因子有关，当取向因子最大时，σ_s 最小，如图 1.18 所示。

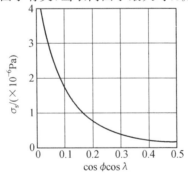

图 1.18　单向拉伸屈服极限与取向因子的关系

临界剪应力数值的大小主要取决于金属的本质,与外力无关。当条件一定时,各种晶体的临界剪应力各有其值,与试样的取向无关。但它是一个对组织结构敏感的性能指标,金属的纯度、变形速度、变形温度、加工和处理状态都对其有很大的影响。

(1)临界剪应力起源于原子结合力,因此取决于金属的本质。

(2)金属纯度。纯度越低,临界剪应力越低;少量杂质原子可使临界剪应力相应增加。

(3)与位错及其分布有关。无缺陷晶须,临界剪应力高;少量位错可大大降低临界剪应力;位错增加,临界剪应力也相应增加。

(4)变形温度。变形温度提高,临界剪应力下降。

(5)变形速度。因需要同时驱动更多的位错运动,变形速度增加,临界剪应力增加。

4. 滑移时晶体的转动

如果金属在单纯的切应力作用下滑移,则晶体的取向不会改变。但当任意一个力作用在晶体之上时,总是可以分解为沿滑移方向的分切应力和垂直于滑移面的分正应力。这样,在晶体发生滑移的同时,还将发生滑移面朝拉伸轴线方向的转动。

现以只有一个滑移面的密排六方金属为例进行分析,如图 1.19 所示。

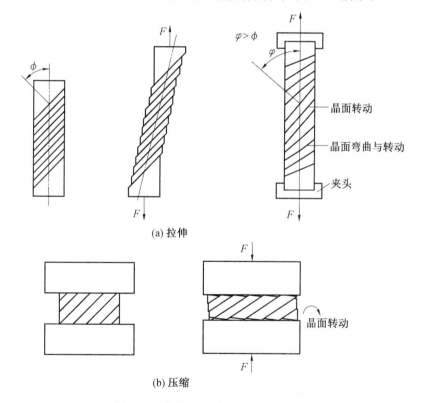

图 1.19　拉伸和压缩时的晶体转动

当晶体在拉伸力作用下产生滑移时,假如不受夹头的限制,即拉伸机的夹头可以自由移动,使滑移面的滑移方向保持不变,则拉伸轴的方向必然不断地发生变化。但是事实上夹头固定不动,拉伸轴的方向不能改变,这样,晶体的取向就必须不断地发生变化,即中部的滑移面朝着与拉伸轴平行的方向发生转动,结果造成了晶体位向的改变,如图 1.19(a)

所示。同理,在压缩时,晶体的滑移面则力图转至与压力方向垂直的位置,结果也造成了晶体位向的改变,如图 1.19(b)所示。

由此可见,在滑移过程中,不仅滑移面在转动,而且滑移方向也在旋转,即晶体的位向在不断地发生改变,取向因子也必然随之改变。随着滑移变形的进行,若初始 $\phi>45°$,取向因子越来越小,从而使滑移越来越困难,这种现象称为几何硬化;反之,若初始 $\phi<45°$,取向因子越来越大,使滑移越来越容易,这种现象称为几何软化。

1.2.2　孪生

塑性变形的另一种重要方式是孪生,也称机械孪生或孪晶。当晶体在切应力的作用下发生孪生变形时,晶体的一部分沿一定的结晶面(孪晶面或孪生面)和一定的晶向(孪生方向)相对于另一部分晶体做均匀的切变,在切变区域内,与孪晶面平行的每层原子的切变量与它距孪晶面的距离成正比,并且不是原子间距的整数倍。这种切变不会改变晶体的点阵类型,但可使变形部分的位向发生变化,并与未变形部分的晶体以孪晶面为分界面构成镜面对称的位向关系。通常把对称的两部分晶体称为孪晶或双晶,而将形成孪晶的过程称为孪生。孪生变形示意图如图 1.20 所示。

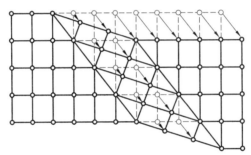

图 1.20　孪生变形示意图

与滑移相似,只有当外力在孪生方向的分切应力达到临界分切应力值时,才开始孪生变形。一般说来,孪生的临界分切应力要比滑移的临界分切应力大得多,只有在滑移很难进行的条件下,晶体才进行孪生变形。对于密排六方金属,由于它的对称性低,滑移系少,当晶体的取向不利于滑移时,常以孪生方式进行塑性变形。对于体心立方金属,如,在室温下只有在冲击载荷作用下才能产生孪生变形,但在室温以下,由于滑移不易进行,因此在比较慢的变形速度下也能引起孪生。而对于面心立方金属,由于其晶体点阵的对称性高,滑移系多,滑移面和孪生面是同一晶面,滑移方向和孪生方向的夹角不大,因此面心立方金属只易滑移,而很少发生孪生变形,只有在滑移很困难的情况下才发生孪生。孪生的变形速度极大,常引起冲击波,发出音响。

孪生对塑性变形的贡献比滑移小得多,但是,由于孪生后变形部分的晶体位向发生改变,原来处于不利取向的滑移系转变为新的有利取向,这样就可以激发晶体的进一步滑移。滑移和孪生两者交替进行,即可获得较大的变形。

1.3　位错理论的基本概念

1.3.1　位错理论的产生

早期人们对滑移的假设是:滑移面的原子如同刚性体而彼此滑动过去。根据这一假设,1926 年弗兰克尔(Я. Н. Френкель)对晶体的理论剪切强度进行了计算。设金属晶体中原子排列是理想的,相邻两层原子发生剪切变形,如图 1.21 所示。两列原子间距为 a,沿滑移方向的原子间隔为 b。假设沿两列原子的滑移面方向作用剪应力 τ,上下两层产生位移 x,不同 τ 对应不同的位移 x。原子间作用力有两种:每层中原子间的相互作用力,这与两层原子的相对位移无关;上下两层原子间的相互作用力,这种力随着位移 x 的位置变化是周期性的。在 A 和 B 位置时,处于正常点阵位置的平衡状态,剪应力为零;在 A 和 B 的中间位置,由于对称关系,剪应力也为零。上一列原子受到下列最邻近原子的吸引,所以剪应力 τ 必然是位移 x 的一个周期函数,其周期为 b,可近似地用正弦表示为

$$\tau = \tau_\mathrm{m} \sin 2\pi \frac{x}{b} \tag{1.6}$$

在靠近 A 时 $\dfrac{x}{b}$ 值很小,式(1.6)可写为

$$\tau \approx \tau_\mathrm{m} 2\pi \frac{x}{b} \tag{1.7}$$

塑性变形前应服从胡克定律,则有

$$\tau = G \frac{x}{a} \tag{1.8}$$

式中　G——晶体的切弹性模量;

　　　a——相邻两原子层的间距。

合并式(1.7)和式(1.8)可得

$$\tau_\mathrm{m} \approx \frac{Gb}{2\pi a} \tag{1.9}$$

为简便计,令 $a = b$,则

$$\tau_\mathrm{m} \approx \frac{G}{2\pi} \tag{1.10}$$

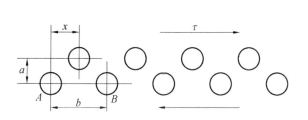

图 1.21　理论剪切模型

如果上下两层原子要相对地移动,亦即要产生相对切变,那么必须要克服这种力的作用。一般金属的切弹性模量 G 在 $10^4 \sim 10^5$ MPa 之间,故晶体的理论屈服强度应为 $10^3 \sim 10^4$ MPa 数量级。理论临界剪应力的计算值要比实际测得的剪应力值大上千倍,与实际不符。实际剪应力如此的小,只有几 MPa,而计算的理论屈服极限,如 Cu 是 5 200 MPa、Ag 是 3 300 MPa、Zn 是 3 500 MPa;实际值,Cu 是 1 MPa,Ag 是 0.6 MPa,Zn 是 1 MPa。所以这种刚性整体彼此移动的假设是错误的,因此后来人们认识到滑移一定是在晶体点阵中某些软弱的局部开始的。

为了解释这个差别,1934 年泰勒(G. I. Taylor)、波朗伊(M. Polanyi)和奥罗万(E. Orowan)分别提出晶体中位错的作用,它在剪应力作用下容易滑移,并引起塑性变形。随后弗兰克尔和康托洛娃提出了动态点阵模型。1939 年伯格斯(J. M. Burgers)将位错概念发展为位错应力场一般理论。1947 年柯垂尔(A. H. Cottrell)用溶质原子与晶体中位错的相互作用解释了低碳钢的屈服效应,得到了满意的结果,使得一个纯粹从假设出发的位错理论,在解释金属力学性质具体问题上,获得第一次成功。在这之前,位错理论尚存在争论,此后,位错理论得到了很大发展,但仍处于假设阶段。1957 年蒙塔尔(Menter)首先用电镜在铂钛花青晶体中第一次直接观察到位错,至此,位错的存在才最终得到直接的证明,位错理论再也不是假说了。此后位错理论发展迅速,不仅成功地解释了金属塑性变形、力学性能等理论问题,而且同晶体的热学、电学、磁学、光学、化学性能等都有密切的关系,成为一门重要的基本理论。

关于滑移的机理,人们提出的假设一般依据以下三个观念:

(1)滑移面内的材料在滑移中仍是结晶体。

(2)滑移是逐步而不是同时在滑移面上传播的。

(3)滑移从晶体中结构不规则的地方开始。

认为滑移在晶体点阵中某些缺陷处开始,在滑移面上逐步(一处或数处)滑动,然后以某一速率向外传播到滑移面的其他区域直至晶体表面,位错就是晶体中的这种缺陷。滑移是逐步发生的,就是晶体中的滑移面有一局部区域先发滑移,在已滑移区和未滑移区之间必然有一边界,位错的定义是把这个边界称为滑移位错,简称位错,边界线称为位错线(图 1.22)。由这个定义可知位错线包围滑移面的一部分

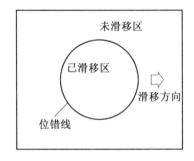

图 1.22　位错线示意图

面积,因此它永远在晶体内形成一闭合回线,或者终止于晶体的自由表面。

从上述定义出发,当位错运动时,已滑移区向外传播,意味着晶体发生了滑移。

位错理论解释金属滑移变形重要的两点是:

(1)位错在滑移面上移动并扫过整个滑移面时便产生了晶体的滑移,引起塑性变形。

(2)这种移动极易发生。加在位错线很小的切应力,就会使位错在滑移面内滑动。解释了实际金属滑移所需临界切应力比理论晶体的刚性整体滑移所需临界切应力小几个数量级的原因。

1.3.2　位错滑移的特性

1. 刃型位错的滑移

图 1.23 所示为刃型位错滑移示意图,EF 为位错线,其附近区域原子排列被破坏,越靠近位错线中心,点阵畸变越大,远离中心的地方畸变基本不存在。

由于位错线附近发生了原子畸变,原子处于不稳定状态。在极小的切应力作用下,这些位错线附近的原子很容易从一个平衡位置移动到另一平衡位置,从而形成位错沿滑移面的滑动。

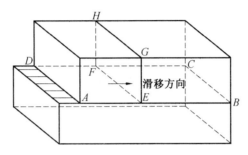

图 1.23　刃型位错滑移示意图

$ABCD$ 为滑移面,$EGHF$ 为额外半原子面。$AEFD$ 为位错已滑移区,滑移方向与位错线 EF 垂直并指向未滑移区。

2. 螺型位错的滑移

图 1.24 所示为螺型位错结构图,将晶体滑移面局部地切开(终止于交界线 CD),并使这两部分晶体按平行于 CD 的方向相对移动一个原子间距,然后结合起来,就构成了螺型位错结构。CD 称为螺型位错线。

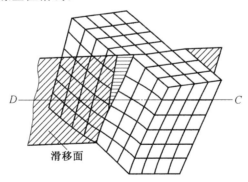

图 1.24　螺型位错结构图

螺型位错的结构可简化成图 1.25。图中 $ABCD$ 为已滑移区,晶体沿着位错线 CD 方向滑移,而位错线 CD 的移动方向与晶体的滑移方向垂直,滑移方向与位错线 CD 平行。

3. 位错的伯氏矢量

为了描述位错线在滑移过程中,滑移面上层原子相对下层原子的滑移方向和距离,引用一个矢量 **b** 来表示,伯格斯(Burgers)最先提出,因此称为伯氏矢量。

由于晶体点阵提供了周期性的力场,原子从一个平衡位置移到另一平衡位置,伯氏矢

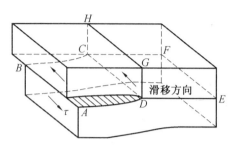

图 1.25　螺型位错滑移示意图

量必须连接这前、后两个平衡位置，所以矢量 **b** 是一个点阵矢量，矢量大小是晶体结构类型所确定的某个点阵间距，把伯氏矢量大小称为位错强度。

位错的伯氏矢量可按位错所在实际晶体的位置，采用画伯氏回路的方法确定。具体方法如下：

(1)首先人为规定位错线的方向。

(2)以位错线为轴环绕位错线，在完整晶体区域作闭式回路(伯氏回路)，回路的每一步都是从一个原子连接另一原子。

(3)用同样方法在不含位错的完整晶体作相同的伯氏回路。

(4)比较两个回路，绕位错线的回路是闭合的，完整晶体回路不闭合。不闭合回路的终点向始点连接所得到的矢量，就是位错的伯氏矢量 **b**。

图 1.26 所示为刃型位错，含位错的回路是 $M{\to}N{\to}O{\to}P{\to}Q$，封闭。完整晶体回路 $M'{\to}N'{\to}O'{\to}P'{\to}Q'$，不闭合，从 Q' 向 M' 连接得到该位错的伯氏矢量。

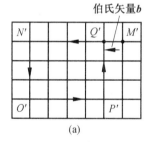

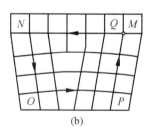

图 1.26　刃型位错

伯氏矢量反映了位错线周围点阵畸变量总和。不论柏氏回路怎样任意扩大，只要扩大过程中不和其他位错相遇，回路中所含晶格畸变始终不会改变，所以由此确定的伯氏矢量也不变。伯氏矢量具有守恒性。

伯氏矢量的表示方法就是点阵矢量的表示方法，现以面心立方晶格为例说明。图 1.27中原点到面心 A 的矢量 $\overrightarrow{OA}$，在直角坐标系的三个分量值是：$\dfrac{a}{2},\dfrac{a}{2},0$，也可写成 $[\dfrac{a}{2},\dfrac{a}{2},0]$，一般把这样的矢量写成 $\dfrac{a}{2}[110]$，其中 a 是点阵常数，$[110]$表示滑移方向。表达伯氏矢量的通式为：$\dfrac{a}{n}[u,v,w]$，其位错强度为 $\dfrac{a}{n}(u^2+v^2+w^2)^{\frac{1}{2}}$。

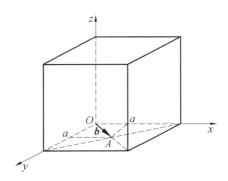

图 1.27　刃型位错伯氏矢量的确定

4. 混合型位错

由伯氏矢量的定义可知,刃型位错线与其伯氏矢量垂直;螺型位错线与其伯氏矢量平行。反之,位错线与伯氏矢量垂直,则该位错为刃型位错;位错线与伯氏矢量平行,则该位错为螺型位错。

如果位错线与其伯氏矢量既不垂直也不平行,这样的位错为混合型位错。如图 1.28 所示,位错线 AB 段是螺型位错,CD 段是刃型位错。

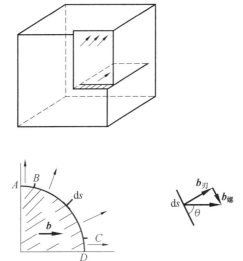

图 1.28　混合型位错示意图

BC 弧段是混合型位错。取一小段 ds,当 $ds \to 0$,ds 可看成直线段,与其伯氏矢量成一角度 θ,根据矢量分解成两个分量,一个垂直于 ds,是刃型分量;另一个平行于 ds,是螺型分量。则有

$$b = b_{刃} + b_{螺} \tag{1.11}$$

因此混合型位错既含有刃型位错,也含有螺型位错。

混合型位错从 $B \to C$,伯氏矢量不变,但其刃型分量不断增大,螺型分量不断减小。

由于刃型位错与螺型位错的运动方向都与位错线方向垂直,因此从位错线的结构出发,混合型位错线的运动方向只能是其法线方向。

从位错是已滑移区与未滑移区的边界这个概念出发,位错在滑移面内必然是一封闭环线或者是终止于晶体表面的线段。引入伯氏矢量的概念,容易分析滑移面内一个位错环的构成,如图 1.29 所示。

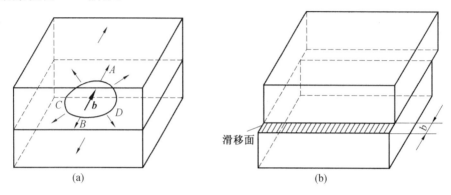

图 1.29　位错运动引起滑移变形示意图

若 A 处为正刃型位错,则 B 为负刃型位错,C 为右螺型位错,D 为左螺型位错。其余为混合型位错,可以找到相互对应符合相反的一对混合型位错。正因为如此,位错圈各处的运动方向都是其外法线方向,且指向晶体外,当位错扩展到晶体表面消失后,这时产生的滑移量是伯氏矢量 b 的大小。

1.4　位错的运动

1.4.1　位错的滑移运动

位错是晶体缺陷的一种结构形式,在切应力作用下是怎样运动的呢? 为了形象地说明位错的运动,将这种结构的畸变中心抽象地用一条线来表示,这就是位错线。

将位错运动看作位错线在滑移面内的运动,称为位错的滑移运动。正是由于这种运动引起了金属的塑性变形。图 1.30、图 1.32 所示为刃型位错和螺型位错运动引起滑移变形的示意图。

位错线周围滑移面上下各晶面的原子做微小切位移后使位错线从一个对称位置移到下个对称位置,由于位错的畸变中心位置的改变,因此位错线就像真的运动起来了。

派尔斯和纳巴罗计算了点阵对位错移到下一平衡位置的阻力,称派-纳力,设晶体内一个刃型位错,其点阵阻力公式如下:

$$\tau_{P-N} = \frac{2G}{1-\mu} e^{-\left(\frac{2\omega\pi}{b}\right)} = \frac{2G}{1-\mu} e^{-\frac{2\pi d}{(1-\mu)b}} \tag{1.12}$$

式中　G——切变模量;

d——滑移面间距;

μ——泊松比;

b——位错伯氏矢量的大小;

ω——位错中心处严重畸变区的宽度,$\omega = \dfrac{d}{1-\mu}$。

由式(1.12)可知：

(1)晶体滑移时所需临界剪应力很低,若设 $d=b,\mu=0.3$,则 τ_{P-N} 在 $(10^{-3}\sim10^{-4})G$ 量级,比晶体理论剪切力 $\tau=\dfrac{G}{2\pi}$ 值小得多,与实际临界剪应力近似。

(2)滑移面间距 d 值越大,伯氏矢量 b 越小,点阵滑移阻力越小。因此滑移容易发生在密排面和密排方向。

1. 刃型位错的滑移

如图 1.30 所示,晶体中的刃型位错未受外力前,相邻原子作用在位错上的力(实际是作用在额外半原子面的原子上)是对称的,处于稳定的平衡状态,位错的位置(即额外半原子面的位置)不会运动。当晶体受到外力作用时,额外半原子面端部附近的原子只要产生微小的移动,位错就可以移动一个原子间距,如图 1.30 所示刃型位错从 f 点到 g 点移动一个原子间距,并不需要构成额外半原子面的原子真正移动一个原子间距,而需要额外半原子面前后近邻原子移动一个比一个原子间距小的位移即可。可见位错是很容易移动的。若外力停止作用,位错就停留在新的平衡位置上。若外力继续作用,位错就继续运动,一直到额外半原子面移动到晶体的表面上。这时,在晶体表面就留下了一个原子间距大小的台阶。如果一个位错从晶体的一端移动到另一端,就造成了晶体两部分间产生一个原子间距的滑移变形,如图 1.31 所示。

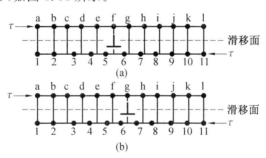

图 1.30　刃型位错滑移简图

当大量的刃型位错从晶体的一端滑移到另一端时,就在晶体表面上产生了大量的台阶,可见金属滑移变形的实质就是位错运动,晶体滑移是位错运动的结果。

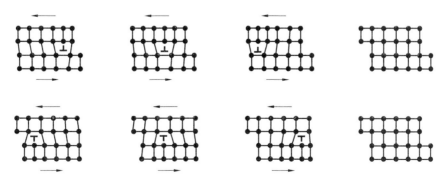

图 1.31　刃型位错滑移运动简图

2. 螺型位错的滑移

螺型位错的滑移也是很容易的。由图 1.32 可见,在伯氏矢量方向上的切应力 τ 作用下,位错线附近的原子在伯氏矢量方向上只要一个很小的移动(小于一个原子间距),螺型位错就可以在垂直于其伯氏矢量的方向上移动一个原子间距。外力如果停止作用,螺型位错就在新的位置上停留下来,保持不动。如果外力继续作用,位错就一直移动到晶体表面为止。这时在晶体表面上,就留下了一个宽度为一个原子间距的台阶。如果螺型位错线从晶体的一端扫过到另一端,则整个晶体在伯氏矢量方向上就产生了一个原子间距(即一个 b)的位移。如图 1.33 所示,当大量的螺型位错线扫过晶体时,在垂直于其伯氏矢量的晶体表面就可观察到滑移台阶很多的滑移线。

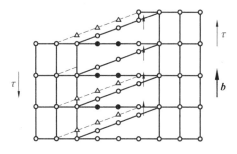

图 1.32   螺型位错滑移简图

○—上层原子的位置;●—下层原子的位置;△—上层原子移动后的位置

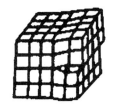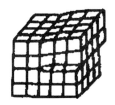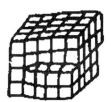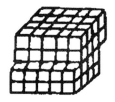

图 1.33   螺型位错滑移运动产生的晶体滑移

螺型位错和刃型位错的滑移有不同之处。刃型位错只能在其位错线和伯氏矢量所决定的唯一的滑移面上滑移,滑移过程中不能改变其所在滑移面;而螺型位错的位错线因为是平行于其伯氏矢量的,位错线和其伯氏矢量不能决定一个唯一的滑移面,在同一个滑移方向(即伯氏矢量方向)可以在不同滑移面上滑移,也就是说可以在滑移过程中保持其滑移方向而改变其滑移面,这种在不同滑移面上同一滑移方向的滑移称为交滑移。

1.4.2   位错的攀移

刃型位错除沿滑移面的滑移运动外,还可以垂直滑移面运动,称为位错的攀移。

刃型位错的攀移是晶体内额外半原子面部分地扩大或缩小。如图 1.34 所示,位错额外半原子面向上方移动,称为正攀移;反之,为负攀移。

位错攀移过程中需要增加或抛掉一部分原子,这一过程的实质是空位的扩散运动。空位扩散的速率随温度而变化,因此在低温时攀移较困难,随温度升高,扩散活动加剧,位错攀移速率加快。所以位错的攀移是空位扩散的过程。

此外,作用在攀移面上的正应力有助于攀移。压应力促进正攀移,拉应力促进负攀移。

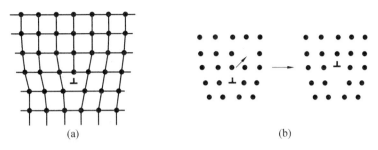

(a)　　　　　　　　　(b)

图 1.34　刃型位错攀移示意图

在热变形中,位错攀移剧烈,可使位错通过攀移越过障碍,降低塑性变形过程中的应力集中,因而增加塑性。

位错发生攀移有两种驱动机制:

(1)晶体中的空位浓度。

当晶体中实际空位浓度大于平衡浓度时,超出的空位易偏聚于位错线,使位错产生正攀移;当晶体中实际空位浓度小于平衡浓度时,空位远离位错线,使位错产生负攀移。因此晶体中不平衡浓度是位错发生攀移的主要机制。淬火和冷变形在晶体内形成过饱和空位浓度,在随后的加热过程中,很容易发生位错的攀移。

(2)应力状态。

当晶体中位错受到垂直于额外半原子面的正应力时,会使晶体体积发生变化,促进发生攀移运动。当正应力为压应力时,晶体体积收缩,促进额外半原子面向上运动,发生正攀移;当正应力为拉应力时,额外半原子面向下运动,发生负攀移。垂直于额外半原子面的正应力也是位错发生攀移的驱动力之一。

对于螺型位错,从一个滑移面过渡到另一滑移面的过程称为交滑移。由于螺型位错是轴对称,不存在额外半原子面,因此螺型位错的交滑移比刃型位错的攀移容易。螺型位错可以在以轴线(位错线)为滑移方向的任何滑移面内运动。

当螺型位错线在原滑移面的运动受阻,便会转到和原滑移面相交的另一滑移面上去,如图 1.35 所示,发生交滑移。

当位错再转回和原来滑移面平行的面上时,这个过程称为双交滑移,如图 1.36 所示。位错的交滑移是对螺型位错而言,攀移是对刃型位错而言。

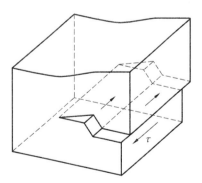

图 1.35　螺型位错交滑移示意图

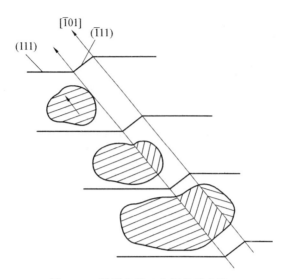

图 1.36　螺型位错双交滑移示意图

1.4.3　位错滑移和晶体塑性变形的关系

晶体滑移是位错线在滑移面上滑移的结果。因此,晶体的切应变应和位错的滑移运动有一定的关系。设一晶体的滑移面积为 A,高为 H,如位错从一端扫到另一端,产生一个伯氏矢量为 b(在简单立方晶体情况下,就是一个原子间距)的切位移(图 1.37),则应有切应变:

$$\gamma = \frac{b}{H} \tag{1.13}$$

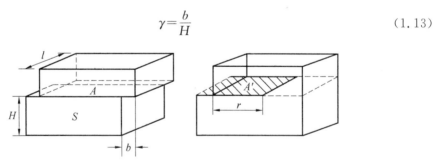

图 1.37　位错滑移和晶体变形

如果位错扫过的面积为 A',没有扫过晶体的整个滑移面,这时的位移量按比例为 $A'b/A$,所以这时的切应变为

$$\gamma = \frac{A'}{A}\frac{b}{H} \tag{1.14}$$

位错扫过的面积 A',可表示为位错线长 l 与其移动的距离 r 的乘积,于是式(1.14)变为

$$\gamma = \frac{lr}{A}\frac{b}{H} \tag{1.15}$$

一般情况下,晶体中会有 n 条位错线在滑移面上移动,若它们移动的平均距离用 $\bar{r}$ 表示,n 条长 l 的位错线的总长度用 L 表示,则

$$\gamma = \frac{nl\,\bar{r}}{A}\frac{b}{H} = \frac{L\,\bar{r}}{A}\frac{b}{H} \tag{1.16}$$

令 $AH = V$ 表示体积，$L/V = \rho_v$ 表示单位体积中位错线的总长度，定义为位错线的体积密度，则

$$\gamma = \rho_v\,\bar{r}\,b \tag{1.17}$$

假设长度为 l 的 n 条位错线都是互相平行而且垂直于晶体端面 S，则

$$\rho_v = \frac{L}{V} = \frac{nl}{Sl} = \frac{n}{S} = \rho_s \tag{1.18}$$

ρ_s 表示单位面积上位错线的根数，定义为位错的面密度。所以式(1.17)可写为

$$\gamma = \rho_s\,\bar{r}\,b \tag{1.19}$$

既然 $\rho_s = \rho_v$，归一化起来用 ρ 表示，称为位错密度。于是：

$$\gamma = \rho\,\bar{r}\,b \tag{1.20}$$

假定 ρ 为常数时，对式(1.20)求时间导数，则可得应变速率：

$$\dot{\gamma} = \rho v b \tag{1.21}$$

1.5　作用在位错线上的力

当晶体受力作用时，其中位错要移动或将要移动，就意味着有一种力作用到位错线上。

由于位错线移动的方向总是与位错线垂直，设有一个垂直于位错线的作用力 F，且在位错线上均匀分布，当位错移动时，作用在位错线上的力可求解如下。

设有一剪应力 τ 使一小段位错线 dl 移动了 ds 距离，此位错线移动的结果使晶体中 dA 面积 $(dA = dl \cdot ds)$ 沿滑移面产生了滑移，其滑移量等于位错的伯氏矢量 b，剪应力 τ 所做的功为

$$dw = (\tau dA) \cdot b = \tau dl \cdot ds \cdot b \tag{1.22}$$

另外，此功也相当于作用在位错线上的力 F 使位错线移动 ds 距离所做的功：

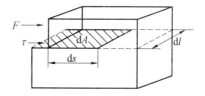

图 1.38　位错的线张力

$$dw = F \cdot ds \tag{1.23}$$

所以 $\tau dl \cdot ds \cdot b = F \cdot ds$，$F = \tau \cdot b \cdot dl$，则

$$f = \frac{F}{dl} = \tau \cdot b \tag{1.24}$$

f 是作用在单位长度位错线上的力，它与外加切应力 τ 和位错伯氏矢量 b 成正比，其方向与位错线垂直，并指向滑移面的未滑移区。由于各位错线上的伯氏矢量相同，所以只要作用在晶体上的切应力是均匀的，那么位错线各段所受力的大小也相等。

1.6　位错的弹性性质

晶体中由于位错的存在,不但在位错中心产生严重的晶格畸变,而且在其周围产生弹性应变和应力场。要深入了解位错的性质,就要研究位错的弹性应力场,由此可推算位错所具有的弹性能量、位错间的作用力等。

1.6.1　位错的应力场

在讨论弹性应力场时,为有利于数学处理,广泛采用连续介质模型,对模型做必要的假设:

(1)晶体是完全弹性体,服从胡克定律。

(2)认为晶体是各向同性的。

(3)近似地认为晶体内部由连续介质组成。

因此晶体中的应力、应变、位移等是连续的。

图 1.39 中,XOZ 面把圆环体割一道缝,然后使割缝的左右两部分沿 X 轴方向做相对位移,位移量为 b,然后将割缝两面黏合起来。这就是一个位错线沿 Z 轴的正刃型位错的弹性体模型,其伯氏矢量 b 是沿 X 轴方向。

选择空心的圆环形体作为位错的弹性体模型是因为位错中心畸变严重,按弹性理论,在位错中心处内应力为无穷大,胡克定律不适用。中心以外是适用

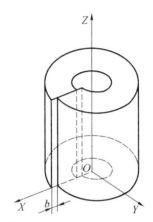

图 1.39　刃型位错连续介质模型

的,为此将半径 r_0 的圆柱体挖掉。一般认为 r_0 是伯氏矢量的几倍,虽有误差,但计算较为方便和合理。

在图 1.39 中,圆柱体在 Z 轴方向没有位移,X 轴与 Y 轴的位移与 Z 无关,因此可当作平面变形状态来处理。对该弹性模型用弹性力学方法可计算出相应的应力。

在直角坐标系中:

$$\begin{cases} \sigma_x = \dfrac{-Gb}{2\pi(1-\mu)} \cdot \dfrac{y(3x^2+y^2)}{(x^2+y^2)} \\[2mm] \sigma_y = \dfrac{Gb}{2\pi(1-\mu)} \cdot \dfrac{y(x^2-y^2)}{(x^2+y^2)} \\[2mm] \sigma_z = \mu(\sigma_x+\sigma_y) \\[2mm] \tau_{xy} = \dfrac{Gb}{2\pi(1-\mu)} \cdot \dfrac{x(x^2-y^2)}{(x^2+y^2)} \\[2mm] \tau_{xz} = \tau_{zy} = 0 \end{cases} \tag{1.25}$$

式中　G——切变模量;

　　　μ——泊松比;

　　　b——位错伯氏矢量的大小。

在圆柱坐标系中：

$$\begin{cases} \sigma_r = \sigma_\theta = -\dfrac{Gb}{2\pi(1-\mu)} \cdot \dfrac{\sin\theta}{r} \\[3mm] \tau_{r\theta} = \dfrac{Gb}{2\pi(1-\mu)} \cdot \dfrac{\cos\theta}{r} \end{cases} \tag{1.26}$$

从公式和应力场分布图(图 1.40)，可以看出：

(1)刃型位错的应力场具有面对称型，对称面为垂直于 X 轴，且沿 Y 轴的平面。

(2)刃型位错周围某一点应力大小与该点距位错中心的距离 r 成反比，与伯氏矢量成正比。

(3)当 $Y>0$ 时，σ_x 为负，是压应力；当 $Y<0$ 时，σ_x 为正，是拉应力。说明位错所在平面在滑移面上方的晶体受压应力，在滑移面下方的晶体受拉应力。

(4)当 $\theta=0$ 和 $\theta=\pi$ 时，X 轴具有最大切应力，所以：

$$\tau_{\max} = \frac{Gb}{2\pi(1-\mu)} \cdot \frac{1}{r} \tag{1.27}$$

同理，螺型位错应力场如图 1.41 所示。

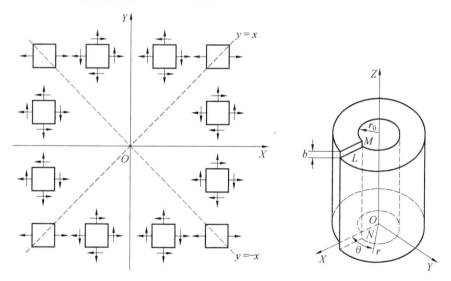

图 1.40　刃型位错应力场　　　　图 1.41　螺型位错应力场

位错线沿 Z 轴方向，且只在 Z 方向有位移，这种变形可视为纯剪变形，比刃型位错简单，只考虑切应力。按位移求解出各应力分量为

$$\begin{cases} \tau_{xz} = \dfrac{Gb}{2\pi} \cdot \dfrac{y}{x^2+y^2} \\[3mm] \tau_{yz} = \dfrac{Gb}{2\pi} \cdot \dfrac{x}{x^2+y^2} \end{cases} \tag{1.28}$$

由于螺型位错没有额外半原子面，故晶体中没有拉伸和压缩应力分量，极坐标系(图 1.42)有

$$\tau_{\theta z} = \frac{Gb}{2\pi} \cdot \frac{1}{r} \tag{1.29}$$

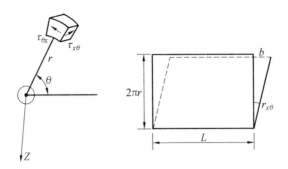

图 1.42   螺型位错应力场及弹性体

由式(1.29)可以看出：

(1)螺型位错应力场是轴对称的。

(2)切应力只与 r 有关,而与 θ、Z 无关。

从刃型位错与螺型位错应力场函数可知,当 $r \to 0$ 时,应力无穷大,出现奇异性。因此在弹性体中挖掉半径 r_0 的圆柱体是符合实际情况的。

1.6.2   位错的应变能

位错的应变能也称弹性能或畸变能。按胡克定律,弹性体的应变能密度 v(单位体积的应变能)为应力 σ 和应变 ε 的乘积的 $1/2$:$v = \dfrac{1}{2}\sigma\varepsilon$,总的应变能可由全体积积分求得,但此方法较复杂。位错的应变能可近似地按形成位错的功计算,即只要求出外加应力所做的功,就可求出位错的应变能。

对刃型位错,如图 1.39 所示,设圆环体沿 X 轴割一道缝,在两割面上外加切应力,从零开始逐渐增加到形成位错为止。两割面相对位移距离 b,作用在其上的切应力便做了功,此功即转变为位错的应变能。设圆环体高度为一个单位,沿壁厚划分许多单元长度 $\mathrm{d}r$,则沿径向单位面积为 $\mathrm{d}r$,作用单位面积上的切应力为 $\tau \cdot \mathrm{d}r \cdot 1$,沿整个位错线单位长度滑移面上的力为

$$\tau' = \int_{r_0}^{r} \tau \cdot \mathrm{d}r \tag{1.30}$$

$$\tau_{\max} = \frac{Gb}{2\pi(1-\mu)} \cdot \frac{1}{r} \tag{1.31}$$

按前面可知,在切应力 τ' 作用下产生切向位移 b 所做的功即为单位刃型位错长度的应变能 $U_{刃}$:

$$
\begin{aligned}
U_{刃} &= \frac{1}{2}b \cdot \int_{r_0}^{r_1} \frac{Gb}{2\pi(1-\mu)} \cdot \frac{\mathrm{d}r}{r} = \frac{1}{2}b \cdot \int_{r_0}^{r_1} \frac{Gb}{2x} \cdot \frac{\mathrm{d}r}{r} \\
&= \frac{Gb^2}{4\pi(1-\mu)}\ln\frac{r_1}{r_0}
\end{aligned}
\tag{1.32}
$$

相似地可求出单位螺型位错线长度的应变能：

$$U_{螺} = \frac{1}{2} b \cdot \int_{r_0}^{r_1} \tau_{螺} \, \mathrm{d}r = \frac{1}{2} b \cdot \int_{r_0}^{r_1} \frac{Gb}{2x} \cdot \frac{\mathrm{d}r}{r}$$
$$= \frac{Gb^2}{4\pi} \ln \frac{r_1}{r_0} \tag{1.33}$$

混合型位错应变能介于刃型和螺型位错的应变能之间：

$$U_{混} = \frac{Gb^2}{4\pi k} \ln \frac{r}{r_0} \quad (1-\mu < k < 1) \tag{1.34}$$

如果 r_1 为无穷大,或 $r_0 \approx 0$,位错能量皆趋于无限大,这种情形不存在。取 r_0 与 b 接近 $(b=2\times10^{-8}\text{cm})$,而 $r\approx10^{-5}\text{cm}$,则位错能可简化为

$$U = aGb^2 \tag{1.35}$$

式中,$a=0.5\sim1$。可看到位错应变能与伯氏矢量 b^2 成正比,也说明了伯氏矢量的大小称为位错强度的原因。

1.6.3　位错的线张力

位错线有使自己尽量缩短变直的性质,这种性质就是位错的线张力的作用。当位错线受力发生弯曲时,位错将抵制弯曲,这是因为位错线弯曲会使其长度增加,其能量也增加。位错的线张力类似于表面张力。

表面张力是指增加单位表面积所需的能量：

$$T = \frac{\Delta W}{\Delta S} \tag{1.36}$$

式中　ΔW——增加单位表面积所需增加的能量;
　　　ΔS——增加的单位表面积。

位错的线张力 T 为

$$T = \frac{\Delta U}{\Delta L} \tag{1.37}$$

式中　ΔU——位错线增加的应变能;
　　　ΔL——增加的位错线长度。

由于单位长度位错线的应变能 $U = \frac{\Delta U}{\Delta L}$,故

$$T = U \tag{1.38}$$

位错的线张力在数值上等于单位长度位错线的应变能。刃型位错的线张力 $T_{刃} \approx 0.7Gb^2$,螺型位错的线张力 $T_{螺} \approx 0.5Gb^2$。

1.6.4　位错弯曲所需的切应力

由于位错具有线张力,因此要使其弯曲必须施加一定的弯曲力。现在来确定能保持曲率半径为 r 的弯曲位错线的切应力 τ。

在图 1.43 中,单位弧长 $\mathrm{d}s$ 所对的角 $\mathrm{d}\theta = \frac{\mathrm{d}s}{r}$,位错线向外的力是 $\tau \cdot b \cdot \mathrm{d}s$,由线张力产生的向内的力是 $2T\sin\frac{\theta}{2}$;当 $\mathrm{d}\theta$ 较小时,可写成 $T\mathrm{d}\theta$,位错线保持外形的力学条件:

$$T\mathrm{d}\theta = \tau \cdot b \cdot \mathrm{d}s \qquad (1.39)$$

$$\tau = \frac{T\mathrm{d}\theta}{b \cdot \mathrm{d}s} = \frac{T}{b \cdot r} \qquad (1.40)$$

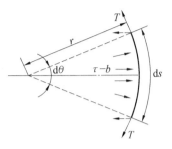

图 1.43　弯曲位错线的作用力

T 在数值上是单位长度的能量 $T = U = aGb^2$，若取 $a = 0.5$，则有

$$\tau = \frac{Gb}{2r} \qquad (1.41)$$

切应力的大小与弯曲的曲率半径有关，曲率半径越小，所需切应力越大。

1.7　位错间的相互作用

位错间的相互作用是通过各自应力场的相互作用而产生的，这种作用称为弹性相互作用。由于平行的刃型位错与螺型位错的应力场互相垂直，因此只讨论同类型互相平行位错之间的相互作用力。

1.7.1　两平行刃型位错间的相互作用

如图 1.44 所示，两平行滑移面内的两平行刃型位错 O 和 A，两位错伯氏矢量相同。A 位错在原点位错 O 的应力场所受的力可分解为 F_x 和 F_y，只有 F_x 方向对 A 位错在滑移面的滑移运动有影响，所以只讨论 F_x 对位错线 A 就可以。F_x 等于沿 X 方向的切应力 τ_{xy} 乘以伯氏矢量 b：

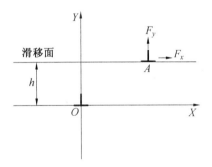

图 1.44　两刃型位错的弹性相互作用

$$F_x = \tau_{xy} \cdot b \qquad (1.42)$$

τ_{xy} 是 O 位错在 A 点产生的切应力：

$$\tau_{xy} = \frac{Gb}{2\pi(1-\mu)} \cdot \frac{x(x^2 - y^2)}{(x^2 + y^2)^2} \qquad (1.43)$$

$$F_x = \frac{Gb^2}{2\pi(1-\mu)} \cdot \frac{x(x^2 - y^2)}{(x^2 + y^2)^2} \qquad (1.44)$$

图 1.45(a) 给出同号位错 A 在 O 位错应力场不同位置的受力情况。

(1) 当 A 位错在 $x = 0$ 和 $x = \pm y$ 时，$F_x = 0$。在 $x = 0$ 处时，附近受吸引力，位错的平衡是稳定的，而在 $x = \pm y$ 处的平衡是不稳定的。若稍微偏离则周边受到不是吸引力就

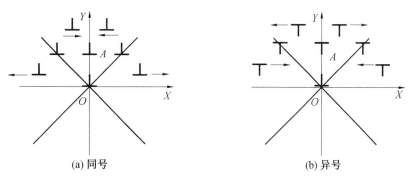

(a) 同号　　　　　　　　　　(b) 异号

图 1.45　平行位错间的作用力

是排斥力,故同号位错沿垂直方向(y 轴)上一个位错落在另一个同号位错上面的列阵是最稳定的,这就是多边化过程中位错形成位错墙的原因(小角度晶界的情况)。

(2)当 $x < -y$ 或 $x > y$ 时,同号的两刃型位错沿着滑移面彼此排斥;当 $-y < x < y$ 时,两同号位错相吸。

对于异号位错(图 1.45(b)),则与同号相反,在 $x = 0$ 处,位错平衡不稳定,而在 $x = \pm y$ 处是稳定的。

1.7.2　两平行螺型位错间的相互作用

螺型位错间的相互作用是有心的,即力的作用线都是通过原点,如图 1.46 所示,相互作用力为

$$F_{\mathrm{r}} = \tau_{\theta Z} \cdot b = \frac{Gb^2}{2\pi r} \tag{1.45}$$

由此可知,两平行的同号螺型位错间的作用力 F_{r} 是正值,两个位错是互相排斥的;两异号螺型位错间的作用力 F_{r} 是负值,两个位错是相互吸引的。

从位错应力场和位错结构可以看出,对于同一滑移面内两平行的同号位错要互相排斥,异号位错要互相吸引而抵消。

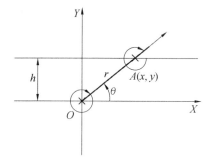

图 1.46　两螺型位错的弹性相互作用

1.7.3　同一滑移面上平行位错间的弹性相互作用——平面塞积

金属晶体变形过程中,位错的滑移经常会受到晶界、亚晶界、第二相或杂质的阻碍而

停留在晶体内。在同一地方萌生的位错以及同一位错源产生的位错,它们先后在同一滑移面上运动,如果在滑移面上遇到了障碍物,这一系列位错就塞积在障碍物前,由于同号位错间存在斥力,后续位错不能移动而使塞积的位错越来越多,其斥力也就越来越大,这种现象称为平面塞积或位错塞积,如图1.47所示。

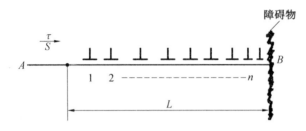

图 1.47　刃型位错的平面塞积

滑移面 AB 内的位错源 S 产生的大量位错在障碍物 B 前塞积起来。离障碍物最近的一个位错称领先位错。当外加载荷应力把塞积带中一系列位错推向它们的领先位错时,使领先位错紧紧地挤到障碍物上。除非领先位错向前移动,否则它们全部不能移动。如果领先位错向前移动 δ 距离,则全体都向前移动 δ 距离,外加应力 τ 所做的功是 n 个位错移动所需之功,即

$$W = n \cdot \tau \cdot b \cdot \delta \tag{1.46}$$

另一角度看,障碍物对领先位错的阻力为 τ_1,根据虚功原理,τ_1 所做的功为 $W_1 = \tau_1 \cdot b \cdot \delta$,在平衡条件下两者应相等,即 $W_1 = W$,故

$$\tau_1 = n \cdot \tau \tag{1.47}$$

式(1.47)表明领先位错受到的力是外加应力的 n 倍,显然要使位错继续滑移,外加应力需增大 n 倍,这就是加工硬化的原因。

式(1.47)还表明,塞积群领先位错前端有很大的应力集中,随着塞积群的位错数目不断增加,其应力集中也不断增大,当应力增大到一定程度时,塞积群的螺型分量可通过交滑移越过障碍。当应力更大时,可把障碍物摧毁而形成微裂纹。当在晶界边上存在塞积群,应力集中达到一定程度时,可触发相邻晶粒的位错源开动。

设位错源发出的第 j 个位错向前运动时,后方驱使它向前的力是 $F = \tau_0 \cdot b$,前方受到塞积群对它的阻力:

$$\frac{Gb^2}{2\pi(1-\mu)} \sum_{i=1}^{j-1} \frac{1}{x_j - x_i} \tag{1.48}$$

式中　i——塞积群中位错排列的自然顺序号;

x——塞积群中位错的位置。

当驱动力与阻力相等时,第 j 个位错停止前进被塞积起来。塞积群每个位错都有相同的塞积条件。设稳定塞积群中有 n 个位错,那么 $i = j$ 的位错塞积条件:

$$\frac{Gb^2}{2\pi(1-\mu)} \sum_{\substack{i=1 \\ i \neq j}}^{n} \frac{1}{x_j - x_i} - \tau_0 b = 0 \tag{1.49}$$

令 $\dfrac{Gb}{2\pi(1-\mu)} = D$,则得

$$\frac{\tau_0}{D} = \sum_{\substack{i=1 \\ i \neq j}}^{n} \frac{1}{x_j - x_i} \tag{1.50}$$

由式(1.50)可以得到$(n-1)$个方程,联立求解得

$$x_i = \frac{D\pi^2}{8\pi\tau_0}(i-1)^2 \tag{1.51}$$

由式(1.51)可求出塞积群中相邻位错间的距离$(x_i - x_{i-1})$,可知位错间的距离由领先位错开始依次变疏。当塞积群长度为L,塞积群位错数目为n时,则有

$$L = x_n \simeq \frac{Dn\pi^2}{8\tau_0} \tag{1.52}$$

$$n \propto L \cdot \tau_0 \tag{1.53}$$

式(1.53)表明塞积群位错的个数n正比于外剪应力τ_0和位错源至障碍物的距离L。当L一定时,晶体在τ_0作用下不断放出位错,当位错达到数目n时,塞积群可以抑制位错源继续放出位错。若继续增殖放出位错,则必须增加外加剪切应力。

1.7.4　自由表面对位错的作用力

当位错靠近自由表面时,晶体的弹性能会减小。位错离自由表面的距离越小,位错的弹性能越小,位错有向晶体自由表面移动并消失于晶体表面的趋势,从而减小位错应变能,就好像自由表面对位错有吸引力一样。计算这个力的大小时,可以想象位错的滑移面向自由表面以外延伸,并以表面为镜面对称的地方同时存在一个异号位错(图1.48),假想这两个位错互相吸引到晶体表面时正好合并对消,它们间的吸引力可以看作是表面对位错的吸引力,这个力称为映象力。设在靠表面距离为d的地方有一螺型位错,根据式(1.45),这个映象力为

$$F = \frac{Gb^2}{4\pi d} \tag{1.54}$$

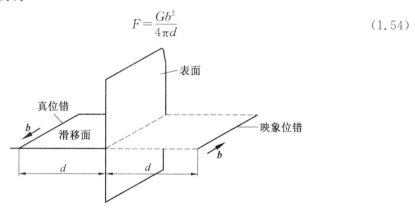

图 1.48　位错在晶体外的映象

两个弹性模量不同的介质间的界面(相界面)对附近的位错也会有映象力,当位错处于弹性模量较大的介质中时,映象力为吸引力;当位错处于弹性模量较小的介质中时,映象力为排斥力,这时相界的畸变能较高。位错向界面移动的动力取决于两者的应变能差。

1.8 位错的交割

晶体内位错线在滑移面上运动过程中会与其他相交滑移面上的位错线相遇,这样两个相交滑移面上的运动位错间会发生交割。本节只讨论两个互相垂直位错的交割,交割时可认为位错间不存在弹性相互作用,交割的结果要看它们的取向和伯氏矢量间的关系而定。

交割最基本的形式有三种:(1)刃型位错与刃型位错的交割;(2)刃型位错与螺型位错的交割;(3)螺型位错与螺型位错的交割。

1.8.1 刃型位错与刃型位错的交割

1. 位错线与伯氏矢量都垂直

如图 1.49 所示,两相交滑移面各有刃型位错 AB 和 PR,伯氏矢量分别为 b_1、b_2,$AB \perp PR$,$b_1 \perp b_2$。

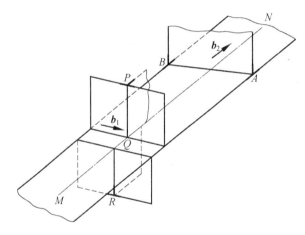

图 1.49 两伯氏矢量相垂直刃型位错的交割

位错线 PR 固定,位错 AB 在其滑移面运动,当通过两滑移面交线时,位错 AB 和位错 PR 发生交割,AB 位错运动后在 Q 处割过位错 PR 后,将使晶体上下两部分沿位错 AB 所在滑移面产生相对滑移,并在位错线 PR 上造成一个台阶 Q,台阶的长度和方向就是位错线 AB 的伯氏矢量的大小和方向,台阶 Q 称为位错割阶,简称割阶。

交割使位错 PR 产生割阶 Q,使其位错线长度增加,必然使其系统能量增加。但交割后,割阶 Q 与位错 PR 的伯氏矢量相同,因而位错 PR 继续运动,可拖着它的割阶 Q 一起运动,因此这种割阶对位错运动没有影响,称为非阻碍割阶,这种割阶是不稳定状态,随位错的继续运动而消失。

相对地,位错 PR 的运动不会在位错 AB 上产生割阶,但会使位错 AB 长度增加,其长度大小是位错 PR 的伯氏矢量 b_2 的大小,只使系统能量增加,也不妨碍 AB 在交割后的运动。

2. 位错线垂直与伯氏矢量平行

图 1.50 所示为两伯氏矢量相平行刃型位错的交割。交割后,分别在对方位错线上留下一割阶,也是非阻碍割阶,割阶长度的大小为对方的伯氏矢量的大小。

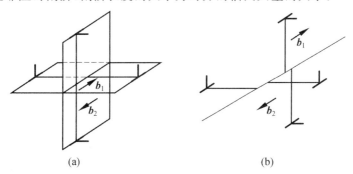

图 1.50　两伯氏矢量相平行刃型位错的交割

1.8.2　刃型位错与螺型位错的交割

如图 1.51 所示,L_1 是刃型位错,伯氏矢量为 b_1;L_2 是螺型位错,伯氏矢量为 b_2。交割后,在位错 L_1 上形成一割阶 AB,其大小和 b_2 相同;在螺型位错上形成割阶 CD,其大小同 b_1,这两割阶都和各自的伯氏矢量垂直,因而都是刃型位错。L_2 的割阶 CD 恰好在滑移面上,可通过滑移自行消失,割阶 AB 可随位错 L_1 继续运动。

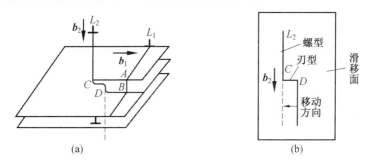

图 1.51　刃型位错与螺型位错的交割

1.8.3　螺型位错与螺型位错的交割

如图 1.52 所示,L_1、L_2 是两螺型位错,伯氏矢量分别是 b_1、b_2。交割后,设伯氏矢量 b_1 的螺型位错 L_1 不动,伯氏矢量 b_2 的螺型位错 L_2 向左移动,相交后互相形成割阶,L_1 线上形成 cd,L_2 线上形成 on。由于两割阶均垂直于伯氏矢量,所以都是刃型位错线段。

观察移动的螺型位错 L_2,其割阶所在的平面垂直于螺型位错的滑移面,形成割阶的位错线 $mnop$,no 是刃型位错线段,所在的 A 平面与滑移面垂直,A 平面是一不完全平面,在 no 的左面或右面是一额外半原子面,这样可以看出 no 不能随螺型位错线(向左)移动,因为 no 线段移动方向是攀移运动,会在 no 的后面形成一系列点缺陷。

一般情况下攀移不能发生,因而螺型位错线中的割阶被钉住不能移动,但在应力作用下,有割阶的螺型位错线其未钉住部分可在上下相邻滑移面内继续滑移,形成如图 1.53 所示的一对正、负的位错线,称为偶极位错。

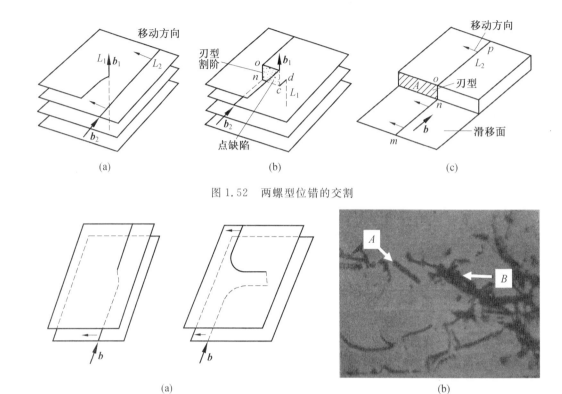

图 1.52　两螺型位错的交割

图 1.53　偶极位错

总结割阶的性质,有下面几点:

(1)割阶的长度和方向是割切位错 **b** 的大小和方向。

(2)割阶是一小段位错,它的伯氏矢量与被切割位错相同。

(3)割切位错的性质取决于割阶所在滑移面的运动方向是否与被切割位错线的运动方向一致,一致是非障碍割阶,不一致则是障碍性割阶。

实际上,金属塑性变形过程中,位错在滑移面上运动时,会割过相交滑移面的一系列位错,这一系列位错称为林位错。位错割过林位错,必须增加外力克服林位错的阻力,林位错的数目越多,阻力越大,塑性变形越困难,这也是引起加工硬化的重要原因。

1.9　位错的增殖

金属塑性变形最主要的方式是滑移,当一个位错扫过滑移面后,其产生的相对滑移量为一个原子间距。而一条滑移线的滑移距离可达几千 Å,因此即使产生一条滑移线就需要数千个位错,故晶体塑性变形时产生大量滑移带就需要非常多的位错。而且滑移是位错扫过滑移面并移出晶体表面所造成的,所以变形晶体中的位错数目理应越来越少。而实验表明,经充分退火的金属,位错密度为 $10^4 \sim 10^6$ cm^{-2};而经过较大塑性变形后,位错密度可达 $10^{11} \sim 10^{12}$ cm^{-2},位错反而增加了。这说明,在塑性变形过程中,金属晶体必然存在使位错不断增殖的位错源。

位错增殖机制有多种,最被认可的机制是由弗兰克和里德于1950年最先提出的位错增殖机理。该机理认为晶体中位错往往是互相缠结的,某些位错线在运动中局部受阻,而可动部分位错继续运动使位错线产生弯曲扩展,由于这样连续不断的弯曲扩展,因而不断产生新的位错。下面通过图1.54介绍晶体位错的增殖机制,即弗兰克—里德源(F—R源)。

如图1.54所示,ab 为刃型位错的可动部分位错线,a 和 b 是 ab 段位错线的下锚点而不能动,在切应力($F=\tau \cdot b$)作用下迫使 ab 段位错不断弯曲,随着位错线弯曲,其上便有向心恢复力 $f=T/r$,只有 $F=\tau \cdot b > f=T/r$ 时位错线才能继续扩展,在不断弯曲扩展后的混合型位错应包括刃型和螺型分量。另外,与位错线移动相反的一段对称位错,一定是类型相同符号相反的位错。当方向相反的位错在 M 点相遇后,左右螺型位错分量(与伯氏矢量 b 平行)不断接触而不断抵消,这时位错线分成两部分:一部分形成位错环,离开位错 ab 而继续扩展,直到晶体表面或受到某种阻碍时为止;另一部分恢复原来的位错线 ab,在外力作用下重复上述过程,位错源不断地产生新的位错。这样,在一个滑移面内一段位置适当的可动位错线,就可以作为 F—R 源产生大量的位错,当大量的位错环滑出晶体,就在晶体表面形成可见的滑移台阶。

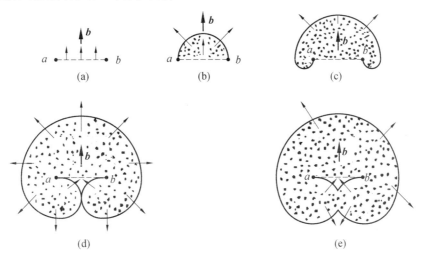

图 1.54　弗兰克—里德源

F—R 源动作时,位错线要弯曲变长,必须有足够的切应力,当弯曲的曲率半径 $r=L/2$ 时(L 为 ab 段位错线长度),形成半圆,曲率半径最小,此时需要切应力最大,即位错开动的临界切应力,由式(1.41)可求得

$$\tau_{\text{F−R}}=\frac{Gb}{L} \tag{1.55}$$

当位错线形成半圆以后,继续运动必然使曲率半径增加,从而使切应力降低。实际金属中还有其他位错源,如晶界、相界、杂质和晶体表面等。

1.10　实际金属中的位错

前面介绍了位错理论的基本内容,都是基于简单立方晶体中的位错为代表而阐明的,而金属晶体结构中主要是面心立方、体心立方、密排六方结构。实际金属中存在着各种缺陷,使得在这些晶体结构中的位错滑移更为复杂,除了具有简单立方晶体中位错的共同性质之外,还有一些特性,它们和金属材料的性能有密切关系。

1.10.1　实际晶体中的完全位错和不全位错

位错的性质可用伯氏矢量来描述并划分位错的类型。实际晶体中的位错类型比较复杂,但仍可按伯氏矢量对位错滑移进行分类。

伯氏矢量是表示位错线周围的原子按伯氏回路确定的相对位移的矢量。对可滑动位错来说,就是表示位错在滑移面上运动过后,滑移面两侧原子相对位移的矢量。原子相对位移不是随意的,一般是从原子的一个稳定平衡位置移动到另一个稳定平衡位置,即从晶体点阵中的一个结点移动到另一个结点(可称为点阵矢量),而且为了减少位错线的弹性应变能,通常都是位错沿着密排面从一个稳定平衡位置移向密排方向上最近邻的另一个原子稳定平衡位置(称为最短点阵矢量)。

通常把伯氏矢量等于点阵矢量的位错称为完全位错,也称为单位位错或特征位错。完全位错很多情况下可以分解成为伯氏矢量小于最短点阵矢量的位错,这些伯氏矢量小于最短点阵矢量的位错就称为不全位错,又称为半位错或部分位错。

由上所述可见,最短点阵矢量常常是判断完全位错和不全位错的标准,不同晶体结构的最短点阵矢量不同。

简单立方晶体的最短点阵矢量是晶胞各个棱边所表示的矢量,即 $a\langle 100\rangle$,所以简单立方晶体的单位位错的伯氏矢量就表示为 $\boldsymbol{b}=a\langle 100\rangle$,它的方向是 $\langle 100\rangle$,它的大小为 $|\boldsymbol{b}|=a\,(1^2+0^2+0^2)^{\frac{1}{2}}=a$,$a$ 是点阵常数。

与分析简单立方晶体的单位位错的方法相似,可确定出面心立方晶体的单位位错的伯氏矢量为 $\boldsymbol{b}=\dfrac{a}{2}\langle 110\rangle$,$|\boldsymbol{b}|=\dfrac{\sqrt{2}}{2}a$;体心立方晶体的单位位错的伯氏矢量为 $\boldsymbol{b}=\dfrac{a}{2}\langle 111\rangle$,$|\boldsymbol{b}|=\dfrac{\sqrt{3}}{2}a$;密排六方晶体的单位位错的伯氏矢量为 $\boldsymbol{b}=\dfrac{a}{3}\langle 11\overline{2}0\rangle$,$|\boldsymbol{b}|=a$。

1.10.2　面心立方晶体中的位错

由 1.1.3 节及图 1.10 可知,在面心立方晶体中,正常堆垛的密排面原子层相对滑动,抽去一层或插入一层都可以产生层错。如果层错不是贯穿整个晶体而是贯穿晶体的一部分,即相对滑动的原子面不是整整的一层原子,而只是原子层的一部分,抽出或插入的原子层也只是原子面的一部分,则所造成的层错也就不是完整的一层,而只是一部分。这样在晶体中,就分成了层错区和完整晶体区。这两个区域的边界就是一个不全位错。下面按层错的形成方式来介绍面心立方晶体中的不全位错。

1. 肖克莱不全位错

肖克莱不全位错是晶体某个{111}面的上下两部分做相对滑动而形成的,如图 1.55 所示。面心立方晶体中的{111}面和〈110〉方向是晶体的密排面和密排方向。当晶体沿{111}面和〈110〉方向发生部分滑移时,那么已滑移区与未滑移区的分界线就是一条伯氏矢量 $b = \dfrac{a}{2}[110]$ 的特征位错,如图 1.55(b)所示。若晶体沿面的〈112〉方向做部分滑移,同样已滑移区与未滑移区分界线为一条位错线,它的伯氏矢量为〈112〉方向一个原子间距的三分之一,即 $b = \dfrac{a}{6}[211]$。该位错线为肖克莱不全位错,如图 1.55(c)所示。使晶体形成肖克莱不全位错的部分滑移,其滑移面上的已滑移区破坏了晶体的正常堆垛,所以成为堆垛层错区。

肖克莱不全位错可以看成是正常堆垛区与堆垛层错区的分界线,其伯氏矢量和层错同在滑移面{111}上,是易动位错,它可以在层错所在的{111}面上滑移。肖克莱不全位错的伯氏矢量垂直、平行或以 θ 角相交于位错线时,则该不全位错分别为刃型、螺型或混合型肖克莱不全位错。完全位错的一般特性都适用于肖克莱不全位错,但肖克莱不全位错是伴随层错而形成的,所以刃型肖克莱不全位错不能做攀移运动,螺型肖克莱不全位错不能做交滑移而离开原来的滑移面(层错面),它们只能在滑移面上做滑移运动。

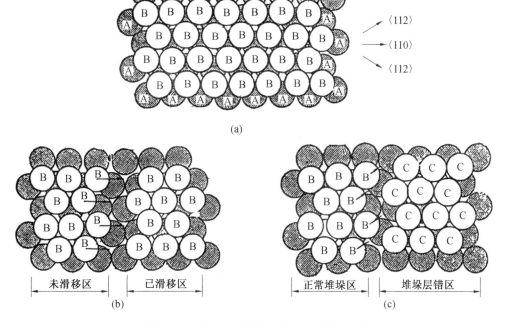

图 1.55　面心立方晶体中的肖克莱不全位错

2. 弗兰克不全位错

在面心立方晶体密排面的正常堆垛中抽出一部分 C 层原子面或在 B、C 两原子面间加入一部分 A 层原子面,则在抽出与插入原子面的区域便出现了层错区。而在其他部分仍然为正常堆垛区,如图 1.56 所示。在正常堆垛区与层错区的交界线便为一条刃型位错。它的伯氏矢量为密排面的面间距,$b = \frac{1}{3}\langle 111 \rangle$,该位错称弗兰克不全位错。弗兰克不全位错的伯氏矢量垂直于密排面 $\{111\}$,也垂直于位错线。所以无论位错线呈怎样的形状,它总是一条刃型位错。位错的滑移面垂直于晶体的密排面,因而它不易滑移,可以看作为不动位错。当它做攀移运动时,可以扩大或缩小层错区。晶体在高温淬火后,晶体中的过饱和空位偏聚于某一密排面,即可得到弗兰克不全位错。

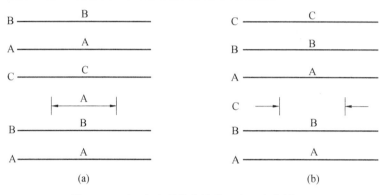

图 1.56　面心立方晶体中的弗兰克不全位错

1.11　扩展位错和面角位错

1.11.1　位错反应

位错反应就是位错的合并与分解,也就是晶体中不同伯氏矢量的位错线合并为一条位错线或一条位错线分解成两条或多条伯氏矢量不同的位错线。位错使晶体点阵发生畸变,伯氏矢量是反映位错周围点阵畸变总和的参数。因此,位错的合并实际上是晶体中同一区域两个或多个畸变的叠加,位错的分解是晶体内某一区域具有一个较集中的畸变,松弛为两个或多个畸变。位错反应式是由参加位错反应的各位错伯氏矢量组成的。

不是任何位错相遇都会发生位错反应的。位错间能不能进行位错反应,可以从下列条件来判断。

1. 几何条件

因为伯氏矢量有守恒的性质,一条位错线和几条位错线相交后,其伯氏矢量不变。所以反应前各位错的伯氏矢量(b_i)和与反应后各位错的伯氏矢量($b_{i'}$)和相等。其数学表达式为

$$\sum \boldsymbol{b}_i = \sum \boldsymbol{b}_{i'} \tag{1.56}$$

这就是位错反应的几何条件。例如有位错反应:

$$\boldsymbol{b}_1 \longrightarrow \boldsymbol{b}_2 + \boldsymbol{b}_3 \tag{1.57}$$

若 $\boldsymbol{b}_1 = \frac{a}{2}[10\bar{1}]$, $\boldsymbol{b}_2 = \frac{a}{6}[2\bar{1}1]$, $\boldsymbol{b}_3 = \frac{a}{6}[11\bar{2}]$, 从几何条件判断这个反应能否进行,

可做以下计算：

$$\frac{a}{2}\left[10\bar{1}\right]\longrightarrow\frac{a}{6}\left[2\bar{1}\bar{1}\right]+\frac{a}{6}\left[11\bar{2}\right]=\frac{a}{6}\left[30\bar{3}\right]=\frac{a}{2}\left[10\bar{1}\right] \tag{1.58}$$

将 $\boldsymbol{b}_2$ 和 $\boldsymbol{b}_3$ 的各分量相加起来后，其伯氏矢量仍为 $\frac{a}{2}\left[10\bar{1}\right]$，和反应前是一样的。所以从几何条件来看，这个反应能够进行。

2. 能量条件

反应能否自发进行，除了满足几何条件外，还应满足能量条件。从热力学可知：反应过程要是一个自动（发）过程，则反应后的能量应低于反应前的能量。因为位错的能量与伯氏矢量的平方成正比，所以这一条件可表达为

$$\sum\boldsymbol{b}_i^2 > \sum\boldsymbol{b}_{i'}^2 \tag{1.59}$$

即反应前的伯氏矢量平方和大于反应以后的伯氏矢量平方和，这个反应才能自动进行。利用这一条件来分析上例：

$$\frac{a}{2}\left[10\bar{1}\right]\longrightarrow\frac{a}{6}\left[2\bar{1}\bar{1}\right]+\frac{a}{6}\left[11\bar{2}\right] \tag{1.60}$$

因为

$$\boldsymbol{b}_1^2=\frac{a^2}{2},\quad \boldsymbol{b}_2^2=\frac{a^2}{6},\quad \boldsymbol{b}_3^2=\frac{a^2}{6} \tag{1.61}$$

反应以后它们就有如下关系：

$$\boldsymbol{b}_1^2 > \boldsymbol{b}_2^2+\boldsymbol{b}_3^2$$

所以可判断这个反应能自动进行。

如图 1.57 的刚性球模型所示，$\boldsymbol{b}_1$ 表示 (111) 上 C 层原子从一个 C 位置移到相邻的另一个 C 位置的位移矢量，原子直接沿着这一位移方向移动，需要越过 B 层原子的"高峰"，所以这种位移需要较高的能量。如果 C 层

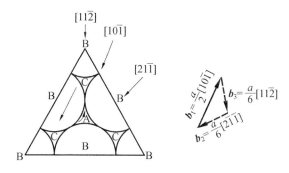

图 1.57 完全位错分解

原子沿着 $[11\bar{2}]$ 方向移动 $\frac{a}{6}\left[11\bar{2}\right]$ 到 A 位置，再沿着 $[2\bar{1}\bar{1}]$ 方向移动 $\frac{a}{6}\left[2\bar{1}\bar{1}\right]$ 到 C 位置，位移的效果相同，都是由一个 C 位置移动到相邻的 C 位置，但后者的移动过程是在 B 原子的"低谷"中移动，没有 B 层原子"高势垒"的阻碍，这样的移动需要的能量较低，容易进行。这个例子中的 $\boldsymbol{b}_1=\frac{a}{2}\left[10\bar{1}\right]$ 是一个完全位错的伯氏矢量，它分解成的 $\boldsymbol{b}_2=\frac{a}{6}\left[2\bar{1}\bar{1}\right]$、$\boldsymbol{b}_3=\frac{a}{6}\left[11\bar{2}\right]$ 正好都是肖克莱不全位错的伯氏矢量。

1.11.2　扩展位错

如图 1.58 所示,b_2 和 b_3 是成夹角的两个不全位错的伯氏矢量,两个伯氏矢量在各自方向上都可以分解成正交系分量,如果这两个伯氏矢量分量的位错线方向相同,它们是互相排斥的。因为同号的平行位错是互相排斥的,所以伯氏矢量为 b_2 和 b_3 的两位错线必然要分开。不全位错和层错是紧密相连的,所以在伯氏矢量为 b_2 和 b_3 的不全位错中间必然是层错。把这种由一个完全位错分解为不全位错,其间为层错的位错组态称为扩展位错,如图 1.58 所示。

位错反应式可以写为

$$b_1 \longrightarrow b_2 + b_3 \tag{1.62}$$

两个不全位错因相互排斥而分离开,不是无限度的。因为其间的层错具有层错能,随着两不全位错之间的距离 d 增加,层错的面积增加,从而层错的总能量增加,因此,层错有尽量缩小其宽度以减少其总能量的趋势,这就使层错在其宽度方向上受到张力的作用。这和位错具有线张力的情况相似,因此可定义单位长度的扩展位错上,缩短其单位宽度时所引起的能量降低为层错张力 T。其数学表达式为

$$T = \frac{\partial W}{\partial d} = \frac{\partial \gamma d}{\partial d} = \gamma \tag{1.63}$$

式中　γ——单位面积上的层错能;

　　　　d——层错宽度。

式(1.63)说明 T 在数值上等于单位面积上的层错能。

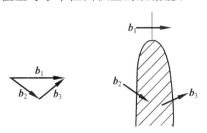

图 1.58　扩展位错示意图

面心立方结构晶体中的扩展位错是由两条肖克莱不全位错与它们中间夹的层错区构成的。图 1.59 所示为完全位错分解成扩展位错示意图。图 1.59(a)表示密排面(111)上的一条负刃型完全位错线,伯氏矢量 $b = \frac{1}{2}[\overline{1}10]$,额外半原子面在(111)滑移面的下方。当该位错线在滑移面(111)上滑移时,位错线处的 B 层原子由原来的 B 位置移向下一个相邻的 B 位置。原子移动方向为 $[\overline{1}10]$,原子移动距离为该方向上的一个原子间距,位错线也移动一个原子间距。当位错线扫过滑移面,晶体的正常堆垛顺序并没有破坏。但是这样的滑移,原子要越过底层(A 层)原子的"高峰",要克服较大的阻力。若 B 原子沿底层(A 层)原子的"低谷",先由 B 位置移到 C 位置,再经过第二个"低谷"移到下一个相邻的 B 位置,如图 1.59(b)所示,这种两步滑移($B_1 \rightarrow C \rightarrow B_2$)比一步滑移($B_1 \rightarrow B_2$)容易。当原子由 B_1 位置移到 C 位置后,滑移面上便出现了层错区,层错区两边的边界线即为两条

平行的肖克莱不全位错,伯氏矢量为 $\boldsymbol{b}_1 = \dfrac{1}{6}\left[\overline{1}2\,\overline{1}\right]$ 和 $\boldsymbol{b}_2 = \dfrac{1}{6}\left[\overline{2}11\right]$。$\boldsymbol{b}_1$ 和 $\boldsymbol{b}_2$ 相交的角 θ 为 $60°$,因此两条位错线互相排斥,使层错区扩大。当层错区的层错能与位错间的排斥力作用平衡时,层错区宽度 d 一定,从而在滑移面上形成了两条互相平行的肖克莱不全位错和它们中间夹的层错区组成的位错组合——扩展位错,如图 1.59(c) 所示。

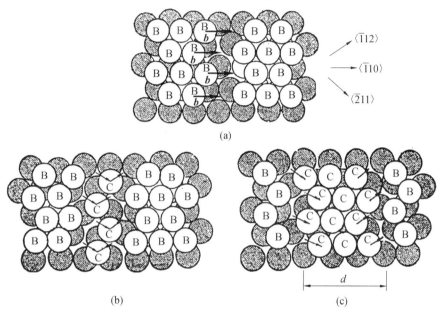

图 1.59　完全位错分解成扩展位错示意图

扩展位错的宽度 d 就是扩展位错中层错区的宽度。它可以根据两条肖克莱不全位错间的斥力与位错的层错能平衡求得:

$$d = K\frac{Gb}{8\pi\varepsilon} \tag{1.64}$$

式中　K——与完全位错类型有关的常数,$K = \dfrac{2-\nu}{1-\nu}\left(1 - \dfrac{2\nu}{1-\nu}\cos\varphi\right)$;

　　　φ——完全位错线与它的伯氏矢量间的夹角;

　　　ε——层错能。

1.11.3　面角位错

在面心立方晶体中两个滑移面上各有一条完全位错,它们滑移相遇后发生位错反应,形成一个不动的位错群。如图 1.60 所示,在面心立方晶体中,(111) 和 $(11\overline{1})$ 相交的两个滑移面上各有一条完全位错线,在 (111) 面上有伯氏矢量为 $\dfrac{a}{2}\left[10\overline{1}\right]$ 的位错,在 $(11\overline{1})$ 面上有伯氏矢量 $\dfrac{a}{2}\left[011\right]$ 的位错,它们在各自滑移面以扩展位错形式存在,分别分解为扩展位错,其反应如下:

$$\frac{a}{2}[10\bar{1}] \longrightarrow \frac{a}{6}[11\bar{2}] + \frac{a}{6}[2\bar{1}\bar{1}] \tag{1.65}$$

$$\frac{a}{2}[011] \longrightarrow \frac{a}{6}[11\bar{2}] + \frac{a}{6}[\bar{1}21] \tag{1.66}$$

两扩展位错分别在各自的滑移面上移动,它们的领先不全位错相遇后发生反应,形成能量更低的不全位错:

$$\frac{a}{6}[2\bar{1}\bar{1}] + \frac{a}{6}[\bar{1}21] \longrightarrow \frac{a}{6}[110] \tag{1.67}$$

反应生成的伯氏矢量为 $\frac{a}{6}[110]$ 的不全位错,在原来的两滑移面的交线上,是刃型位错。这一位错和其伯氏矢量决定的平面为(001)面,不是密排的滑移面,一般不能滑动,如图 1.60 所示。同时伯氏矢量为 $\frac{a}{6}[110]$ 的不全位错在两个原来的滑移面上还各有一层伯氏矢量为 $\frac{a}{6}[112]$ 和 $\frac{a}{6}[1\bar{1}2]$ 的不全位错,显然这种楔形的两层错面组成一定角度的位错组合是不能滑动的,这种位错组态称为面角位错。

弗兰克不全位错、面角位错都是不能滑动的,所以称为不动位错或固定位错。它们是晶体中位错运动的障碍,对加工硬化和断裂过程等起着重要作用。

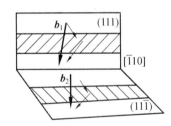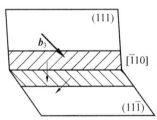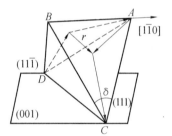

图 1.60　面角位错示意图

第2章 金属冷加工过程中的塑性变形

第1章以单晶体为例并引入位错理论讨论了塑性变形的基本规律,然而工业上实际使用金属都是多晶体,虽然多晶体中单个晶粒的变形行为与单晶体塑性变形规律基本相同,但因为多晶体内各晶粒的大小、形状、位向都不同,每个晶粒要受到晶界和相邻不同位向晶粒的约束。因此多晶体的变形要比单晶体复杂得多,有必要做进一步的讨论。

2.1 多晶体的塑性变形

2.1.1 多晶体的结构特点

多晶体是由许多结晶方向不同的晶粒组成的。每个晶粒可以看成是一个单晶体。各个相邻晶粒之间只是取向不同,而晶体结构和化学组成基本相同。晶粒的平均直径在 $20\sim100\ \mu m$ 之间。

每个晶粒内结晶学取向并不完全一致,而是有亚结构存在。也就是,每个晶粒由更小的亚晶粒组成。亚晶可以在结晶凝固时形成,也可能在塑性变形或回复及再结晶时产生。

由于位向差,在相邻晶粒边界上形成了晶界(同样在相邻亚晶之间形成亚晶界)。晶界又分为大角度晶界(两相邻晶粒位向差大于 $10°$)和小角度晶界(两相邻晶粒位向差小于 $10°$)。

2.1.2 多晶体塑性变形机制

由于多晶体是由许多位向不同的晶粒组成的,存在大量晶界,因此多晶体塑性变形机制一般分为晶内变形和晶间变形(晶界变形)。

晶内变形方式和单晶体一样,在冷变形时主要是滑移变形和孪生变形。

晶界变形也称晶界滑移,是各晶粒之间在晶界处发生的相对位移,相对位移分为晶粒间的相对切移和互相转动(图2.1)。

在冷变形条件下,多晶体的塑性变形机制主要是晶内的滑移变形和孪生变形,也就是说主要是晶内变形,晶界变形是次要的。这是由于晶界畸变能大于晶内,晶界强度高于晶内,所以晶界变形比晶内变形困难得多。另外,晶粒生成过程中各晶粒互相接触形成犬牙交错的状态,形成机械连锁,对晶界滑移产生阻碍。

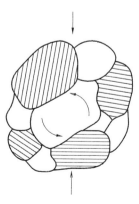

图2.1 晶界变形

如果发生晶界变形,其变形量也很小。因为晶界处的应变会使晶界畸变程度增大,产生应变硬化,易产生裂纹和发生断裂。

2.1.3 多晶体塑性变形的特点

在多晶体中,由于晶界的存在及各晶粒结晶学位向的差别,因此多晶体塑性变形有两个最重要的特点:(1)塑性变形的不均匀性;(2)各晶粒变形的相互协调性。

1. 塑性变形的不均匀性

对于金属塑性变形,变形不均匀是绝对的,均匀是相对的。多晶体实际塑性加工的不均匀性更加突出,无论从宏观和微观看其塑性变形都是不均匀的。从塑性加工的各种工序看,在宏观上都是不均匀的。例如简单的镦粗,镦粗变形如图 2.2 所示。

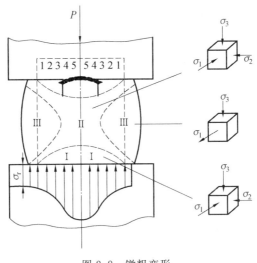

图 2.2　镦粗变形

由于坯料与工具之间的摩擦,因此应力状态分布不均。一般镦粗时根据变形程度的大小分为三个区域。Ⅱ区变形最大,Ⅲ区其次,Ⅰ区几乎不变形,称为难变形区。

各部分之间宏观变形的不均匀性是由外部条件造成的,而微观变形的不均匀性主要是多晶体结构特点决定的。

(1)晶粒间。

由于各晶粒位向的不同,塑性变形不是在所有晶粒中同时发生的,而是首先在那些位向与外力方向有利的晶粒中发生滑移变形,即滑移系与外力成 45° 方向的那些晶粒中首先发生滑移,这样的位向晶粒称为软向晶粒(简称软晶粒),而位向不利于滑移的那些晶粒称为硬向晶粒(简称硬晶粒)。软向晶粒的塑性变形必然受到硬向晶粒的限制,只有硬向晶粒发生塑性变形,软向晶粒才能够得以继续变形,因而各晶粒塑性变形是不均匀的。

(2)晶界和晶内。

晶界的存在使得晶内变形和晶界变形不均匀。多晶体塑性变形主要是晶内变形,晶界变形很小。

(3)晶粒内部。

每个晶粒内由于晶界的影响,变形分布也是不均匀的,更何况在一个晶粒内由于滑移的空间分布只集中在少数滑移面内,因此晶粒内塑性变形也是不均匀的。图 2.3 所示为多晶铝几个晶粒各处的实际变形量。从图中可以看出,晶粒间的变形量是极不均匀的。另外在一个晶粒中,靠近晶界处的应变量比晶粒中部的小。

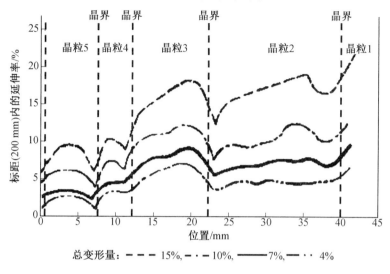

图 2.3　多晶铝几个晶粒各处的实际变形量

2. 各晶粒变形的相互协调性

多晶体变形时,由于各晶粒的位向差,在晶界附近的结晶结构是不连续的,但又要求应变是连续的。若每一个晶粒都毫无约束地自由发生滑移,必然导致在晶界处应变不连续,则在晶界处产生开裂和塑性下降。因此要保证多晶粒在晶界处的连续性,多晶粒的变形必然要相互协调。要满足这点,各晶粒必然依赖于多系滑移来协调邻近晶粒的变形。

一般来说,任意一个应变可由 6 个应变分量来确定,考虑到塑性变形体积不变,因此减少一个自由度,6 个应变分量只要确定 5 个分量即可,这样只需要 5 个滑移系移动就可产生任意变形状态。所以,如果多晶体的晶粒有较多的滑移系,能够满足协调变形时滑移的要求,变形就容易传给邻近晶粒,该多晶体的塑性好;反之,则塑性差。面心立方和体心六方金属都有 12 个滑移系,满足上述条件,所以单晶体和多晶体拉伸时塑性差别不大,如图 2.4(b)所示;密排六方晶体滑移系少,不能满足协调条件,所以多晶体塑性与单晶体塑性差别较大,如图 2.4(a)所示。

要使各晶粒在晶界处的变形相互协调,具备 5 个滑移系是必要条件,但不是充分条件,还必须考虑多系滑移的灵活性。灵活性是指开动的滑移系在交滑移过程中是否容易进行,其实质即位错交滑移的灵活性。如果开动的滑移系不满足 5 个或交滑移不灵活,可通过某些晶粒发生孪生变形来协调,即当应力增大到一定值时,便在某些晶粒发生孪生变形,如一些体心立方金属,特别是密排六方金属。

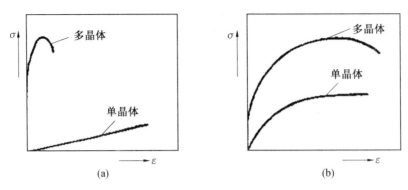

图 2.4　单晶体与多晶体的应力－应变曲线

2.1.4　晶界对滑移位错的阻碍与多晶体的屈服极限

1. 晶界对滑移位错的阻碍

多晶体具有的塑性变形的不均匀性和各晶粒间的相互协调性除与晶粒的位向差有关,还与晶界对滑移位错的阻碍有关。

图 2.5 所示为位错平面塞积示意图。这表明晶粒内位错的滑移受到晶界的阻碍。这种阻碍来自晶界本身和晶界上的杂质或者存在的第二相,还有晶粒间的位向差。即使晶界很纯,位错进入晶界,也很难进入相邻晶粒,位错必须发生方向性改变,这是极其困难的,因此位错在晶界前塞积起来并产生应力集中。

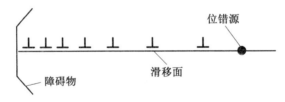

图 2.5　位错平面塞积示意图

多晶体的塑性变形首先在那些位向有利的软向晶粒中发生,而硬向晶粒此时以弹性变形来协调。只有大多数硬向晶粒发生塑性变形时,才能看到屈服。这种宏观屈服是软向晶粒的塑性变形传播到硬向晶粒时发生的。这一传播过程不是直接的,而是软向晶粒内位错滑移受到晶界阻碍,在晶界处发生应力集中,这一附加应力触发相邻硬向晶粒内滑移系中位错的滑移而发生的传播。因此所测量的宏观屈服极限是软向晶粒的滑移在晶界上的应力集中达到触发硬向晶粒发生滑移时的宏观应力。

2. 多晶体的屈服极限

晶界对屈服极限有重要影响,同时位错滑移在晶界受阻所产生的应力集中大小与晶粒大小有关。由于晶粒尺寸越大,位错塞积带越长,产生的应力集中越大。而晶粒尺寸越小,产生的应力集中越小。因此小晶粒时需要较大的外力才能增加位错数目,提高晶界的应力集中而触发塑性变形传播。根据上述位错理论,有了著名的霍尔－佩奇(Hall—Petch)公式,多晶体屈服强度与晶粒尺寸的关系为

$$\sigma_s = \sigma_0 + Kd^{-1/2} \tag{2.1}$$

式中　σ_0——常数,相当于单晶体的屈服极限,它与材料、温度和成分有关;

　　　K——表征晶界影响的常数,与晶界结构有关;

　　　d——多晶体晶粒的平均直径。

式(2.1)表明,材料的屈服强度与晶粒直径的平方根倒数呈直线关系,晶粒越细小,材料的屈服强度越高。式(2.1)不能用于晶粒更小的晶粒,其是基于有较多的位错塞积(50个位错以上)的。

晶粒细小还可提高多晶体的塑性,在同样体积内因为晶粒数目多,晶界面积大,对变形量有分散作用,每个晶粒应变小,因而应力集中小,可以承受变形量大;另外晶界曲折不利于裂纹传播,从而提高多晶体的延展性。这种通过减小晶粒尺寸提高多晶体屈服极限的方法称为细晶强化。

值得注意的是,晶粒大小对屈服极限(流动应力)的影响是考虑低温冷加工的情形。在多晶体材料细化晶粒后,可按霍尔-佩奇公式,提高材料的屈服强度、断裂强度和疲劳强度,改善塑性、韧性。但在高温状态下,细化晶粒会使材料弱化,主要是因为晶粒变小时晶界面积增大,增强了晶界滑动和晶界扩散变形机制的作用。

2.2　合金的塑性变形

工业上应用的金属材料多是金属合金,而非纯金属材料。合金可以是单相固溶体、金属化合物和多相聚合等形式,其塑性变形各不相同。

2.2.1　单相固溶体的塑性变形

实际金属的强度取决于位错运动所必须克服的阻力。点缺陷对强度的影响主要通过它们与位错间的相互作用来起作用。1.1.3 节中介绍了点缺陷包括空位、间隙原子、杂质或溶质原子,它们在晶体中都能产生内应力场,这种内应力场与位错应力场相互作用,使系统的总能量降低。降低的能量是点缺陷与位错间的相互作用能。在温度足够高时,位错与点缺陷间相互作用的引力可以诱导后者聚集在位错线附近以降低晶体的应变能。因此,点缺陷在晶体中的分布是不均匀的,溶质原子趋于形成原子云(气团),空位趋向于形成盘状空位片,两者都能阻碍位错运动而强化金属。与纯金属相比产生了固溶强化作用,同时还使材料的加工硬化率提高。本节只着重介绍溶质原子与位错相互作用中最重要的弹性相互作用(溶质原子与位错的相互作用有四种类型:弹性相互作用、化学相互作用、电学相互作用和几何相互作用)。

1. 溶质原子与位错弹性相互作用

溶质原子溶入基体金属,无论是形成间隙固溶体还是置换固溶体,由于溶质原子和溶剂原子的体积差,因此溶质原子周围晶体发生弹性畸变,产生应力场。溶质原子应力场与位错发生弹性相互作用,作用的结果是降低了晶体的应变能。如果溶质原子(包括置换原子或间隙原子)在晶体中单独存在时的弹性能为 W_1,位错在晶体中单独存在时的弹性能为 W_2,溶质原子进入位错的应力场中时,溶质原子引起晶体的体积变化反抗位错的应力场做的功就是溶质原子和位错的相互作用能,用 ΔW 表示。因此,溶质原子和位错相互结合起来后的弹性能：

$$W_3 = W_1 + W_2 + \Delta W \tag{2.2}$$

溶质原子和位错的相互作用能，即溶质原子在晶体中引起的体积变化反抗位错应力场的流体静应力分量做的功。

假设溶质原子引起的弹性畸变是球形对称的，R_0、R 分别为溶剂原子半径（或间隙位置半径）和溶质原子半径，那么溶质原子进入溶剂中后，引起的体积变化 ΔV 为

$$\Delta V = \frac{4}{3} \pi R^3 - \frac{4}{3} \pi R_0^3 \tag{2.3}$$

在径向上的变形为：$\varepsilon = \dfrac{R - R_0}{R_0}$。当 ε 很小时，ΔV 为

$$\Delta V \approx 4\pi \varepsilon R_0^3 \tag{2.4}$$

因溶质原子引起的畸变是球对称性的，所以位错应力场中只有静水压力 σ_m 可使晶体体积变化而做功。静水压力 σ_m 为

$$\sigma_m = \frac{1}{3} (\sigma_x + \sigma_y + \sigma_z) \tag{2.5}$$

静水压力引起畸变所做功为

$$\Delta W = \frac{\Delta V}{3} (\sigma_x + \sigma_y + \sigma_z) \tag{2.6}$$

螺型位错应力场是纯切应力场，只有刃型位错应力场中有 σ_x、σ_y、σ_z 正应力。把式 (1.14) 中的正应力值代入式 (2.6)，得到刃型位错与溶质原子的相互作用能 ΔW：

$$\Delta W = \frac{4(1+\mu)}{3(1-\mu)} Gb \cdot \varepsilon R_0^3 \, \frac{\sin\theta}{r} \tag{2.7}$$

令 $A = \dfrac{4(1+\mu)GbR_0^3}{3(1-\mu)}$，则

$$\Delta W = A \cdot \varepsilon \frac{\sin\theta}{r} \tag{2.8}$$

由式 (2.8) 可知，ΔW 与溶质原子在刃型位错应力场中的位置有关，$\Delta W < 0$ 表示位错吸引溶质原子，$\Delta W > 0$ 表示位错排斥溶质原子。$\varepsilon > 0$ 表示溶质原子半径 R 大于溶剂原子半径 R_0。当 $\varepsilon > 0$ 并且溶质原子处在刃型位错压应力区域（$\pi > \theta > 0$）时，$\Delta W > 0$（位错排斥溶质原子）；若溶质原子处在刃型位错拉伸应力区域（$2\pi > \theta > \pi$），则 $\Delta W < 0$（位错吸引溶质原子）。当 $\varepsilon < 0$ 时，位错对溶质原子的作用情况相反。

因此，当溶质原子半径大于溶剂原子半径时，溶质原子会集聚于刃型位错下方的拉伸应力区域，如图 2.6 所示；而当溶质原子半径小于溶剂原子半径时，溶质原子集聚于刃型位错的压应力区域。溶质原子与位错交互作用的结果是降低了晶体内能，使位错更加稳定。

溶质原子偏聚分布的具体结构和温度、溶质原子浓度有关。温度的影响很大，温度足够低时，位错中心处的结合能最大处都被溶质原子占满，即位错所穿过的各个原子面上结合能最大处包含一个溶质原子，在离位错中心较远的位置上分布着其余的溶质原子所组成的所谓弥散云。在弥散的溶质原子云中包含着一条位于位错中心的溶质原子线，这种溶质原子气团称为凝聚气团或饱和气团，也称为柯垂尔气团。溶质气团使位错处于更

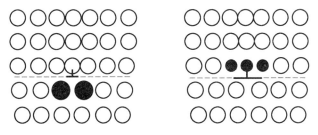

图 2.6　溶质原子和刃型位错交互作用示意图

加稳定的状态,即对位错有钉扎作用。

温度高时,溶质原子的活动能力加强,它们进入刃位错中心的最大结合能处后,还可能重新离开,不能饱和。一定温度下,溶质原子离开位错中心的概率等于它们进入中心的概率时,就达到了稳定态。这时刃型位错应力场中溶质原子的浓度分布应服从麦克斯韦－玻尔兹曼分布,即距位错中心距离为 r,方向为 θ 处的溶质原子浓度为

$$C(r,\theta)=C_0\exp[V(r,\theta)/kT] \tag{2.9}$$

式中　C_0——溶质原子的平均浓度;

　　　$V(r,\theta)$——距离位错中心为 r 方向为 θ 处的结合能;

　　　k——玻尔兹曼常数;

　　　T——热力学温度。

这种未饱和气团称为稀释气团,或称为麦克斯韦气团。气团的类型是由具有最大结合能 V_{max} 处的溶质原子的浓度 C_{Vmax} 决定。最大结合能 V_{max} 处的溶质原子浓度 C_{Vmax} 小于 1,即未饱和,则是稀释气团。对于某合金来说,若 C_0 和 V_{max} 已给定,则最大结合能处的浓度

$$C_{Vmax}=C_0\exp[V(r,\theta)/kT] \tag{2.10}$$

仅仅取决于温度。随着温度降低,C_{Vmax} 最终将上升到 1,达到饱和,这时气团就由稀释态转变到凝聚态。产生这个转变的温度称为凝聚温度 T_c。在式(2.10)中代入 $C_{Vmax}=1$,可以得到

$$T_c=\frac{V_{max}}{k\ln(1/C_0)} \tag{2.11}$$

将铁的 V_{max} 值(0.5 eV)代入式(2.11),发现在室温下产生凝聚气团时只需要极低的碳、氮浓度。如果取平均碳浓度 $C_0=10^{-4}$,可得到 $T_c\approx700$ K,即在 700 K 以下可形成凝聚气团。在高于凝聚温度 T_c 时,溶质原子的分布由凝聚气团变为稀释气团,溶质原子对位错的钉扎能力将会减小。

$\alpha-$Fe 每一原子长度的位错线的弹性能约为 5 eV,其 V_{max} 为 0.5 eV,所以饱和态的碳凝聚气团可消除位错弹性能 10% 左右。

柯垂耳气团降低了晶格畸变,对位错有钉扎作用,阻碍其运动,要使位错运动需施加更大的外力才能使其脱离柯垂耳气团的钉扎。柯垂耳气团可解释低碳钢变形时出现的宏观物理屈服现象。

2. 屈服效应和吕德斯带

低碳钢在拉伸变形时,从弹性到塑性出现明显的不连续屈服点,如图 2.7 所示。当应

力达到一定值时,试样发生屈服,随后应力突然下降,出现了一个屈服平台即屈服延伸,然后再恢复到正常拉伸曲线的状态。

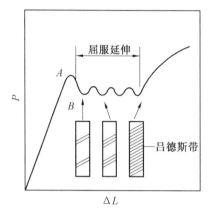

图 2.7 低碳钢拉伸时的屈服现象

把开始屈服的应力称为上屈服点,屈服平台时的应力称为下屈服点。从上屈服点到屈服延伸结束,试样表面看到因不均匀变形而形成的表面褶皱带,称为吕德斯带。

在上屈服点时,试样个别地方出现吕德斯带,它们和拉伸轴成约45°。在屈服延伸阶段,吕德斯带沿试样长度方向扩散传播,与此同时出现新的吕德斯带。新的吕德斯带出现时,使应力松弛,这样拉伸曲线的屈服平台呈锯齿状。吕德斯带传播过程一直持续到它全部覆盖整个试样。屈服延伸后试样重新开始均匀变形,产生加工硬化。

需要强调的是,吕德斯带穿过整个试样,说明当应力达到上屈服点时,首先滑移的晶粒已经触发相邻晶粒,使其也发生滑移变形。这样由许多已经屈服的晶粒构成了一个首先变形区即吕德斯带。

低碳钢拉伸时出现的物理屈服现象是$\alpha-Fe$中微量的碳、氮原子在位错周围分聚形成柯垂耳气团,使位错比没有"气团"时更稳定。特别是在体心立方晶格中,间隙原子和位错的交互作用更强,使位错被较牢固地锚住。故必须施加更大的作用力使位错脱出"气团"而运动,这时的应力为上屈服点。一旦位错离开"气团",显然位错运动所需应力不需要开始那样大,故应力下降到下屈服点。随后进一步塑性变形,发生应变硬化,恢复到正常拉伸曲线形状。

当去载后立即重新加载拉伸时,由于位错已脱离"气团",故不再出现明显的屈服点。如果去载后放置时间较长或稍加热后,再进行拉伸变形,此时溶质原子已经通过扩散重新聚集到位错周围形成"气团",故又出现明

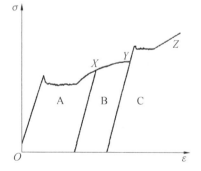

图 2.8 低碳钢拉伸实验出现的应变时效现象

显屈服现象(且屈服应力提高),此现象称为应变时效,如图 2.8 所示。

低碳钢的物理屈服现象会给冲压生产带来问题,特别是一些深冲钢板,在冲压复杂形状零件时,其变形量恰好在屈服延伸范围的地方就会出现褶皱,使零件表面粗糙不平而报

废。为此板材在冲压前进行小量的预变形(稍大于屈服延伸区的变形程度,如冷轧),消除物理屈服,再进行冲压加工。

宏观物理屈服现象常出现在体心立方金属及合金,如钼、铌、钛、黄铜和某些铝合金,一般面心立方金属屈服效应不显著,是因为溶质原子对位错的钉扎作用不如体心立方金属。一方面,溶质原子在面心立方晶体中引起的体积变化小;另一方面,与体心立方晶体相比,面心立方晶体中层错能较低金属的完全位错很容易形成扩展位错,位错发生分解,削弱了"气团"的钉扎作用。

2.2.2　多相合金的塑性变形

单相合金虽可通过固溶强化提高其强度,但远不能满足使用要求。目前使用的金属结构材料基本上是两相或多相组成的合金。为此人们以第二相或更多的相来强化金属。习惯上将基体以外所有的相都称为第二相。

多相合金也是多晶体,其中有些晶粒是其他相,界面有晶界也有相界,因此多相合金的塑性变形有类似多晶体的一面,也有其特殊的一面。多相合金的塑性变形不仅与晶体性质有关,而且主要取决于第二相的性质(强度、塑性和应变硬化等)、尺寸、形状、数量、分布和相界面的结构,因此,是涉及多方面因素的复杂问题。

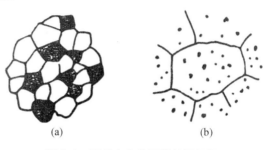

(a)　　　　　　　　(b)

图 2.9　两相合金的两类显微组织

一般主要考虑第二相的尺寸和分布。根据第二相的尺寸分类,当合金组成的两相晶粒尺寸属同一数量级时,称为聚合型两相合金;如果第二相粒子十分细小,且弥散分布在基体晶粒内,则称为弥散分布型两相合金,如图 2.9 所示。

1. 聚合型两相合金的塑性变形

当合金组成的两相晶粒尺寸属同一数量级时,如果两相都具有较好的塑性,则合金的塑性变形类似于单相多晶的塑性变形。这时合金的流动应力取决于两相的体积分数,分两种情形:

(1)如假设各相的应变相等,则合金的平均流动应力为

$$\sigma_a = f_1\sigma_1 + f_2\sigma_2 \tag{2.12}$$

式中　f_1 和 f_2——两个相的体积分数;
　　　σ_1 和 σ_2——两个相的流动应力。

$$f_1 + f_2 = 1 \tag{2.13}$$

由此可知,在给定应变下,合金的平均应力 σ_a 随较强一相的相对量的增加而增加。

(2)如果假设各相所受应力相等,则合金的平均应变 ε_a 为

$$\varepsilon_a = f_1\varepsilon_1 + f_2\varepsilon_2 \tag{2.14}$$

式中　ε_1 和 ε_2——一定应力下两个相的应变。

上面两个假设都是简单近似,没有考虑相界和两相的各种性质差异。而实际上无论

在两相间、一个相内或一个晶粒内应力或应变都不可能是均匀的。滑移首先在较软的一相内发生,较强的一相不变形或变形较小。这时相界面有较高的应力集中,且随着软相的变形量增加而增加,最终使较强的硬相也发生形变。所以软相的变形量较大,硬相变形量较小。

为了满足应变在相界的连续性,相界面处的两相变形必须接近,以保证协调。这样软相在界面处附近的变形量比中心处小,而硬相在界面附近的变形量较其中心处大。因此不能简单认为形变时各相的应力或应变分布是均匀的。但上述两种假设作为定性估计多相合金的塑性变形还是有一定意义的。

并非所有的第二相都能产生强化,只有当第二相为较强相时,合金才能强化。较软相较多时,大于 70%,塑性变形主要在软相进行;较软相占 70%,硬相占 30%,较软相基本不连续,两相塑性变形量相近;当较硬相占 70% 时,塑性变形主要取决于较硬相,较硬相已变成基体相,合金的塑性变形主要由硬相来控制。

2. 弥散分布型两相合金的塑性变形

当第二相以弥散颗粒均匀分布于基体时,将显著地产生强化作用。强化效果取决于第二相在基体中的分布形式。

(1)第二相以连续网状分布在基体的边界上。

硬脆的第二相连续地沿塑性相晶界分布,把塑性相包围起来,塑性变形限于基体内部,硬脆相不能变形,在脆性相上产生应力集中,合金很容易沿脆性相开裂,使塑性下降。例如,过共析钢的网状渗碳体的形成,使钢的塑性极低。如果第二相变成不连续分布,可改善钢的塑性。

(2)第二相弥散分布于基体晶粒内部。

第二相以细小颗粒分布于基体相中,可提高合金的流动应力和加工硬化率,强度显著提高,这种现象称为弥散强化。如果第二相微粒是通过过饱和固溶体的时效处理而沉淀析出并产生强化时,称沉淀强化或时效强化。如铝合金的热处理(淬火+时效处理),钢的调至处理。

这时合金塑性变形特点是弥散强化,细小的第二相微粒对基体中的滑移位错起阻碍作用。当第二相在晶体内部呈弥散分布时,相界(晶界)面积显著增大并使周围晶格发生畸变,使滑移阻力增加;更重要的是这些质点本身成为位错运动的障碍物。

晶体中的位错在运动过程中和质点相遇时主要有两种方式绕过质点:

①切过第二相强化机制。质点被位错切开(软质点)或阻拦位错而迫使位错只有加大外力的情况下才能通过,如图 2.10 所示。

②绕过第二相强化机制。当质点坚硬而难于被位错切开时,位错不能直接越过这种第二相质点,但在外力作用下,位

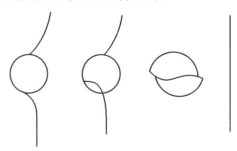

图 2.10   位错切开软质点

错线可以环绕第二相质点。这种机理是 1948 年奥罗万(Orowan)提出的,也称奥罗万绕

过理论。当位错线接近两个第二相质点不能切过时,在质点前受阻,在外力作用下发生弯曲,随着位错弯曲曲率半径(可取 $\lambda/2$,两质点间距的一半)减小,所需的外力要增加,当外应力达到由质点间距 λ 所决定的临界弯曲应力时,可以继续前进,其机制与弗兰克-里德位错增殖机制相似,最后在位错质点留下一个位错环而让位错通过,如图 2.11 所示。每一条位错线绕过一个第二相质点,都增加一个围绕质点的位错环,随着位错环的累积增加,相当于质点间距 λ 减小,位错又需提高更大的外力才能通过质点。同时这些绕质点堆积起来的位错环对位错运动又产生了相互作用,进一步阻止位错运动,加强强化作用。

　　位错线弯曲将增加位错影响区的晶格畸变能,增加位错的阻力,位错线弯曲半径越小,所需外力越大。因此,第二相质点弥散度越大,质点距离越近,则滑移抗力越大。

　　但质点太细小,质点间距离太小,这时位错线不能弯曲,但可刚性扫过,强化效果反而下降。因此存在一个能造成最大强化的第二相质点间距 λ,计算公式为

$$\lambda = \frac{4(1-f)r}{2f} \tag{2.15}$$

式中　f——半径为 r 的球形质点所占的体积分数。

　　一般金属的 λ 值为 $25\sim50$ 个原子间距。当质点小于这个数值时,强化效果反而减弱。

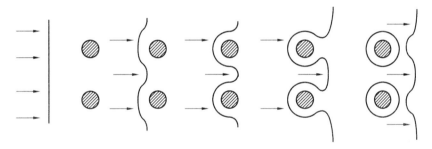

图 2.11　位错绕开第二相质点

　　如图 2.12 所示,如果位错以切过方式通过第二相质点,则位错运动阻力随质点尺寸增大而增加,如曲线 B;如果质点尺寸进一步增大,位错已不易切过质点,这时绕过机制开始起作用,位错以绕过机制通过第二相质点,阻力将随质点尺寸减小而增大(体积分数一定时,质点尺寸减小,数量增多,间距 λ 小),如曲线 A。位错总是选择需要克服最小阻力的方式来选择通过第二相质点的机制。曲线 A 和曲线 B 的交点处位错运动阻力最大,得到最大的强化效果,对应的是质点最佳强化尺寸。

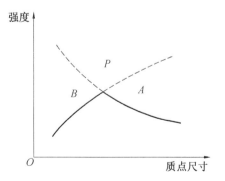

图 2.12　弥散强化与第二相质点尺寸的关系

　　当质点小而软,或为软相时,位错能切开它并使其变形,这时加工硬化小,但随质点尺寸的增大而增加。

　　质点弥散分布时,对塑性、韧性影响较小,因为不影响基体的连续性,第二相质点可随

基体相的变形而"流动",不会造成明显的应力集中,因此,合金可承受较大的变形而不被破坏。

(3)第二相在基体相晶粒内部呈层片状分布。

这时,第二相对塑性变形的阻碍作用与前一种情形类似,即随着第二相层片间距减小(即层片的细化),合金强度增加而塑性有所降低。层片状第二相对塑性的不利影响比质点的大些,因为基体相的连续性受到损害,但仍可以有相当好的塑性,这取决于第二相层片的尺寸。

表 2.1 中可以看到,随层片间距减小,强度升高而塑性变化不大。强度升高的原因是层片组织中位错运动被限制在碳化物层片之间,随层片间距减小,可滑移的路程越短,故变形困难,变形抗力大。较厚的渗碳体变形时易发生断裂,而薄的渗碳片可以有少量的塑性变形。

表 2.1　碳钢渗碳体存在形态对机械性能的影响

| 材料及组织 | 工业纯铁 | 共析钢(0.8%C) | | | | | 过共析钢(1.2%C)网状渗碳体 |
		片状珠光体层片间距≈6 300 Å	索氏体层片间距≈2 500 Å	屈氏体层片间距≈1 000 Å	球状珠光体	淬火+350 ℃回火	
σ_b/MPa	276	780	1 080	1 310	580	1 760	700
δ/%	47	15	16	14	29	3.8	4

2.3　多晶体冷塑性变形后的组织

多晶体金属经塑性变形后,除了在晶粒内出现滑移带和孪晶等组织特征外,还具有下述组织结构的变化。

1. 纤维组织

金属与合金经塑性变形后,其外形尺寸的改变是内部晶粒变形的总和。原来没有变形的晶粒,经加工变形后,晶粒形状逐渐发生变化,随着变形方式和变形量的不同,晶粒形状的变化也不一样,如在轧制时,各晶粒沿变形方向逐渐伸长,变形量越大,晶粒伸长的程度也越大。当变形量很大时,晶粒呈现出一片如纤维状的条纹,称为纤维组织,如图 2.13 所示。纤维的分布方向,即金属变形的伸展方向。当金属中有杂质存在时,杂质也沿变形方向拉长为细带状(塑性杂质)或粉碎成链状(脆性杂质)。

2. 亚结构

未塑性变形的金属或经良好退火的金属晶粒内存在许多尺寸很小、位向差也很小的亚结构或亚晶粒。塑性变形前,铸态金属的亚结构直径为 $10^{-2} \sim 10^{-3}$ cm,冷塑性变形后,亚结构将细化至 $10^{-4} \sim 10^{-6}$ cm。其亚结构"碎化",即亚结构细化后数目增多。

形变亚结构的边界是晶格畸变区,这里堆积有大量的位错,而亚结构内部的晶格则相对地比较完整,这种亚结构常称为胞状亚结构或胞块。各胞块之间存在着微小的位向差,

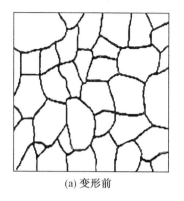
(a) 变形前

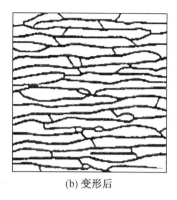
(b) 变形后

图 2.13　金属变形前后的晶粒形状示意图

位向差不超过 2°。胞壁由大量堆积位错构成,胞内体积中仅有稀疏的位错网络,其位错密度约为胞壁的 1/4。变形量越大,则胞块的数量越多,尺寸越小,胞块间的位向差也在逐渐增大,且形状随着晶粒形状的改变而变化,均沿变形方向逐渐拉长。

形变亚结构是在塑性变形过程中形成的。在切应力的作用下位错源所产生的大量位错沿滑移面运动时,将遇到各种阻碍位错运动的阻碍物,如晶界、第二相颗粒,以及多滑移时形成的割阶等,造成位错的缠结和堆积,组成位错发团。这样,在金属中便出现了由位错发团分隔开的位错密度较低的区域,胞壁或亚晶界即位错集中的地带(图2.14)。

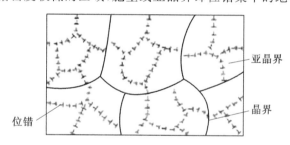
亚晶界

晶界

位错

图 2.14　亚结构

金属的塑性变形是借位错的不断增殖和运动来进行的,因此,塑性变形后的位错密度显著增加,如经剧烈的冷塑性变形后,位错密度由退火状态的 $10^6 \sim 10^7 \mathrm{cm}^{-2}$ 增至 $10^{11} \sim 10^7 \mathrm{cm}^{-2}$。

变形亚晶的出现对滑移过程有着阻碍作用,随着冷变形程度的增加,亚结构的尺寸越小,可使金属的流动应力显著升高,是产生加工硬化的重要原因之一。

经冷变形后,金属的其他晶体缺陷,如空位、间隙原子以及层错等也会明显增加。

3. 变形织构

多晶体在塑性变形时,晶粒会发生转动。当变形量很大时,多晶体中原为任意取向的各个晶粒会逐渐调整其取向而彼此趋于一致。这种由于塑性变形的结果而使晶粒具有择优取向的组织称为变形织构。

金属及合金经过挤压、拉拔、锻造和轧制后,都会产生变形织构,同一种材料随加工方式的不同,可能出现不同类型的织构,通常,变形织构可分为丝织构和板织构。

（1）丝织构。

在拉拔或挤压时形成，都是具有稳定变形区的轴对称变形，其特征是各晶粒变形后（有一共同晶向取向与最大主变形方向平行）与拉拔或挤压方向平行或接近平行，如图2.15(a)所示。

（2）板织构。

在轧制时形成，其特征是各晶粒的某一个晶面平行于轧制平面，而某一晶向平行于轧制方向，如图2.15(b)所示。当出现织构后，多晶体金属就不再表现为等向性而显示出各向异性，这对材料的性能和加工工艺有很大的影响。例如当用有织构的板材拉深杯状零件时，将会因板材各个方向变形的能力不同而出现边缘不齐、壁厚不均的现象。但是在某些情况下，织构的存在却是有利的。例如变压器铁芯用的硅钢片，沿$\langle 100 \rangle$方向最容易磁化，因此，当采用这种织构的硅钢片制作电机、电器时，将可以减少铁损，提高设备效率，减轻设备质量，节约钢材。

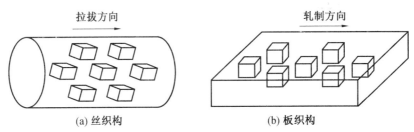

图2.15　织构示意图

2.4　冷加工后性能的变化

金属塑性变形的重要特点之一是加工硬化（或称应变硬化），其表现是若要继续滑移变形，则流动应力必须增高。冷塑性变形还会引起金属的物理性能和化学变化，随变形程度的增加，金属的导电性能下降（电阻升高），导热性下降，以及金属的抗应力腐蚀性能下降。

2.4.1　加工硬化

如图2.16所示，经冷变形后，随变形程度的增加，强度和硬度可提高2～3倍，而延伸率下降10％左右，塑性下降。当变形程度达到40％～60％时，强度增加变缓，塑性下降也变缓。

金属在变形过程中，随变形程度的增加，强度和硬度明显提高，塑性下降的现象称为加工硬化。金属塑性变形加工硬化这一特性是强化金属的重要途径，这种途径称为形变强化。特别是一些不能通过热处理强化的材料（纯金属和某些合金），主要是借助冷塑性变形来实现强化。

关于加工硬化现象的解释我们从单晶体塑性变形开始讨论。

1.单晶体的加工硬化

图2.17所示为典型金属单晶体的加工硬化曲线。硬化过程分为三个阶段，当切应力

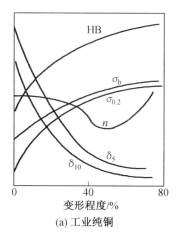

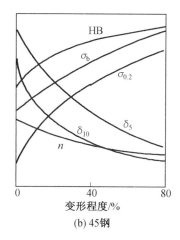

(a) 工业纯铜　　　　　　　　　　(b) 45钢

图 2.16　两种金属材料的机械性能－变形程度曲线

达到单晶体临界分切应力值时,变形就开始进入第Ⅰ阶段,此阶段硬化曲线接近直线,其斜率 θ_1 很小,$\theta=\dfrac{\mathrm{d}\tau}{\mathrm{d}\varepsilon}$,为加工硬化率或加工硬化系数。$\theta_1$ 一般很小,说明第Ⅰ阶段应力增加很小,硬化效果甚微,通常称易滑移阶段。第Ⅱ阶段的特点是加工硬化十分显著,应力急剧增加,此阶段亦呈近直线,$\theta_{\mathrm{II}}\gg\theta_1$,几乎恒定在 $G/300$,G 为切变模量,通常第Ⅱ阶段为线性硬化阶段。第Ⅲ阶段的特点是加工硬化率下降,θ_{III} 随着应变的增加而不断下降,硬化曲线呈抛物线形硬化。

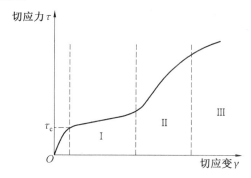

图 2.17　典型金属单晶体的加工硬化曲线

上述三阶段加工硬化曲线是典型情况,各种单晶体的实际曲线因其晶体结构类型、晶体位向、杂质含量、变形条件等因素不同而变化,但总的基本特征是一样的,只是各阶段长短有所不同或某一阶段未出现。

图 2.18 所示为三种典型金属单晶体的加工硬化曲线。其中立方晶体金属可以同时开动几个滑移系,呈现很强的加工硬化效应,显示出典型的三阶段加工硬化情况。

密排六方金属只能沿一组滑移面滑移,加工硬化率很小,第Ⅰ阶段很长,以至于其第Ⅱ阶段还未充分发展,金属就发生断裂了。

金属加工硬化现象及呈现的硬化三阶段可以用位错理论解释,是与位错在晶体滑移过程中受到的阻力有关。单晶体中对位错的阻碍可以归纳如下:

(1)晶体点阵对位错运动的阻力($\tau_{\mathrm{P-N}}$)。

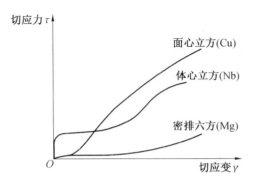

图 2.18　三种典型金属单晶体的加工硬化曲线

（2）使位错线弯曲所遇到的阻力（克服位错线张力）。

（3）位错间的弹性相互作用，互相提供阻力。

（4）位错交互作用产生的阻碍力。

根据位错运动和所受阻力情况，对于加工硬化现象的位错理论解释如下。

在第Ⅰ阶段，晶体中只有一组滑移系发生滑移，在平行的滑移面上移动的位错很少受到其他位错的干扰，故可以运动相当长的距离，并且大部分可达晶体表面，同时位错源不断增殖出新的位错，使第Ⅰ阶段产生较大的变形。由于位错滑移所遇到的阻力很小，因此加工硬化率低，θ_{I} 值很小。

当变形进入第Ⅱ阶段，变形是以多系滑移进行的。由于相交滑移系中位错的交互作用，滑移过程不断切割林位错，产生割阶等阻碍，晶体中位错位错密度迅速升高，产生塞积群或形成缠结和胞状亚结构，因此位错不能越过障碍而被限制在一定范围内移动，这一范围的平均长度即是位错塞积带长度，称位错平均自由程 L。因此滑移变形所增加的应力与位错平均自由程 L 呈反比关系：$\Delta\tau \infty Gb/L$，L 可用位错的平均密度表示，$\rho \infty 1/L^{2}$，即 $L=1/\sqrt{\rho}$，所以 $\Delta\tau \infty Gb\sqrt{\rho}$，则有

$$\tau=\tau_0+\alpha Gb\sqrt{\rho} \tag{2.16}$$

式中　τ_0——无加工硬化时所需切应力；

α——常数，与材料有关，$0.3\sim0.5$。

此关系式被大量试验结果所证实，表明在第Ⅱ阶段中，随变形量增大，晶体位错密度迅速升高，继续滑移变形的流动应力显著提高，因此 θ_{II} 值很大。

第Ⅲ阶段被认为与位错交滑移有关，当流动应力达到一定值时，位错可进行交滑移绕过障碍，当不同滑移面的螺型位错交滑移到同一滑移面上时，异号螺型位错相遇而抵消，使位错密度降低，这样使一部分硬化作用消失，由此使 θ_{III} 下降，曲线呈抛物线形。

2. 关于实际金属加工硬化现象的解释

实际应用金属几乎都是多晶体、单相或多相合金，还有杂质存在，其塑性变形更加复杂。从对位错滑移的阻碍作用出发，实际金属加工硬化现象的解释除包括单晶体加工硬化机理外，概括起来还有下列因素对位错运动有阻碍作用。

（1）晶粒间界面（亚晶界）对位错的阻碍。

（2）固溶体中溶质原子对滑移位错的阻碍。

（3）多相合金中第二相（包括杂质）对滑移位错的阻碍。

上述三条对滑移位错的阻碍作用和对加工硬化的贡献，在前面多晶体和合金的塑性变形里已讨论。

多晶体变形时，由于晶界的作用及晶粒之间的协调性要求，各晶粒不可能以单系滑移，必须进行多系滑移，因此多晶体不会出现单晶体加工硬化曲线的第 I 阶段，而硬化曲线通常更陡，加工硬化率较单晶体更高。由于晶体对滑移位错的阻碍及晶粒的位向差，其流动应力还与晶粒尺寸有关，这就是霍尔－佩奇公式所表明的，晶粒越细小其加工硬化率越高，流动应力也越高。如图 2.19 所示，在塑性变形开始阶段，粗晶和细晶的硬化曲线差别明显，当伸长达到某种程度后，曲线逐渐趋于平行。

固溶体中溶质原子对位错的阻碍作用与溶质原子的含量和种类有关，含量越高，流动应力增加，硬化率高，但到一定浓度后，不再增加。

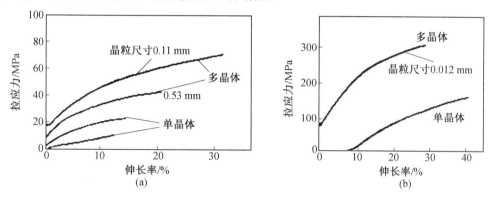

图 2.19　室温下单晶体与多晶体的应力－伸长率曲线

2.4.2　各向异性

金属材料经塑性加工变形后，因加工工艺的不同，会出现不同类型的织构，织构的存在会导致制品在不同方向上性能的差异，即各向异性。如生产原材料的塑性加工（一次塑性加工）中通过轧制获得的板材、挤压获得的棒材、拉拔获得的丝材，在纵向和横向都存在着性能差异。

具有各向异性的板材在通过塑性加工（二次塑性加工）生产具体零部件时，会影响制品的质量。如图 2.20（b）所示，板材通过拉深获得的筒形件，边缘处出现高低不平的波浪形，称为制耳。工艺设计上要给出足够的余量，增加了金属的损耗，还需一道切边工序，影响了生产效率和产品质量。

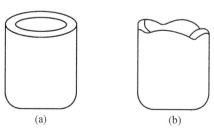

图 2.20　拉深件的制耳

2.4.3 其他性能的变化

1. 密度的变化

冷变形后,在晶粒内部或晶界处可能出现显微裂纹、空洞等缺陷,使金属的密度降低。青铜退火后的密度为 8.915 g/cm^3,经 80% 冷变形后其密度降至 8.886 g/cm^3;相应地,铜的密度由 8.905 g/cm^3 降至 8.89 g/cm^3。

2. 导电性能的变化

一般来说,金属随冷变形程度的增加,位错密度增加,如冷变形 82% 的铜丝,比电阻增加 2%;冷变形 99% 的钨丝,比电阻增加 50%。

3. 耐蚀性能的变化

冷变形后,金属内部有残余应力,内能增加,化学不稳定性增加,耐蚀性能降低。内应力是造成金属腐蚀(称为应力腐蚀)的主要原因。在腐蚀气体环境下或海水中,冷加工零部件易发生腐蚀破裂。消除应力腐蚀的主要方法是退火,消除内应力。

此外,冷变形还会使金属的电阻温度系数下降,磁导率、热导率下降。

2.5 附加应力与残余应力概述

2.5.1 附加应力

金属塑性变形过程中,晶体内除外加力在变形体内的应力分布外,还存在着变形体内各部分之间互相平衡的内力,称为附加应力,以单位面积的内力表示(N/mm^2)。

附加应力的产生是由金属塑性变形体内应变分布不均匀引起的。在应力较大处趋于产生较大的变形,应力较小处变形小。而变形金属是整体,为了保持各部分的连续性,各部分必然互相约束,因而在金属内各部分之间产生了自相平衡的内力,即产生附加应力。

一般在趋于较大伸长应变的部分产生附加压应力,在趋于小伸长应变的部分产生附加拉应力,如凸型轧辊轧制板材,如图 2.21 所示。

板的中心部分受力较大,其伸长量 l_b 比两侧的伸长量 l_a 大,$l_b > l_a$,板材中心部分伸长是逐步增加的,在变形过程中的伸长受到两侧的限制,因此中心部分受到压应力;两侧部分变形量小,要受到中心部分给予的拉应力。压应力与拉应力大小相等,方向相反,是一对自相平衡的内力,这一对平衡的内力就是附加应力。

根据附加应力在变形体内存在的范围不同,附加应力分为三类:

(1)第一类附加应力是在变形过程中,变形体内各大部分之间自相平衡的内力,属于宏观附加应力。

(2)第二类附加应力是指各晶粒之间或各相之间自相平衡的内力,是由各晶粒变形不均匀引起的。

(3)第三类附加应力是指晶粒内部晶格范围内由变形过程中位错运动及晶格歪扭,在晶粒内各部分之间引起的。

变形不均匀是金属塑性变形的重要特点,因此变形体必然存在附加应力。附加应力

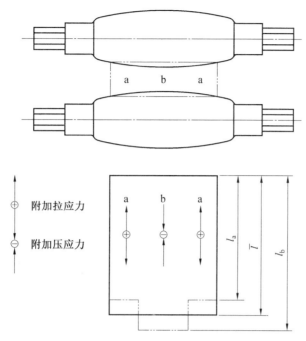

图 2.21　凸型轧辊轧制板材示意图

的大小与不均匀变形程度和变形量大小密切相关。附加应力过大会使金属产生塑性失稳,使塑性下降,产生裂纹。

2.5.2　残余应力

在金属塑性变形时,必须对金属施加外力(对金属做不可逆的功),大部分机械能转换成热能,而在金属中散发。如果变形迅速,可使金属温度达到几百摄氏度。精确测量表明:金属变形产生的热量(热能)永远不等于用来使金属变形的机械能,$Q_热 < Q_机$,机械能与产生的热能之差就是储存在金属中的能量,这部分能量是由变形引起的畸变能,占总机械能的 10%～20%。

形变引起的畸变能在金属中存在的形式有三种:

(1)变形后残存在金属内各部分之间互相平衡的内力称为形变残余应力,简称残余应力(第一类残余应力),并称为第一类畸变,占总储存能的 0.1%。

(2)第二类残余应力是指晶粒之间或亚晶粒之间因不均匀变形引起的。因范围小,确切地应称为第二类畸变。

(3)第三类畸变就是晶格畸变,存在范围更小,几百到几千原子范围,是由塑性变形引起的晶体结构缺陷增多所致,占总储存能的 90% 左右。

由于塑性变形,金属晶体的空位浓度、位错密度增高,因而晶格畸变增大。形变后的储存能主要取决于变形量、变形速度、变形温度,以及材料的化学成分和组织状态。变形量增大,储存能增加,但增加速率逐步减慢。变形速度快,加工硬化率高,经受相同变形量的储存能增大。变形温度低,储存能也增加。形变残余应力是变形后残存在金属内的,而附加应力是在变形过程中存在于金属中的,一旦变形结束,附加应力就不存在了。附加应力与残余应力在金属内成对出现,其方向一致。虽然残余应力是变形完毕后保留在材料内部的附加应力,但并不是所有约束位能都用于形成残余应力,有部分位能在塑性变形中由于软化被释放,因此残余应力的位能应小于在整个塑性变形过程中用于形成附加应力的位能。

塑性加工方式不同,其储存能也不同,主要是变形不均匀程度。不均匀程度增加,储存能高。

材料的化学成分和组织状态的影响主要取决于对加工硬化率的影响。如果加工硬化率越高,则相应储变能也增加。

通常情况下,残余应力的存在是不利因素。经塑性变形获得的零件在工作中需要承受载荷,这样金属中某一部分的应力是残余应力与外加应力的叠加,叠加的结果会使较没有残余应力的情形容易超过强度极限而破坏,进而扩展到其余部分,发生断裂。

有残余应力存在的工件,在机械加工后其尺寸或形状易发生变化,这是由于残余应力在金属内成对出现,处于平衡状态,机械加工可能破坏这种平衡,金属内的应力状态也发生变化,必然引起零件的尺寸或形状发生变化,影响加工后的尺寸精度。

除塑性加工产生的附加应力外,金属在加热、冷却或者相变过程中也会产生残余应力。温度变化引起的内应力称为热应力,由组织转变引起的内应力称为组织应力。组织应力易残存在金属内形成残余应力,而热应力只是在加热或冷却过程中存在,一旦金属内温度均匀,则温度引起的热应力消失。

由此可见,我们不希望附加应力或残余应力过大,在金属塑性变形过程中要采取必要的工艺措施,使应力分布尽量均匀,变形均匀。

金属塑性变形后残余应力必然存在,可采取热处理(退火或回火)工艺来消除应力。低温退火(回复)主要消除第一类残余应力,高温退火(再结晶退火)消除第二类和第三类残余应力。

残余应力与附加应力一样,都受到变形条件的影响,其中主要是塑性加工方式、变形温度、应变速率、变形程度、接触摩擦、工具和变形物体形状,等等。关于这些因素的影响及残余应力的后果、测量方法和消除措施将在第 6 章讨论物体不均匀变形时进行详细论述。

2.6　冷塑性变形金属在加热过程中的变化

冷塑性变形金属在加热过程中将依次发生回复、再结晶和晶粒长大三个阶段。这是由于在其内部有储存能存在,为上述过程提供了驱动力。冷变形金属产生的加工硬化,经加热退火后,又可恢复到冷塑性变形前的状态,这是由于加热过程可使冷变形储存在金属的能量得到释放,金属的组织和性能也发生相应的变化。图 2.22 给出了储存能释放、硬度、电阻率、密度、胞状组织尺寸的变化。

在回复阶段,除内应力明显下降和电阻率降幅较大外,强度、硬度、密度发生少量变化,而在再结晶阶段各项性能变化较大。硬度与位错密度有关,在回复阶段略有下降,在再结晶阶段随位错密度变化大幅下降。电阻率的下降是因点缺陷浓度发生了较大的变

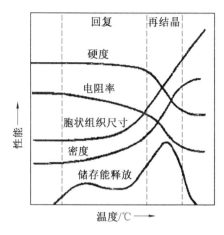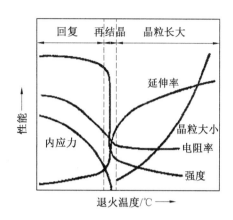

图 2.22　冷塑性变形金属加热时组织性能的变化

化。金属密度的上升是因空位浓度的减少。胞状组织尺寸在回复初期略有增大,而在后期,再结晶开始前,显著增大,同时胞壁减薄。

2.6.1　回复

冷塑性变形金属在加热过程中,首先要发生回复现象。回复是指冷变形金属在加热时发生某些亚结构及物理性能的变化,其组织形态没有变化。回复的实质是点缺陷及位错在加热过程的运动,从而改变了它们的数量和分布。

金属加热温度不同,晶体中点缺陷及位错的数量级及分布的变化也不同。根据加热温度,回复可分为三个阶段(回复温度用 T_H 表示,T_m 表示金属的熔点,温度都是热力学温度):

(1)低温回复阶段($T_H = (0.1 \sim 0.3)T_m$)主要是点缺陷的运动,如空位与间隙原子的结合。空位迁移到晶界或位错处消失,点缺陷彼此的对消等,使其浓度下降。所以电阻显著降低,内应力降低。由于点缺陷周围所引起的应力场较小,因而强度、硬度只有少许改变。

(2)中温回复阶段($T_H = (0.3 \sim 0.5)T_m$)主要是通过位错运动,使变形体中分布杂乱的位错通过滑移导致重新组合和同一滑移面内异号位错的相互抵消。

(3)高温回复阶段($T_H > 0.5T_m$)的主要机制是多边化过程,位错运动使其向低能量状态重新分布和排列成亚晶。

"多边化"是位错从冷变形后塞积的高能态转变成稳定有规则排列的低能态过程。位错通过攀移和滑移,改变塞积状态,使同号位错沿垂直于滑移面的方向排成位错墙,即小角度的亚晶界,如图 2.23 所示。而不在同一滑移面上的两个异号位错可通过攀移或交滑移,达到同一滑移面内相遇而抵消,使位错密度下降。

冷变形金属在加热时发生多边化过程的驱动力来自应变能的下降。同号位错在同一滑移面时,它们产生的应变能是相加的,能态高;而在一个正刃型位错的应变场,滑移面上方区域是受压缩,下部区域是受拉伸,当多边化后同号位错沿垂直于滑移面的方向重叠排列,上下两个同号刃型位错的间隔区域内的应力场是两个同号位错相反应变场相互抵消的结果,因而多边化后使整个晶体的应变能降低。

位错攀移是通过位错空位扩散到位错处实现的,而扩散是一种热激活过程,因此多边化的速度随温度升高而迅速增加。

多边化出现位错墙后,它们之间还会相互合并。两个位错墙合并后,墙两侧的亚晶位向差增大,这样亚晶的尺寸也增大。多边化过程形成的亚晶粒尺寸要比冷变形时产生的胞状亚组织尺寸大约 10 倍。

多边化的实质是亚晶的形成,但回复后的亚晶并不全是多边化而产生的,还有另一

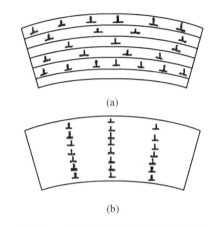

(a)

(b)

图 2.23　多边化前后刃型位错的排列

种亚晶形成机制。由于冷变形过程中多系滑移产生了位错的交割与缠结,形成蜂窝状胞状组织。在高温回复时,一方面蜂窝内部的位错被吸引到蜂窝壁上;另一方面蜂窝壁上的位错重新分布,胞壁变薄,胞状亚组织尺寸变大些,如图 2.24 所示,因而在变形晶粒的内部形成许多亚晶。亚晶内部位错密度很低,接近完整晶体。亚晶间位向差很小,规整后形变胞变成清晰的亚晶。

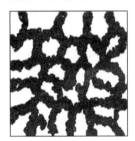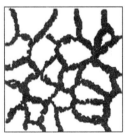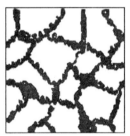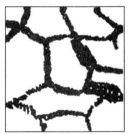

图 2.24　形变胞状亚组织在回复时的变化

有些金属多边化形成的亚晶粒非常稳定,不易发生再结晶,始终保持多边化的亚组织。例如高纯度的铁,经冷变形后退火只发生回复,而不再发生再结晶。

从回复机理看,主要是使空位浓度降低,位错应变能减小。内应力的降低主要是金属内弹性应变的基本消除,即第一类残余应力的基本消除。而强度、硬度下降不多,塑性恢复很少,是由于在回复后位错密度下降不大。

生产实践中,采用回复退火主要是用作去除残余应力,使冷加工金属零件基本保持加工硬化状态下金属的强度和硬度;降低残余应力,以提高零件的使用寿命,避免变形或开裂。

2.6.2　再结晶

当冷变形金属加热至较高温度时,将形成一些位错密度很低的新晶粒,这些新晶粒通过可移动的大角度晶界的形成和迁移,逐步全部取代已变形的高位错密度的变形晶粒,这一过程称为再结晶过程。

再结晶的实质是无畸变的晶核的形成和长大过程。再结晶的结果是获得等轴的无畸变组织。这个过程虽然是形核长大,但不是固态相变,因为再结晶前后金属的晶格类型没有变化。

冷变形金属经过再结晶,金属的各项性能恢复到与变形前相当的性能,加工硬化和内应力完全消除,这种热处理工艺称为再结晶退火。

1. 再结晶机制

实验观察发现冷变形金属再结晶形核主要有两种机制:一种是亚晶的粗化;另一种是现存晶界的弓出。

(1)一种机制:当变形程度较大时(变形程度大于 20%),再结晶核心是在回复过程中多边化所产生的无应变的亚晶的基础上形成的。小角度晶界包围的某些较大的无应变亚晶粒,可以通过两种不同的方式生成。

①对于高层错能金属,其会形成胞状亚组织,这种组织在回复阶段,通过亚晶的晶界的移动,吞并相邻的形变基体并长大成为再结晶核心,如图 2.25(a)所示。

②对于低层错能金属,则可以通过亚晶界的迁移长大来实现再结晶。在一个位错密度大的局部小区域,通过位错的攀移和重新排列释放它的储存能,向四周长大,晶粒长大过程中,与周边的位向差也逐渐增大,亚晶界变成了大角度晶界,则成为再结晶的晶核(图 2.25(b))。一旦形核,由于它较亚晶界有更大的迁移率,故可迅速移动扫过高位错密度区。而在大角度晶界后面,形成无应变的晶体。

(2)另一种机制:当冷变形程度比较小时,由于变形的不均匀性,某些已存晶界的两侧的两个晶粒中的位错密度存在较大差异,一侧位错密度较高,另一侧较低,在一定温度下,晶界的一段向着高位错密度的晶粒一侧突然移动,被晶界弓出扫过去的那块扇形晶体中,冷加工储存能得到释放,这个小区域变成了无应变的晶体,这样就形成了再结晶核心,如图 2.25(c)所示。这种机制已在铜、镍、铝、银及两相铝-铜合金中观察到。

再结晶核心无论是上述哪种机制形成,都可以借其大角度晶界向形变区域(有畸变的高位错区域)移动,移动的驱动力是其两侧的位错密度差(即两侧的畸变能差),当各个再结晶核心长大到互相接触,就形成了完全有大角度晶界分界的新的等轴晶组织。

由于再结晶不是相变过程,因而再结晶温度不是一个严格的物理量,与许多因素有关。

2. 晶粒长大

再结晶完成后,金属已处于比较低的能量状态。但从界面能的角度看,细小晶粒合并长大使界面总表面积减小,降低界面能,进入更加稳定的组织状态。所以,再结晶完成后,若金属材料仍处于高温或延长保温时间,晶粒会长大,温度越高,加热时间越长,晶粒长大就越明显。

晶粒长大有两种:一种是正常的均匀长大;另一种是晶粒长大过程中某些晶粒异常长大,其晶粒尺寸与正常晶粒长大尺寸相差悬殊,称为异常晶粒长大或二次再结晶。正常晶粒长大介绍如下。

在一个多晶体中,各晶粒大小、形状、晶界边数和曲率半径各不相同,晶粒长大是通过大角度晶界的移动,总是一些界面曲率半径较大的晶粒吞并曲率半径小的晶粒而长大,即

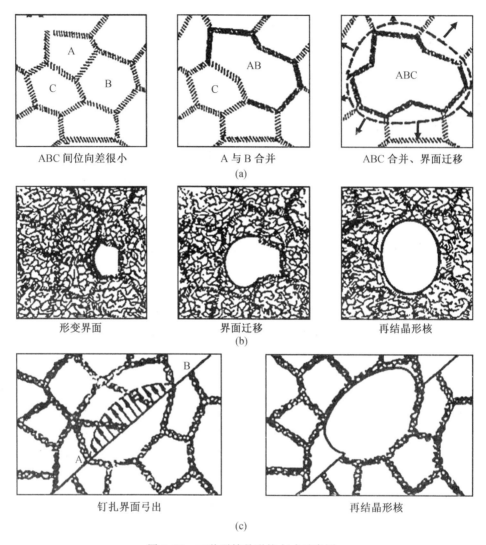

ABC 间位向差很小   A 与 B 合并   ABC 合并、界面迁移
(a)

形变界面   界面迁移   再结晶形核
(b)

钉扎界面弓出   再结晶形核
(c)

图 2.25   三种再结晶形核方式示意图

晶界向着曲率中心方向移动。晶界移动的驱动力来自晶界移动后多晶体体系总自由能的降低。

面积为 A 的晶界如果移动 $\mathrm{d}x$ 距离,体系的总自由能变化为 $\mathrm{d}G$,则沿 x 方向有单位驱动力 p;

$$p = -\frac{1}{A} \cdot \frac{\mathrm{d}G}{\mathrm{d}x} \tag{2.17}$$

式中 p——正值时表示促进晶界移动的驱动力,负值时表示阻止晶界移动的约束力。

当晶界移动的驱动力来自晶界能时,晶界移动服从以下规律:

(1)弯曲的晶界向其曲率中心方向移动。

(2)大晶粒吞并小晶粒。

(3)弯曲晶界总是趋向平直化。

(4)三个晶界交汇处的夹角变化是趋向于使作用在各晶界的界面张力达到平衡状态。

许多金属晶粒长大符合如下经验公式：

$$\overline{D_t} = Kt^n \qquad (2.18)$$

式中　$\overline{D_t}$——时间 t 的平均晶粒直径；

　　　K——比例常数；

　　　n——与退火温度相关的指数。

3. 再结晶温度

工业上规定，当冷变形金属的变形量大于 60% 时，经 1 h 退火，能完成再结晶的最低温度为再结晶温度。对于纯金属，再结晶温度 $T_{再}$ 与金属绝对熔化温度 T_m 存在下面的经验关系：

$$T_{再} = 0.35 \sim 0.4 T_m \qquad (2.19)$$

再结晶温度不仅与材料有关，还和冷变形程度、原始晶粒尺寸及杂质含量等因素有关。随着冷变形程度的增加，再结晶温度也降低，如图 2.26 所示，当变形量增大到一定程度时（约 60% 以后），再结晶温度不再降低，趋于稳定。

4. 再结晶速度

再结晶过程不是瞬时完成的，而是以一定速度进行的，将单位时间内完成新的无应变再结晶的体积定为再结晶速度。图 2.27 所示为铝不同变形量下的等温再结晶力学曲线。再结晶的发生要有一定的孕育期，再结晶形核的孕育期与预变形程度、加热温度有关。

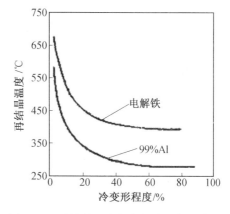

图 2.26　再结晶温度与冷变形程度的关系

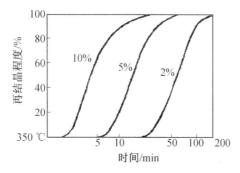

图 2.27　铝不同变形量下的等温再结晶力学曲线

冷变形程度增加，再结晶速度加快及完成再结晶时间减少。再结晶速度还与金属的晶粒度、杂质含量有关。原始晶粒越细、纯度越高，再结晶速度也越快。杂质的存在阻碍大角度晶界迁移，因而影响再结晶速度。

5. 影响再结晶的主要因素

（1）温度。再结晶时的加热温度越高，再结晶速度越快，完成时间越短。

（2）变形程度。金属的冷塑性变形程度越大，其畸变程度越大，储存能越高，完成再结晶的驱动力越高，再结晶形核率越高。降低再结晶温度，不但等温退火的再结晶速度快，而且再结晶后的晶粒细小。

（3）原始晶粒尺寸。其他条件相同时，金属变形前的晶粒度越细小，变形抗力越大，冷变形后的储存能越高，再结晶温度越低。另外，晶粒细小，晶界总面积增大，形核率高，再结晶晶粒尺寸也更细小。

（4）微量溶质原子。当金属中存在微量溶质原子，由于溶质原子与位错及晶界存在交互作用，对位错滑移、攀移和晶界迁移起着阻碍作用，因而不利于再结晶形核及长大，提高了再结晶温度，降低了再结晶速度。

（5）弥散分布第二相粒子的影响。弥散分布第二相粒子对基体合金再结晶影响取决于第二相粒子大小和间距。

如果粒子间距(λ)较大且粒子直径(d)也较大（$\lambda > 1\ \mu m$；$d > 0.3\ \mu m$），再结晶被促进；反之（$\lambda < 1\ \mu m$；$d < 0.3\ \mu m$），再结晶被阻碍。

这是因为弥散分布第二相粒子直径和间距较大时，粒子周围存在位错塞积，加工硬化率高，从而增加冷变形金属的储存能，使再结晶的驱动力增大。相反，当第二相粒子直径和间距较小时，虽然导致位错密度和加工硬化率更高，但却阻碍了冷变形金属加热时位错重新排列构成亚晶界的多边化过程和随后形成大角度晶界过程。如工业纯铝的再结晶温度为 150 ℃，而含 5% 的 Al_2O_3（弥散强化合金），其再结晶温度为 500 ℃。

6. 再结晶后尺寸

再结晶后形成的晶粒，通常为等轴晶。其晶粒大小取决于冷变形程度、退火温度和时间、杂质及合金成分、组织状态和原始晶粒度等。

在其他条件相同时，再结晶晶粒尺寸与变形程度的关系如图 2.28 所示。

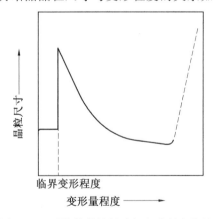

图 2.28 再结晶晶粒尺寸与变形程度的关系

变形程度很小时，不发生再结晶，晶粒保持原来的状态。当变形程度达到临界变形程度时，再结晶晶粒特别粗大。传统观点认为，主要是变形程度小，再结晶形核数目少的缘故。近代研究认为，在临界变形程度时不发生再结晶，粗晶是无形核的晶粒长大。一般金属的临界变形程度为 2%～10%，随退火温度和合金元素及含量变化，如退火温度高，临界变形程度小。随着变形程度的增加，再结晶晶核增多，因而组织较细。

加热温度越高、保温时间越长，再结晶后晶粒越粗大。图 2.29 所示为工业纯铝的再结晶三维图，反映了变形程度和加热温度对晶粒尺寸的影响。

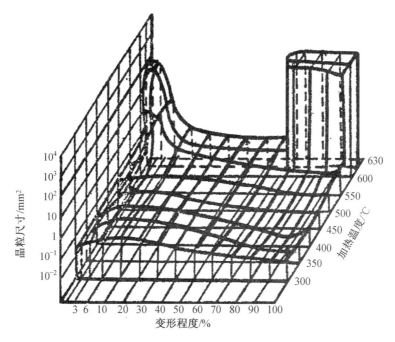

图 2.29　工业纯铝的再结晶三维图

在冷变形较小时，再结晶后的晶粒特别粗大，图 2.29 中可以看到，即使冷变形程度很大，金属在较高的温度下退火，也会产生特别粗大的晶粒。这是由于强烈变形导致退火过程中形成强烈的一次再结晶织构，阻碍晶粒正常长大，晶粒长大仅限于局部少数取向的晶粒，从而发生二次再结晶。

值得说明的是，由于塑性变形的具体零件的各个部分变形程度是不均匀的，因此再结晶退火后晶粒大小也是不均匀的，某区域晶粒大小取决于该区域的变形程度。

7. 再结晶织构

通常具有形变织构的金属，再结晶后的新晶粒仍具有择优取向，这种再结晶后的择优取向与形变织构的取向具有一定的取向关系，再结晶后新晶粒的择优取向组织称为再结晶织构。

再结晶织构形成的机制有两种：一种是定向生长机制；另一种是定向生核机制，前一种说法起主导作用。

定向生长机制认为，晶界移动的速度取决于晶界两侧晶粒的位向差。那些处于有利取向的晶核，能够通过消耗变形基体而迅速长大；而其他取向不利的晶核，由于它们的晶界迁移速率太低，在竞争中被淘汰。由这些有利取向晶核生长的晶粒几乎具有同样的取向，从而形成再结晶织构。

8. 二次再结晶

以上讨论的再结晶为一次再结晶。所谓二次再结晶,是在一定条件下,在一次再结晶后的晶粒长大期间,少数晶粒吞并周围晶粒而急剧长大,形成粗大晶粒的现象。

发生二次再结晶的原因是,绝大多数晶粒长大比较困难,而少数晶粒可以迅速长大。可能的条件是:

(1)一次再结晶后形成再结晶织构,再结晶的晶粒具有相近的取向,所以不存在大角度晶界,晶界的迁移速率比较小,晶粒不易长大。

(2)金属中杂质多,特别是第二相弥散分布于基体中,会使晶界的活动显著下降。这种情形下,晶粒长大缓慢,到一定尺寸后就稳定下来。

(3)在薄板金属中,晶粒边界与板面相交处形成沟槽,也会阻碍晶界移动,晶粒组织也较稳定。

由此可见,二次再结晶一般是在塑性变形量很大,加热温度特别高时容易发生,特别是板材中更常见。

二次再结晶会导致晶粒粗大,降低材料的强度、塑性和冲击韧性,因而要避免其出现。

2.7　金属塑性加工过程的分类

金属塑性加工过程是变形温度、变形速度、变形程度以及金属本身的性质的影响所决定的。

塑性变形的分类,应该从加工硬化和回复及再结晶的软化之间的关系来考虑。金属有塑性变形就会有加工硬化存在,而在适当温度下金属就会发生回复和再结晶。通过回复和再结晶过程可部分消除和完全消除加工硬化效果,这就是软化过程。从这点出发,一般将塑性变形分为四种类型。

1. 冷变形

只有加工硬化过程存在,没有回复和再结晶软化过程的变形称为冷变形。冷变形的温度是在回复温度以下。冷塑性变形在工业中应用普遍,如板材冲压、冷挤压和冷锻等。

2. 温变形

温变形不但有加工硬化,还存在回复软化过程,加工硬化率大于回复软化速度。一般温变形的温度在回复温度以上,再结晶温度以下,即回复温度和再结晶温度区间。温变形的组织与冷变形组织没有差别,只是位错密度的差别。

3. 热变形

热变形是加工硬化率等于回复和再结晶软化速度的变形过程。热变形的温度在再结晶温度以上。热变形组织中既存在变形组织,也存在无应变的再结晶组织。金属热变形后若缓慢冷却到室温可以得到等轴的再结晶组织。

4. 不完全热变形

不完全热变形是加工硬化率大于回复和再结晶软化速度的热变形过程。变形温度在再结晶温度以上,变形速度较快或其他原因使回复或再结晶速度降低。不完全热变形的组织取决于冷却速度,一种情况是缓慢冷却得到等轴的无应变再结晶晶粒;另一种是冷却速度较快,得到形变组织和再结晶组织共存的混合组织。

举例说明,铅在室温 20 ℃状态下是哪种变形?

金属的最低再结晶温度(T)与熔点(T_m)的关系大致是 $T=0.4×T_m$(T_m 为热力学温度),铅的熔点为 327.502 ℃,铅的最低再结晶温度 $T=(372.502+273.15)×0.4=258.260\ 8\ (K)=-14\ (℃)$。

再结晶温度以下为冷加工即冷变形,反之为热加工即热变形,所以铅在 20 ℃时是热变形。

第3章　金属热加工过程中的塑性变形

热加工通常指锻造、热轧等在高温下进行的塑性变形工艺过程，一般温度均高于 $0.5T_m$（T_m 为金属材料的绝对熔化温度），即高于再结晶温度。热加工的塑性变形机理不仅取决于材料的化学成分、组织结构和温度，而且变形速度对其影响较大。

研究热加工过程中的塑性变形机理，不但对制订或控制热加工工艺，保证塑性变形，而且对金属材料或制品的组织性能起决定性作用。

3.1　热加工变形的特点

在一定的条件下，热加工与冷加工、温加工相比有一系列优点：

（1）金属在热加工变形时，变形抗力低，能量消耗少。

（2）金属在热加工变形时，一般情况下其塑性升高，产生断裂的倾向性减少。因为变形温度升高后，变形过程中在加工硬化过程的同时，也存在着回复或再结晶的软化过程，就使塑性变形容易进行。同时，高温下金属原子活动性提高，使金属中密闭的空洞、气泡、裂纹等缺陷易于焊合。但在热加工时，随钢种成分的不同，塑性也可能在某个温度范围内恶化。例如工业纯铁或钢中含硫量过高时，可能形成分布于晶界上的低熔点硫化物共晶体，热变形时就可能发生开裂引起"红脆"。

（3）与冷加工相比，热加工变形一般不易产生织构，这是由于在高温下位错滑移的系统比较多，滑移面和滑移方向不断发生变化，因此，工件的择优取向性较小。

（4）生产过程中，不需要像冷加工那样的中间退火，从而可简化生产工序，提高生产率。

（5）通过控制热加工过程，可以在很大程度上改变金属材料的组织结构以满足各种性能的要求。

但和其他加工方法比较起来，也有其不足之处：

（1）对过薄或过细的工件，由于散热较快，生产中保持热加工温度困难。因此，目前生产薄的或细的金属材料，一般仍采用冷加工（冷轧、冷拉）的方法。

（2）热加工后工件的表面不如冷加工生产的光洁，尺寸也不如冷加工生产的精确。

（3）热加工后产品的组织和性能常常不如冷加工的均匀。例如热加工结束时，产品的温度难于均匀一致，温度偏高处晶粒尺寸要大一些，特别是大断面的情况下更为突出。

（4）热加工金属材料的强度比冷加工的低。

（5）某些金属材料不宜热加工。例如铜中含 Bi 时，它们的低熔点杂质分布在晶界上，热加工会引起晶间断裂。

3.2　热加工后金属组织结构的变化

塑性加工有两大功能：一是获得一定形状的制品；二是可以改变金属材料的组织结构和性能。金属热加工变形后可能获得的材料组织状态如下。

3.2.1　改造铸态组织

铸态金属组织中的缩孔、疏松、空隙、气泡等缺陷等得到压缩或焊合，铸态组织的物理、化学和结晶学方面的不均匀性会得到改善。

3.2.2　细化晶粒和破碎夹杂物

铸态金属中的柱状晶和粗大的等轴晶经锻造或轧制等热变形和再结晶，可变为较细小均匀的等轴晶粒。变形金属中（如各种坯料）粗大不均匀的晶粒组织，通过热变形和再结晶也可变为细小均匀的等轴晶粒。如果热变形和随后的冷却条件适当地配合，还可以得到强韧性能很好的亚晶组织。细小均匀的晶粒组织、亚晶组织具有强度高、塑性好、韧性好、脆性转化温度低的特点，因此，一般的结构钢都希望得到细小均匀的晶粒组织和亚晶组织。关于细化晶粒和亚晶形成的规律，随后在热加工过程的回复和再结晶部分中详加讨论。

热变形能破碎夹杂物和第二相并改变它们的分布，这对改善性能十分有益。夹杂物的不良影响，不仅与它的总量有关，而且还与夹杂物的大小和分布有关。热变形使夹杂物破碎，并使之分布到较大的范围内（如采用纵轧－横轧联合轧制法轧制钢板），就可以分散它的不利作用，从而降低其危害性。又如在轴承钢、高速钢中都要求碳化物细小而均匀地分布。粗大的碳化物在加工和使用时都易脱落。碳化物分布不均，造成硬度不均，降低耐磨性和其他性能（如轴承钢的疲劳寿命）。热加工对破碎碳化物并使之均匀分布可起到有益的作用。

3.2.3　形成纤维组织

形成纤维组织也是热加工变形的一个重要特征。铸态金属在热加工变形中所形成的纤维组织和金属在冷加工变形中由于晶粒被拉长而形成的纤维组织不同。热加工中的纤维组织是由于金属铸态结晶时所产生的枝晶偏析，在热变形中保留下来，并随着变形而延伸形成的“纤维”。

纤维组织的出现会使变形金属的纵向和横向具有不同的机械性能，从表 3.1 中可看到，沿纤维组织方向试样具有较高的强度和塑性。随着变形程度增加，沿纵向（纤维方向）的塑性指标增加，但增加的程度逐渐减弱。在锻压比（F_0/F_1）$\leqslant 4$ 以前，变形程度增加时，塑性指标增加迅速；在（F_0/F_1）$=10$ 以前，增加比较缓慢；再继续增加变形程度时，塑性指标保持不变。沿横向的塑性指标，随变形程度增加而降低。当（F_0/F_1）$\leqslant 6$ 时，下降迅速；继续增加变形时，下降缓慢。强度指标纵向和横向相差不大。

生产实践中应充分利用纤维组织造成变形金属具有方向性这一特点，设法使纤维组织形成的流线在工件内有更适宜的分布。

表 3.1　45 号钢机械性能与纤维方向的关系

试样方向	σ_b/MPa	$\sigma_{0.2}$/MPa	δ/%	ϕ/%
纵向	700	400	17.5	62.8
横向	660	430	10	31

3.2.4　形成带状组织

热加工形成的带状组织可表现为晶粒带状和碳化物带状两类。缓冷的热轧低碳钢中可能会出现先共析铁素体和珠光体交替相间的显微组织带状(二次带状),两相区的低温大变形量轧制使先共析铁素体,被拉长而成的带状组织都属于晶粒带状组织。枝晶偏析严重的高碳钢(如轴承钢、工具钢)如果热加工前或加工过程中未做均匀化退火,先共析渗碳体在热加工中破碎、沿延伸方向分布,也可能出现碳化物带状。终轧温度过高,冷却速度过慢,压缩比不足都会增大碳化物带状的级别。脆性夹杂物在热加工中可能被破碎而呈点链状分布,塑性夹杂物会被拉长或压扁而呈条带状。钢材中出现这些带状组织都会降低钢材的机械性能。

3.2.5　形成网状组织

高碳钢(如轴承钢)的轧前加热温度一般都高于 A_{cm} 线,加热时碳化物几乎全部溶解。轧材如果终轧温度过高,在轧后冷却较慢时,900 ℃左右就开始沿晶界析出碳化物,在750~700 ℃范围内急剧形成网状。如果终轧温度控制低一些,例如在 900~700 ℃范围内终轧,轧后快速冷却,就可以消除或减少网状碳化物。

钢材中网状碳化物较严重时,如果作为成品使用会严重地降低强度和韧性。

热变形可引起金属的组织和性能的一系列变化,其中利用细化晶粒和获得亚晶组织来改善金属的强韧性,近来得到国内外普遍的重视,所以我们将较详细地讨论热加工过程中的回复和再结晶。

3.3　热加工过程中的动态回复与动态再结晶

热加工是在高于再结晶温度下进行的,因此在热塑性变形时,变形体内加工硬化和回复或再结晶软化同时发生。热加工与冷加工的主要区别在于:金属热加工时,硬化(加工硬化)和软化(回复与再结晶)两种机制的对抗,使得金属在塑性变形时的流动应力处于一种相对稳定状态。如果就回复或再结晶发生的条件看,可以分为五种形态(图 3.1):

(1)静态回复。

(2)静态再结晶。

(3)动态回复。

(4)动态再结晶。

（5）亚动态再结晶。

关于静态回复和静态再结晶在前面已讨论过了。

热加工的静态回复和静态再结晶是利用热加工余热进行,与冷加工的区别是不需要重新加热。

所谓动态回复和动态再结晶是在塑性变形中发生的回复和再结晶,而不是变形结束之后。

所谓亚动态再结晶是指有动态再结晶的热变形过程中,终止热变形时,动态再结晶未完成的过程会遗留下来,将继续发生无孕育期的再结晶过程。

在动态回复没有被人们认识以前,人们很长时间曾错误地认为热变形过程中再结晶是唯一软化机制。

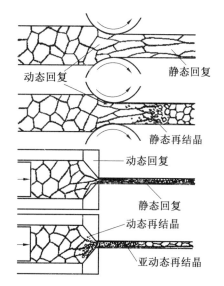

图 3.1　动、静态回复或再结晶

根据金属及固溶体合金在热加工过程中所发生的组织变化,分成两类:

一类是层错能较高的金属,如 $\alpha-Fe$ 铁素体钢及铁素体合金、Al 及 Al 合金、Zn、Mg、Sn 等。由于它们中位错的交滑移和攀移容易,一般在热加工过程中只发生动态回复,即动态回复是这类材料热加工过程中的唯一软化机制。即使在远高于静态再结晶温度下进行热加工,通常也不会发生动态再结晶。热变形终止后,迅速冷却到室温,其显微组织为沿变形方向拉长的晶粒或纤维状组织。

另一类是堆垛层错能较低的金属及固溶体,如 $\gamma-Fe$、Ni、Cu、Au、Ag、Pt 等。这类材料交滑移和攀移困难,因此不易发生动态回复,在一定条件下,当塑性变形积累足够多的位错密度,会导致发生动态再结晶,特别是较高温度下和低应变速率条件下。

3.3.1　动态回复

1. 高温动态回复时的流动曲线

未塑性变形或经再结晶退火的金属,如果属于层错能较高的金属材料,在高温塑性变形中,只发生动态回复。其流动曲线可分为三个阶段(图 3.2)。第一阶段为微变形阶段,此时,试样中的应变速率从零增加到实验所要求的应变速率,其应力－应变曲线呈直线,斜率对温度和应变速率都敏感。当达到屈服应力以后,变形进了第二阶段,加工硬化率逐渐降低。最后进入第三阶段,为稳定变形阶段,此时,加工硬化被动态回复所引起的软化过程所抵消,即由变形所引起的位错增加的速率与动态回复所引起的位错消失的速率几乎相等,达到了动态平衡,因此最后一段曲线接近一水平线。

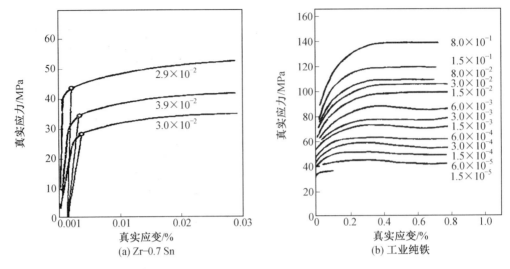

图 3.2　动态回复时真实应力－应变曲线

2. 动态回复时塑性体内显微组织的变化

动态回复时三阶段显微组织的变化如下。

第一阶段，金属中位错密度由退火态的 $10^6 \sim 10^7 \mathrm{cm}^{-2}$ 增加到 $10^7 \sim 10^8 \mathrm{cm}^{-2}$。

第二阶段，宏观流变开始直到稳定态的第三阶段，位错密度增加并保持在 $10^{10} \sim$ $10^{11} \mathrm{cm}^{-2}$。

动态回复是通过位错的攀移、交滑移来实现的，在热变形组织内出现等轴的亚晶，其尺寸受变形条件影响。变形温度越高、变形速度越慢，亚晶尺寸越大。亚晶尺寸增大时，亚晶内部和亚晶界上的位错密度都降低，亚晶界上的位错也从紊乱状态变为较规整的排列，胞状轮廓变得清晰。提高变形温度和降低变形速度有利于位错的相互抵消，使位错密度降低。

在前两个阶段滑移变形中产生位错塞积，出现位错缠结和胞状亚组织。到第三阶段稳定态时加工硬化实际速度为零，此时出现的胞状亚组织达到平衡状态。也就是，在第三阶段，胞壁之间的位错密度、距离以及亚组织之间的位向差保持不变，即位错密度保持不变。位错增殖速度和位错消失速度达到动态平衡，因而建立起平衡位错密度。

这个过程中的组织特点是：随着变形程度的增大，晶粒随金属主变形方向而变形，亚组织形状始终保持等轴。如果快速冷却下来，就得到晶粒形状伸长或变形量很大的纤维状组织。出现这样的特点是由于亚晶界在滑移变形过程中反复被拆散，由位错的交滑移、攀移而反复多边化再形成新的亚晶界。

动态回复的变形不能看作冷变形和静态回复简单的叠加。应变硬化与回复同时出现避免了冷加工效果的累积，这种情形下，形变金属不能发展成高位错密度。此时金属中的位错密度低于相应变形量的冷变形位错密度，而高于相应冷变形静态回复时的位错密度。同样其亚组织的尺寸大于冷变形胞状组织，而小于相应静态回复时亚晶粒的尺寸。

3.3.2 动态再结晶

1. 高温动态再结晶时的流动应力－应变曲线

动态再结晶容易发生在层错能较低的金属及合金中（如铜、黄铜、γ－铁、不锈钢等）。由于它们的扩展位错很宽，位错难于从位错网中解脱出来，也难于通过交滑移和攀移而相互抵消，变形开始阶段形成的亚组织回复得很慢，此时，亚组织中位错密度很高，且亚晶尺寸很小，胞壁中有较多位错缠结，在一定的应力和变形温度条件下，当材料在变形中储存能积累到足够高时，就会导致动态再结晶的发生，其位错密度迅速下降。下降的原因不是通过位错攀移、滑移和结点脱锚使位错抵消，而是以无畸变的晶核生成、长大及形成再结晶晶粒代替原来含有高位错密度的形变晶粒的过程。

图 3.3 所示为高温动态再结晶时流动应力－应变曲线。在应变速率较高时，流动曲线表现了加工硬化特征，当升高到极大值时，称为峰值应力，与其对应的应变称为峰值应变，随后随应变增加，由于开始出现再结晶，流动应力下降，最后出现平稳态。

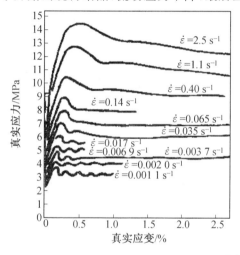

图 3.3 高温动态再结晶时流动应力－应变曲线

在应变速率较低时，动态再结晶软化作用使流动应力下降之后，又重新产生加工硬化而使流动应力再次上升，这样就出现周期几乎不变但振幅逐渐减小的流动应力－应变曲线。

2. 动态再结晶时塑性体内的组织

在易发生动态再结晶的金属中，由于在热变形开始阶段回复很小，形变产生的胞状亚结构尺寸较小，胞壁有较多的位错缠结，有利于再结晶的形核。再结晶形核有两种机制：

(1)当应变速率较小时，再结晶通过已存大角度晶界的弓出形核而后长大。

(2)当应变速率较大时，易出现较大位向差的胞状亚结构，再结晶通过胞状亚结构生长而形核。

无论是哪种形核方式，再结晶晶核长大都是依赖大角度晶界的迁移。决定晶界迁移的驱动力及速度是晶界两侧的位错密度差。与静态再结晶不同，动态再结晶在形核和长大过程中，塑性变形继续进行，再结晶晶粒不再是无应变的晶粒。

在低应变速率时,正在生长的再结晶晶粒的中心到正在前进的晶粒边界,应变能梯度较小,紧靠前进边界后面的地方几乎没有位错,即没有应变。这种情形与静态再结晶没有太大差别,因此连续形变对再结晶驱动力和迁移速度影响较小。当某一次再结晶完成后,再结晶晶粒中心部分仍处于形变状态,变形使其位错密度增加(加工硬化)到一定程度时,又开始进入新一轮的再结晶。于是热加工过程中出现了图 3.3 中的周期性波浪曲线,加工硬化与再结晶交替进行。

在高应变速率时,再结晶晶粒和正在移动着晶界间的应变能梯度高,紧靠晶界后边的地方也有一定程度应变,因此位错密度较大。晶界两侧位错密度差减小(与静态再结晶比较),因而再结晶驱动力减小,晶界迁移速度降低,在这次再结晶完成之前,已再结晶晶粒中心位错密度达到另一次再结晶,新的形核周期又开始了,在已再结晶晶粒中又开始形核长大。发生连续再结晶软化,当加工硬化率和再结晶软化速率平衡时,即进入应力应变的平稳态。

此时的流动应力保持在再结晶退火后该温度下的屈服极限和动态再结晶峰值应力之间的数值。将动态再结晶的组织迅速冷却,所获得组织的强度、硬度高于静态再结晶后获得同样大小晶粒的强度、硬度。

3.4　热塑性变形机理

金属塑性变形机制主要有四种:(1)晶内滑移;(2)孪生;(3)晶界滑移;(4)扩散蠕变。不同条件下,四种变形机理在塑性变形中所占的分量和作用不尽相同。其中:晶内滑移变形是最重要的、贡献量最大的机理。孪生变形一般在低温或常温高应变速率时发生。晶界滑移和扩散蠕变只是在高温变形时发挥作用。影响这些变形机理发挥作用的主要因素是:金属的组织结构、变形温度、变形程度、变形速度。但热变形时,动态回复、动态再结晶及压应力状态下扩散修复机理对上述变形机理起着直接调解和控制作用。

3.4.1　热变形时晶内变形的主要特点

通常条件下(一般晶粒大于 $10~\mu m$),高温塑性变形的主要机理还是晶内的滑移变形。晶界滑移变形相对晶内滑移所占比例还是较小。

在高温时,因原子间距增大,原子的热振动及扩散速度增加,位错滑移、攀移、交滑移及位错结点脱锚容易,滑移系增多、交滑移灵便,各晶粒之间协调性提高,晶界对位错阻碍作用减弱,且位错有可能进入晶界。

此外,在热变形时,出现了动态回复或动态再结晶的软化,消除了加工硬化引起的应力集中。由此,使塑性变形容易进行,流动应力较冷变形时小得多,一般所需单位应力只有几十 MPa。因此大量金属材料,特别是高性能的合金材料几乎都需要进行热塑性变形。

3.4.2　热变形时的晶界滑移变形

在高温时晶界强度低于晶内,晶界滑移容易发生。这个过程主要受动态回复、动态再结晶以及修复机理控制。

热塑性变形过程中,所发生的金属断裂一般都是沿晶界进行。这是由于晶内滑移和晶界滑移,在晶界处引起应力集中;另外晶界强度低和晶界滑移,易在晶界处引起裂纹,裂纹一般起源于三叉晶界处。

晶界滑移引起三叉晶界处的裂纹,在三种因素作用下:(1)压应力作用;(2)高温原子的扩散作用;(3)以后的塑性变形,又可使裂纹焊合。塑性黏焊,如通过锻造或热轧可锻合铸态组织中的疏松、气孔、裂纹等。

只要形成的裂纹不断地被塑性变形黏焊机制修复,那么就可产生较大的晶界滑移。这需要在压应力下来实现扩散塑性变形修复过程,这就是三向压应力状态下可以提高塑性的重要原因之一。

3.4.3　扩散性蠕变

扩散性蠕变,简称扩散蠕变。扩散是物质中原子(或分子)的迁移现象,是物质传输的一种方式。气体和液体中的扩散现象易于被人们察觉,事实上,在固态金属中也同样存在着扩散现象。在金属材料的生产和使用中,有许多问题与扩散有关,例如金属的熔炼及结晶,偏析与均匀化,钢及合金的各种热处理和焊接,加热过程中的氧化和脱碳,冷变形金属的回复与再结晶等。

金属是晶体,而晶体中的原子按一定的规律呈周期性的重复排列着,每个原子都处于呈周期性规律变化着的结合能曲线的势能谷中,如图 3.4 所示,在相邻的两个原子之间都隔着一个势垒 Q。因此两个原子不会合并在一起,也很难相互换位。但是,原子在其平衡位置并不是静止不动的,而是无时无刻不在以其结点为中心以极高的频率进行着热振动。原子振动的能量大小与温度有关,温度越高,原子的热振动越激烈。当温度不变时,尽管原子的平均能量有一定的值,但每个原子的热振动也有差异,有的可能高些,有的可能低些,这种现象就是能量起伏。由于存在着能量起伏,总会有部分原子具有足够高的能量跨越势垒 Q,从原来的平衡位置迁移到相邻的平衡位置上去。原子克服势垒所必需的能量称为激活能,它在数值上等于势垒高度 Q。温度越高,能量起伏也越大,原子迁移的概率也越大。大量原子的迁移就形成了固体扩散。

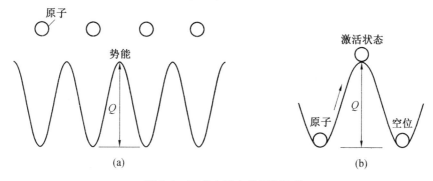

图 3.4　固态金属中的周期势场

在扩散过程中,如果晶格的每个结点都被原子占据着,那么,尽管有原子被激活,具备了迁移的能力,但向何处迁移呢? 如果没有供其迁移的适当位置,那么原子的迁移也就难于成为事实。由此可见,扩散不仅由原子的热振动所控制,而且还要受具体的晶体结构所制约。然而,空位的存在为扩散创造了条件。空位的存在使周围邻近的原子偏离其平衡位置,势能升高,从而使原子跳入空位所需跨越的势垒高度有所降低。这样,相邻原子向空位的跳动就比较容易。温度越高,空位的浓度越大,原子的扩散越容易,如图 3.5 所示。

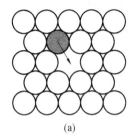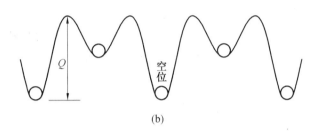

(a)   (b)

图 3.5   空位扩散示意图

扩散蠕变是在应力场作用下,空位的定向扩散移动引起的。如图 3.6 所示,在应力场作用下,受拉应力的晶界空位浓度增高,特别是受垂直拉应力的晶界,空位浓度高于其他部位晶界的浓度,由于各个部位的化学势能差,因此空位定向移动。

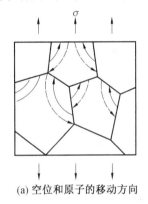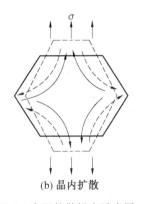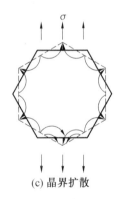

(a) 空位和原子的移动方向   (b) 晶内扩散   (c) 晶界扩散

图 3.6   高温扩散蠕变示意图

空位定向移动的实质是原子的定向移动,由于原子定向迁移,发生了物质迁移,引起晶粒形状的改变,产生了塑性变形。按扩散途径的不同,可分为晶内扩散和晶界扩散。

晶内扩散引起晶粒在拉应力方向上的伸长变形如图 3.6(b)所示,或在受压方向上的压缩变形;而晶界扩散引起晶粒的"转动",如图 3.6(c)所示。扩散性蠕变既直接为塑性变形做了贡献,也对晶界滑移起调节作用。

扩散蠕变即使在低应力诱导下,也会随时间的延续而不断地发生,只不过进行的速度很缓慢。温度越高、晶粒越细,应变速率越低,扩散蠕变所起的作用就越大。这是因为温度越高,原子的动能和扩散能力就越大;晶粒越细,则意味着有越多的晶界和原子参与扩散,并且扩散途径越短;而应变速率越低,表明有更充足的时间进行扩散。在回复温度以下的塑性变形,这种变形机理所起的作用不明显,只在很低的应变速率下才有考虑的必要;而在高温下的塑性变形,特别是在超塑性变形和等温锻造中,这种扩散蠕变则起着非常重要的作用。

3.5　热加工对金属组织性能的影响

3.5.1　热加工间隔时间及热加工后组织变化

金属热加工常是多道次的,道次间有间隔时间,即使是单道次的热加工在变形区也会停留。有必要研究热加工间隔时间和热加工后金属组织结构的变化。

以奥氏体热加工为例,热加工过程中发生的动态回复或动态再结晶,都不能完全消除奥氏体的加工硬化,奥氏体中仍残留有畸变能,处于不稳定状态。在热加工间隔时间和热加工后缓慢冷却过程中会发生静态回复和静态再结晶,性能上会继续软化。

为了描述奥氏体热加工后在间隔时间内的软化程度,引入软化百分数。奥氏体热加工时,当变形量达到某一数值 ε_1 时,卸去载荷,并等温保持不同时间 t 以后,再使之变形,发现再次变形时流动应力有不同程度的降低,如图 3.7 所示。停留时间越长,流动应力越低。若以 σ 和 σ_1 分别表示奥氏体热加工最初屈服强度及达到 ε_1 时的流动应力,σ_t 表示在等温保持时间 t 后再变形的流动应力,则在两次形变之间的奥氏体的软化百分数 X 为

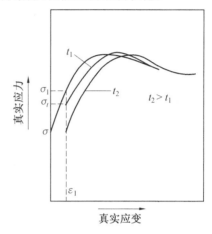

$$X = \frac{\sigma_1 - \sigma_t}{\sigma_1 - \sigma} \qquad (3.1)$$

图 3.7　奥氏体热加工时流动应力一应变曲线

软化百分数 X 与热加工温度、变形速度、变形量和间隔时间有关。在变形温度、变形速度、间隔时间等工艺参数一定时,组织结构取决于变形量 ε_1 的大小。

(1) ε_1 小于动态再结晶临界变形量 ε_d,也小于静态再结晶临界变形量临界 ε_j。在这一变形量下,热加工时只有动态回复发生,形变结束后,发生软化,随着保温时间延长,软化程度增大,到一段时间停止,相当于冷加工退火的回复阶段。

(2) 当 ε_1 处于 $\varepsilon_d > \varepsilon_1 > \varepsilon_j$ 时,热加工也只有动态回复。热加工后,经过一段静态回复后会发生静态再结晶,形成新的低位错密度的再结晶组织,加工硬化可完全消除。如再次热加工,流动应力基本上恢复到热加工前原始屈服强度。

(3) 当 $\varepsilon_1 > \varepsilon_d$ 时,热加工时已发生再结晶。热加工后,研究表明:依次发生静态回复、亚动态再结晶和静态再结晶软化过程。亚动态再结晶是另一种软化机理,不同于静态再结晶,不需要新的再结晶形核,而是利用已形成的动态再结晶核心作为自己的核心;由于是在形变后发生的再结晶,因此与动态再结晶机制也不同。亚动态再结晶结束后,未发生动态再结晶的区域会发生静态再结晶。

(4) 当 ε_1 远大于 ε_d 时,热加工时已发生再结晶,因形变量很大,形变基体各个区域都可能形成动态再结晶核心。形变停止后,动态再结晶核心迅速长大,在静态再结晶未发生

前,已全部发生了亚动态再结晶。

3.5.2 金属热加工加后组织性能

金属热加工后的性能取决于其组织状态,其中亚结构、晶粒尺寸和热加工流线对其性能有重要影响。

1. 亚结构的影响

热加工过程中动态回复后所形成的亚晶,可借助快速冷却防止形变后可能发生的静态回复、亚动态再结晶和静态再结晶软化,把动态回复的亚晶保留到室温。若亚晶的平均直径为 d,室温强度 σ 与 d 的关系是

$$\sigma = \sigma_A + Nd^{-P} \tag{3.2}$$

式中 σ_A——无亚晶粗大晶粒的屈服强度;

N——常数,位错滑移通过亚晶界克服的阻力系数;

P——指数,在铅、铝、工业纯铁、Fe-3%Si 的矽钢、Zr 与 Zr-Sn 合金中,$P \cong 1$。

通常把亚晶产生的强化称为"亚晶强化或亚结构强化",这种强化对提高金属热加工制品的强度具有重要意义。

2. 晶粒尺寸的影响

金属热加工后的机械性能取决于其冷却后晶粒尺寸的大小。金属热加工后,从变形温度到室温冷却过程中存在发生再结晶的可能,其晶粒大小和变形量、变形温度、冷却速度和热变形结束时的原始晶粒大小有关。实验表明:相当多的材料在热加工后冷却过程有时间发生再结晶,随着变形程度的增加,再结晶过程进行得越迅速。以奥氏体钢为例,变形量 50%～70% 时,只需 15 s 即完成了一次再结晶;而变形量 10%～30% 时,需要 6 min。变形量大,原始晶粒细小,再结晶形核数量多,则再结晶速度加快。完成再结晶后,在随后的冷却过程中,晶粒还会长大粗化。通常采取不同的冷却工艺路线满足热加工制品的晶粒度的要求。

热加工后,冷却过程中金属发生再结晶的这种特点,决定了其室温强度和硬度要比相同材料静态再结晶的高,比动态回复的要低。

3. 热加工流线的影响

铸坯经热加工后,铸坯中残存的枝晶偏析、第二相和杂质沿主变形方向被拉长,在其内部形成"带状"组织。因塑性变形过程金属的流动,制品外形一般在沿主变形方向(或局部区域主变形方向)上又称为"加工流线",尽管热加工中会发生动态回复或动态再结晶,也不会改变这种分布状态。由于"带状组织"和"加工流线"的存在,金属制品呈现出各向异性,顺着流线方向的强度和塑性高于其垂直断面的强度和延伸率。

第 4 章　金属的塑性和变形抗力

4.1　金属的塑性

金属塑性加工是以塑性为前提,在外力作用下进行的。从金属塑性加工的角度出发,人们总是希望金属具有很高的塑性。但随着科学技术的发展,出现了许多低塑性、高强度的新材料需要进行塑性变形。因此,研究怎样提高金属的塑性具有重要意义。

4.1.1　金属塑性变形的一般概念

固体材料受到外力作用后就要发生变形甚至破坏。固体中原子间存在相当大的力,从而保持物体自身的形状和尺寸。固体也可以看成由质点或微元体组成。所谓变形是固体在外力作用下发生的形状和尺寸变化,这种改变伴随着质点间距的变化或微元体的形状和尺寸的变化。固体变形主要有弹性变形和塑性变形:

(1)弹性变形:随着应力的施加或去除,应变立刻产生或消失。因此当作用于物体上的力去除后,由施加的力所引起的变形消失,物体完全恢复到自己的原始形状和尺寸,这种变形称为弹性变形。

(2)塑性变形:随着应力的施加,产生应变,当应力去除后,应变不完全消除,称为残余变形。当作用于物体上的力去除后,物体不完全恢复到自己的原始形状和尺寸,这种变形称为塑性变形。

(3)断裂:当应力增大到一定值后,金属分为两部分(或几部分)。断裂前没有明显的宏观塑性变形称为脆性断裂,有明显的塑性变形称为韧性断裂。

固体材料的弹性变形、塑性变形及断裂可用简单的拉伸试验来说明。图 4.1 所示为典型低碳钢圆柱试样拉伸试验载荷 P 与伸长 Δl 的拉伸图。

载荷较小时,试样伸长随载荷成正比地增加(遵循胡克定律),保持直线关系。载荷超过 P_p 后,拉伸曲线开始偏离直线。保持直线关系的最大载荷,称为比例极限载荷 P_p。这个阶段,卸荷后试样立即恢复原状,属弹性变形阶段。

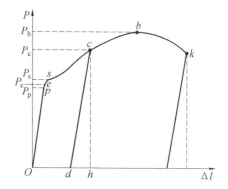

图 4.1　典型低碳钢圆柱试样拉伸试验载荷 P 与伸长 Δl 的拉伸图

当载荷大于 P_p 再卸载,试样的伸长只能部分恢复,而保留一部分残余变形,发生微量塑性变形,载荷 P_e 称为弹性极限载荷。继续增加载荷到一定值后,载荷停止增加或略有下降,拉伸图上出现平台或锯齿,这种在载荷不增加或减小的情况下,试样继续伸长的现象称为屈服。屈服阶段的最小载荷 P_s 称为屈服极限,金属开始明显的塑性变形。在屈服以后,欲继续塑性变形,必须不断提高载荷,当载荷达到最大值 P_b 后,试样的某一部分截面开始急剧减小,出现"颈缩",以后的变形主要集中在颈缩附近,同时载荷下降。拉伸图上的最大载荷 P_b 称为强度载荷,试样断裂时的载荷 P_k 称为断裂载荷。

如果用试样的原始截面积 F 去除拉伸载荷 P,即得到应力 $\sigma = P/F$(MPa),用试样工作部分长度 L(mm)去除伸长 Δl,即得到应变 $\varepsilon = \Delta l/L$,可以将拉伸图变成应力-应变曲线。

从拉伸图可以看到,屈服点 s 到出现颈缩的 b 点的距离越长,材料发生的永久变形越大。金属在外力作用下,发生永久变形而不破坏的能力称为金属的塑性。工程上利用金属塑性变形达到成形的目的,同时也可改善或提高金属的组织和性能。塑性与变形抗力是金属及合金重要的状态属性。变形抗力是指金属塑性变形时,金属材料反作用在工具表面上的单位变形力。

4.1.2　金属变形的物理解释

金属及合金随作用力的增加一般首先发生弹性变形,然后发生塑性变形。根据金属晶体结构及原子间相互作用力可知,原子之间存在着异种电荷间的吸引力,又存在着同种电荷间的排斥力。原子间距的数值取决于两种作用力的平衡,除此之外还取决于材料的种类、化学成分及温度条件等。吸引力和排斥力随原子间距的变化而变化,如图 4.2 所示。原子间距为 a 时,吸引力 P_1 与排斥力 P_2 相互平衡。当原子间距增大($X>a$)时,吸引力在数值上大于排斥力($P_1>P_2$),所以为使原子离开平衡位置需加拉力;当原子间距减小($X<a$)时,吸引力在数值上小于排斥力($P_1<P_2$),所以为使原子离开平衡位置需加压力。无论施加拉力或压力,都可使原子离开正常的平衡位置而达到新的平衡位置,改变原子间距。如果施加的力没有超过原子恢复原平衡状态的原子间作用力的范围,力去除后,原子重新回到原来平衡的位置,这就是弹性变形的本质。

每一个原子都会被三维空间的其他原子所包围,和周边许多原子存在相互作用的力,所以实际情况要比我们讨论的两个原子间相互作用的情况要复杂得多。实际晶体中,在外力作用下原子离开了其所在的平衡位置,如果作用力超过原位置原子间的作用力,当外力去除后,它不能回到原平衡位置,与周边原子取得新的平衡状态,这时整个晶体发生了形变,即塑性变形。

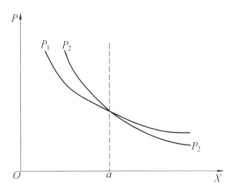

图 4.2　原子间距与所受力关系示意图

原子间距在弹性变形前后发生可逆变化,这样在弹性变形时物体的密度和体积均发生变化。例如在 1 000 MPa 的流体压力下,Cu 的体积减小 0.6%,钢减小 1.3%。

实际应用金属材料绝大多数在弹性范围内遵循胡克定律,对某些金属材料不一定适用,如铸造金属,铸钢的弹性模量 E 随外力的增加而降低,弹性模量不是常数。

单向拉伸时,试样侧向方向的应变 ε_2 与长度方向的应变 ε_1 之比用 μ 表示,$\mu = \varepsilon_2/\varepsilon_1$,$\mu$ 称为泊松比,在弹性范围内,由于体积变化,因此 μ 总是小于 $1/2$。只有在体积不变时,即塑性变形时(一般体积不变化),$\mu = 1/2$。

塑性变形过程中体积不变,是和塑性变形本质密切相关。当物体受到力的作用,原子离开平衡位置,位能增加,原子之间的力趋向于使原子返回平衡位置从而保持位能最小。当力去除后,原子回到平衡位置,属弹性变形阶段。当所施加的力使位能增加到一定程度时,原子移动距离大于原子未受力时的固体原子间距,这种情形下,去除力,原子并不返回自己的初始平衡位置,而是占据了新的平衡位置,原子移动新平衡位置的总和构成了施加力对材料产生的塑性变形。为不引起材料完整性的破坏,必须保证位移过程中,原子相互离开的间距不大于原子间相互吸引力作用范围的尺寸,所以塑性变形过程中材料的体积不发生变化。

塑性可用变形体在不破坏条件下获得的最大值来评定。塑性取决于材料结构和变形条件,不是固体稳定不变的性质,因此塑性是状态函数。

4.1.3　变形的度量和变形程度

1. 变形的度量

为了评定形状变化的数值,根据变形体几何形状及数学表述的不同,可分为线变形、角变形、面变形、绝对变形、相对变形和对数变形。

线变形:任意尺寸变化。

角变形:任意两条直线夹角的变化。

面变形:任意截面积或部分表面积变化。

绝对变形:任意线尺寸、角尺寸、截面积的绝对变化,如线尺寸绝对变化 Δl。

相对变形:以任意参数的绝对变化与此参数的原始数值之比来表示相对变形,如线尺寸的相对变形 $\varepsilon = \Delta l/L$。

对数变形:为相对变形的演变形式,它以微元体或整个物体变形后尺寸与变形前尺寸之比的自然对数值表示。

2. 变形程度

变形程度一般用相对变形表示变形量大小,它表示被变形体总的形状变化。当物体变形程度不均匀分布时,指平均变形程度。

将简单拉伸和压缩的变形程度的表示方法分为三类。

第一类:简单拉伸用延伸率"ε"表示,简单压缩用直径相对变化表示。

第二类:简单拉伸用断面收缩率"ψ"表示,简单压缩用相对高度变化表示。

第三类:是指对数变形。对数变形也称为真实变形或真实应变,常用 e 表示,简单拉伸的对数变形程度可表示为

$$e = \ln \frac{L_0}{L} = \ln \frac{S_0}{S} \tag{4.1}$$

式中　L_0、L——变形前后试样标距长度;

S_0、S——变形前后的截面积。

条件应力(工程应力)$\sigma = \dfrac{P}{F_0}$，$F_0 \rightarrow F$，截面积变小。

真实应力 $S = \dfrac{P}{F}$，$F = F_0(1-\varphi)$，有

$$S = \frac{P}{F_0(1-\varphi)} = \frac{\sigma}{1-\varphi}, \quad S = Ke, \quad 1-\varphi < 1 \tag{4.2}$$

当 $S > \sigma$ 时，条件应变 $\varepsilon = \dfrac{\Delta L}{L_0}$。

真实应变为前一时刻试样的长度 ΔL_i 与一时刻 L_{i-1} 之比：

$$\varepsilon_i = \frac{\Delta L_i}{L_{i-1}} \tag{4.3}$$

总真实应变为每一时刻真正延伸率的总和，即

$$e = \frac{\Delta L_1}{L_0} + \frac{\Delta L_2}{L_0 + L_1} + \frac{\Delta L_3}{L_0 + L_1 + L_2} + \cdots + \frac{\Delta L_k}{L_0 + L_1 + L_2 + \cdots + \Delta L_{k-1}} \tag{4.4}$$

当 $\Delta L_1 > 0$ 时，有

$$\int_{l_0}^{l_k} \frac{\mathrm{d}l}{l} = \ln \frac{l_k}{l_0} \tag{4.5}$$

$$e = \ln \frac{l_k}{l_0} = \ln \frac{l_0 + l_k}{l_0} = \ln(1+\varepsilon) \tag{4.6}$$

断裂时 $e = \ln(1+\delta_k)$。

实际工序中变形程度的表述：

(1)锻比：对于镦粗常用原始坯料高度 H_0 与锻后高度之比表示变形程度，称为锻比。

(2)拔长：拔长后的长度与原始坯料长度之比。

4.1.4　体积不变条件

塑性变形过程中材料的体积不变，但要注意，不能认为受外载荷塑性变形过程中的物体体积等于卸载后的体积。因塑性变形过程中总是伴随着弹性变形的存在，热成形和变形程度较大时可忽略弹性变形。对于冷加工必须考虑，如弯曲时的弹复。

体积不变具体表示：设立方体变形前尺寸为 x_0, y_0, z_0，变形后尺寸为 x, y, z。则有体积 V：

$$V = x_0 y_0 z_0 = x \cdot y \cdot z \tag{4.7}$$

$$\frac{x}{x_0} \cdot \frac{y}{y_0} \cdot \frac{z}{z_0} = 1 \tag{4.8}$$

取自然对数

$$\ln \frac{x}{x_0} + \ln \frac{y}{y_0} + \ln \frac{z}{z_0} = 0 \tag{4.9}$$

或

$$e_x + e_y + e_z = 0 \tag{4.10}$$

三个方向真实应变的代数和为零，三个方向之一变形程度具有最大值的应变，其等于

另外两变形绝对值之和,方向(符号)相反。

工程应变 $\varepsilon_x=\dfrac{\Delta x}{x_0}$,$\varepsilon_y=\dfrac{\Delta y}{y_0}$,$\varepsilon_z=\dfrac{\Delta z}{z_0}$,一般规定伸长为正号,压缩为负号。$e$ 与 ε 的关系有

$$e=\ln\frac{x}{x_0}=\ln(1+\varepsilon)=\varepsilon-\frac{\varepsilon^2}{2}+\frac{\varepsilon^3}{3}-\frac{\varepsilon^4}{4}+\cdots\cdots \tag{4.11}$$

当 $\varepsilon<1$ 时,级数逐渐减小,可近似为

$$e\triangleq\varepsilon \tag{4.12}$$

当变形程度小于 0.1 时,ε 与 ε 之差小于 5%,因此体积不变条件可用工程应变表示,写成

$$\varepsilon_x+\varepsilon_y+\varepsilon_z=0 \tag{4.13}$$

4.1.5　质量不变条件

体积不变条件是在塑性变形过程中材料密度变化很微小时建立的,适用于致密金属材料。但对于非致密材料的塑性变形,例如疏松、缩孔、气泡较多的铸态金属,粉末压实或烧结体的锻压,液态模锻过程中的塑性变形。这些材料的塑性变形存在使材料致密化的过程,因而密度和体积发生显著变化,但整个过程中质量不变。

若以 ρ_0,V_0 和 ρ,V 表示存在空隙的非致密材料塑性成形前后的密度与体积,则有

$$\rho_0 V_0=\rho V \tag{4.14}$$

取自然对数

$$\ln\frac{\rho V}{\rho_0 V_0}=0 \tag{4.15}$$

$$\ln\frac{\rho}{\rho_0}+\ln\frac{V}{V_0}=0 \tag{4.16}$$

$$\delta_\rho+\delta_V=0 \tag{4.17}$$

式中　δ_ρ——非致密度金属塑变过程中的真实应变;

　　　δ_V——非致密度金属塑变过程中的真实体积变化程度。

δ_V 可写成

$$\delta_V=\delta_x+\delta_y+\delta_z \tag{4.18}$$

因此质量不变条件可写成

$$\delta_\rho+\delta_x+\delta_y+\delta_z=0 \tag{4.19}$$

若对非致密圆柱体墩粗,引用泊松比 μ,有

$$\delta_x=\delta_y=-\mu\delta_z \tag{4.20}$$

代入质量不变条件

$$\delta_\rho=-(2\mu-1)\delta_z \tag{4.21}$$

该式为质量不变条件另一表达式。

若 $\mu=1/2$,则 $\delta_\rho=0$,此时无任何致密,属于致密材料的塑性变形,这时为体积不变条件;若 $\mu=0$,则 $\delta_\rho=-\delta_z$,无任何塑性变形,高度上变形 δ_z 完全转变为致密度 δ_ρ,没有横向应变,纯属致密过程;若 $0<\mu<1/2$,$\delta_x+\delta_y+\delta_z+\delta_\rho=0$,此时既有塑性变形又存在致密过程,粉末锻压属于此种情况。

4.2　塑性和变形抗力的测定方法

4.2.1　塑性变形抗力的基本概念

塑性变形抗力(简称变形抗力)是指在所设定的变形条件下,所研究的变形物体或其单元体能够实现塑性变形的应力强度。有人把作用在单位面积上的主动变形力称为变形抗力,在单向拉伸或单向压缩时的变形抗力等于真实应力(亦称流动应力),变形抗力取决于变形体的受力状态和变形条件小的真实应力。

在一般情况下,单位变形力与变形抗力有如下函数关系:

$$\sigma_p = \varphi(\sigma_r) \tag{4.22}$$

式中　σ_p——单位变形力;

σ_r——变形抗力,即足以实现塑性变形的应力强度。

在许多情况下,式(4.22)中函数 φ 可用反映加载形式、应力状态与变形状态不均匀性和按触摩擦影响的某系数 φ 来代替。因上述诸因素在很大程度上取决于变形物体的形状,所以,系数 φ 可统称为形状硬化系数。则式(4.22)也可写成如下形式:

$$\sigma_p = \varphi\sigma_r \tag{4.23}$$

变形抗力 σ_r 的数学表达式是

$$\sigma_r = \frac{1}{\sqrt{2}}\sqrt{(\sigma_1-\sigma_2)^2+(\sigma_2-\sigma_3)^2+(\sigma_3-\sigma_1)^2} \tag{4.24}$$

在单向拉伸的情况下

$$\sigma_r = \sigma_{pl} \tag{4.25}$$

式中　σ_{pl}——单向拉伸应力。

需要注意的是,金属在变形过程中由于其组织的变化,变形程度的不断变化,流动应力(屈服强度)也不断变化。最后需要指出,塑性和变形抗力是两个不同的概念,前者反映材料塑性变形的能力,后者反映塑性变形的难易程度。塑性好不一定变形抗力低,反之亦然。

4.2.2　塑性的测定方法

1. 塑性指标

为了便于比较各种材料的塑性性能和确定每种材料在一定变形条件下的加工性能,需要有一种度量指标,这种指标称为塑性指标,即金属在不同变形条件下允许的极限变形量。

由于影响金属塑性的因素很多,很难采用一种通用的指标来描述。目前人们大量使用的仍是那些在某特定的变形条件下所测出的塑性指标。如拉伸时的断面收缩率及延伸率,冲击试验所得之冲击韧性;镦粗或压缩试验时,第一条裂纹出现前的高向压缩率(最大压缩率);扭转试验时出现破坏前的扭转角(或扭转数);弯曲试验试样破坏前的弯曲次数等。

2. 塑性指标的测量方法

(1)拉伸试验法。

用拉伸试验法可测出断裂时的最大延伸率(δ)和断面收缩率(φ),δ 和 φ 的数值由下式确定:

$$\delta = \frac{L_h - L_0}{L_0} \times 100\% \tag{4.26}$$

$$\varphi = \frac{F_0 - F_h}{F_0} \times 100\% \tag{4.27}$$

式中 L_0——拉伸试样原始标距长度;

L_h——拉伸试样断裂后标距间的长度;

F_0——拉伸试样的原始截面面积;

F_h——拉伸试样断裂处的断面积。

(2)压缩试验法。

在简单加载条件下,由压缩试验法测定的塑性指标用下式确定:

$$\varepsilon = \frac{H_0 - H_h}{H_0} \tag{4.28}$$

式中 ε——压下率;

H_0——试样原始高度;

H_h——试样压缩后,在侧表面出现第一条裂纹时的高度。

(3)扭转试验法。

扭转试验法是在专门的扭转试验机上进行的。试验时圆柱体试样的一端固定,另一端扭转。随试样扭转数的不断增加,最后将发生断裂。材料的塑性指标用断裂前的总扭转数(n)来表示。对于一定试样,所得总扭转数越高,塑性越好,可将扭转数换作为剪切变形(γ):

$$\gamma = R \frac{\pi n}{360 L_0} \tag{4.29}$$

式中 R——试样工作段的半径;

L_0——试样工作段的长度;

n——试样破坏前的总扭转数。

(4)轧制模拟试验法。

在平辊间轧制楔形试样,用偏心轧辊轧制矩形试样,找出试样上产生第一条可见裂纹时的临界压下量作为轧制过程的塑性指标。

上述各种试验只有在一定条件下使用才能反映出正确的结果,按所测数据只能确定具体加工工艺制度的一个大致范围,有时甚至与生产实际相差甚远。因此需将几种试验方法所得结果综合起来考虑才行。

4.2.3 变形抗力的测定方法

变形抗力的测定一般是指在简单应力状态下,对应力在变形物体内均匀分布时变形抗力的测定。测定方法有拉伸试验法、压缩试验法和扭转试验法。

1. 拉伸试验法

拉伸试验中所用的试样通常为圆柱体,在拉伸变形体内的应力状态为单向拉伸,并均匀分布。此时,所测出的拉应力为

$$\sigma_{pl} = \frac{P}{F} \tag{4.30}$$

式中 F——在测定时试样的横断面积;

　　　　P——作用在 F 上的力。

根据式(4.30),此拉应力 σ_{pl} 即为变形抗力。

在此拉伸过程中,拉伸体内的变形分布也是均匀的。当将试样的 l_0 长度均匀拉伸至 l 时,其变形为

$$\varepsilon = \ln \frac{l}{l_0} \tag{4.31}$$

在选择拉伸试样材质时,很难保证其内部组织均匀,其内部各晶粒,甚至一个晶粒内部的各质点的变形和应力也不可能完全均一。试验中所测定的应力和变形为其平均值。但从拉伸变形的总体来看,是能够保证得到比较均匀的拉伸变形的,其不均匀变形程度要比压缩变形小得多。

2. 压缩试验法

压缩变形时,变形金属所承受的单向压应力,即变形抗力为

$$\sigma_{pc} = \frac{P}{F} \tag{4.32}$$

式中 P——压缩时变形金属所承受的压力;

　　　　F——试样在承受 P 力作用时的横断面积。

在此压缩过程中,当试样由高度 h_0 压缩到 h 时,所产生的变形为

$$\varepsilon = \ln \frac{h_0}{h} \tag{4.33}$$

在压缩试验中,完全消除接触摩擦的影响是很困难的,所以,所测出的应力值稍偏高。在试验中为消除或减小接触摩擦的影响可采取在试样的端部涂润滑剂、加柔软垫片等措施。增大 H/d 值也可使接触摩擦对变形过程的影响减小,但通常不能使 H/d 大于 $2\sim$ 2.5,否则在压缩时试样容易弯曲而使压缩不稳定。对于 $H/d \geqslant 2$ 的试样,当变形程度较小时,接触摩擦对变形过程的影响不大。压缩法的优点在于它能使试样产生更大的变形量。

3. 扭转试验法

扭转试验时,在圆柱体试样的两端加以大小相等、方向相反的转矩 M,在此二转矩 M 的作用下试样产生扭转角 φ,可在试验中测定 φ 值。

在试样中的应力状态为纯剪切。但此应力状态的分布是不均匀的,其分布规律是

$$\tau = \frac{32M}{\pi d_0^4} r \tag{4.34}$$

式中 d_0——圆柱体试样工作部分的直径;

　　　　r——所测点至试样轴线的距离。

在试样的轴心处 $r=0$，则 $\tau=0$。τ 的最大值出现在试样的表面处，即

$$\tau_{max}=\frac{16M}{\pi d_0^3} \tag{4.35}$$

所产生的剪切变形为

$$\gamma=\frac{d_0}{2\,l_0}\varphi \tag{4.36}$$

式中　l_0——圆柱体试样工作部分长度。

在塑性变形时，τ 随 r 的变化不呈线性关系，而是取决于函数 $\tau(\gamma)$ 的复杂规律变化。为了使应力状态趋向均匀，可取扭转试样为空心的管状试样。此时，试样的壁厚越薄和 δ/r 越小（其中 δ 为试样的壁厚）时，应力状态越均匀。此时剪切应力为

$$\tau=\frac{2M}{F_0 d_平} \tag{4.37}$$

式中　F_0——环的面积（试样断面积）；

　　　$d_平$——环平均直径。

试样过短会因夹头的影响使应力与变形的分布不均。在试验时一般取 $\dfrac{l_0}{d_0}>5$。

扭转法所得到的数据与常用的拉伸法和压缩法数据换算有一定困难，不够直观，尚未得到更广泛的应用。

4.3　金属化学成分及组织对塑性和变形抗力的影响

4.3.1　对塑性的影响

金属与合金的纯度、化学成分及组织结构是影响塑性的内因。工业用金属都含有一定数量的杂质，为了改善其使用性能也往往人为地加入一些其他元素而成为合金。这些混入的杂质和加入的元素，对金属或合金的塑性均有影响。一般金属的塑性主要取决于基体金属，凡是提高强度的因素一般都降低塑性。

1. 杂质

一般而言，金属的塑性是随纯度的提高而增加的。例如纯度为 99.96% 的铝，延伸率为 45%；而纯度为 98% 的铝，其延伸率则只有 30% 左右。金属和合金中的杂质有金属、非金属、气体等，它们所起的作用各不相同。应该特别注意那些使金属和合金产生脆化现象的杂质。因为杂质的混入或它们的含量达到一定的值后，可使冷热变形都非常困难，甚至无法进行。例如当钨中含有极少量（百万分之一）的镍时，就大大降低钨的塑性。因此，在退火时应避免钨丝与镍合金接触。又如纯铜中的铋和铅都为有害杂质，含十万分之几的铋，使热变形困难；当铋含量增加到万分之几时，冷热变形难于进行。铅的质量分数超过 0.03%～0.05% 时引起热脆现象。

杂质的有害影响不仅与杂质的性质及数量有关，而且与其存在状态、杂质在金属基体中的分布情况和形状有关。例如铅在纯铜及低锌黄铜中的有害作用，主要是由于铅在晶界形成低熔点物质，破坏热变形时晶间的结合力，产生热脆性。但在 α+β 两相黄铜中则

不同,分散于晶界上的铅由于 β↔a 相的转变而进入晶内,对热变形无影响,此时的铅不仅无害,而且是作为改善制品性能的少量添加元素。

通常金属中含有铅、锡、锑、铋、磷、硫等杂质,当它们不溶于金属中,而以单质或化合物的形式存在于晶界处时,将使晶界的联系削弱,从而使金属冷热变形的能力显著降低。当其在一定条件下能溶于晶内时,对合金的塑性影响较小。

在讨论杂质元素对金属与合金塑性的有害影响时,必须注意各杂质元素之间的相互影响,因为某杂质的有害作用可能因另一杂质元素的存在而得到改善。例如铋在铜中的溶解度约为 0.002%,若铜中含铋量超过了此数,则多余的铋能使铜变脆。这是由于铋和铜之间的界面张力的作用,促使铋沿着铜晶粒的边界面扩展开,铜晶粒被覆一层金属铋的网状薄膜,显著降低晶粒间的联系而变脆,故一般铜中允许的含铋量不大于 0.005%。但若在含铋的铜中加入少量的磷,又可使铜的塑性得到恢复。因为磷能使铋和铜之间的界面张力降低,改善铋的分布状态,使之不能形成连续状的薄膜。又如,硫几乎不溶于铁中,在钢中硫以 FeS 及 Ni 的硫化物(NiS、Ni_3S_2)的夹杂形式存在。FeS 的熔点为 1 190 ℃,Fe—FeS 及 FeS—FeO 共晶的熔点分别为 985 ℃ 和 910 ℃;NiS 和 Ni—Ni_3S_2 共晶的熔点分别为 797 ℃ 和 645 ℃。当温度达到共晶体和硫化物的熔点时,它们在熔化、变形中引起开裂,即产生所谓的红脆现象,这是因为 Fe、Ni 的硫化物及其共晶体是以膜状包围在晶粒外边。如在钢中加入少量 Mn,形成球状的硫化锰夹杂,并且 MnS 的熔点又高(1 600 ℃),因此,在钢中同时有硫和适量的锰元素存在而形成 MnS 以代替引起红脆的硫化铁时,可使钢的塑性提高。

气体夹杂对金属塑性的有害作用可以工业用钛为例来说明。氮、氧、氢是钛中的常见杂质,微量的氮(万分之几)可使钛的塑性显著下降。氧在高温中强烈地以扩散方式渗入钛中使钛的塑性变坏,氢甚至可以使存放中的钛及其合金的半成品发生破裂。因此,规定氢在钛及其合金中的质量分数不得超过 0.015%。

2. 合金元素

合金元素对塑性的影响在本质上与前述杂质的作用相同,不过合金元素的加入多数是为了提高合金的某种性能(强度、热稳定性、在某种介质中的耐蚀性等)而人为加入的。合金元素对金属材料塑性的影响取决于加入元素的特性、加入数量、元素之间的相互作用。

如果加入的合金元素与基体的作用(或者几种元素的相互作用)是在加工温度范围内形成单相固溶体(特别是面心立方结构的固溶体),则有较好的塑性。如果加入元素的数量及组成不适当,形成过剩相,特别是形成金属间化合物或金属氧化物等脆性相,或者使在压力加工温度范围内两相共存,则塑性降低。紫铜的塑性是很好的,如果往铜中加入适量的锌,组成铜锌合金,即普通黄铜,则因黄铜是面心立方结构的 α 相固溶体组织,塑性仍然较好。可是,当加入的锌量超过 39%~50% 时,就形成两相组织(α+β)或单相组织(β 相)。β 相是体心立方结构,其低温塑性较差,这可由铜—锌系状态图及铜锌合金的机械性能随锌含量变化的图 4.3 中看出。又如在锰黄铜中,由于锰可以溶于固态黄铜中,添加少量的锰对黄铜组织无显著影响,并可提高其强度而不降低塑性。当锰的质量分数超过 4% 时,由于溶解度的降低,出现新的含锰量多的 ζ 相。ζ 相是脆性相,使锰黄铜的塑性降低。

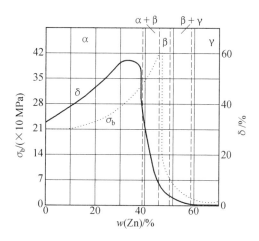

图 4.3　铜锌合金的力学性能与锌含量的关系

　　对于二元以上的多元合金,由于各元素的不同作用及元素之间的相互作用,对金属材料塑性的影响是不能一概而论的。图 4.4 说明 Mg－Al－Zn 系变形镁合金中的铝、锌含量对塑性和强度有影响。由图 4.4(a)可知,随铝含量的增加,合金的塑性指标(δ)逐渐降低,当铝的质量分数超过 12% 时,δ 值几乎降低到零;而图 4.4(b)表明,当锌的质量分数为 5% 以下时,却能使合金的塑性得到改善。

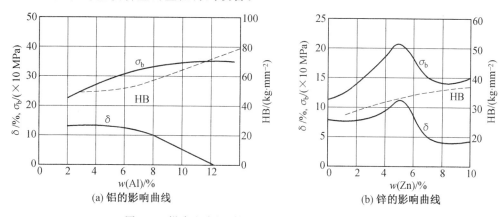

图 4.4　镁合金中铝、锌含量对合金力学性能的影响

　　塑性加工会产生方向性微观组织(图 4.5、图 4.6)。塑性加工中,晶界、弱界面(如第二相和基体的界面)、杂质和第二相沿主变形方向拉长和排列,形成纤维组织和带状组织。如果载荷方向平行于这些界面和夹杂方向,则这些界面和夹杂对塑性近乎没有影响,例如线材和棒材的外加应力平行于它们的轴向以及轧制板材的法向应力垂直于板面,此时弱界面平行于线材或者棒材的轴向,而夹杂平行于轧面,因而弱界面和夹杂对塑性没有大的影响。然而,由于这些界面和夹杂降低了垂直于加工方向的断裂强度和塑性,如果最大的应力垂直于弱界面和夹杂的排列方向,则会产生分层破坏。剧烈弯曲时,棒材可能沿平行于以前的加工方向碎断。锻件可能沿由夹杂和弱界面定向排列形成的流线断裂。加工件的退火不能消除这种方向性,因为即使再结晶产生了等轴晶,夹杂的定向排列也不会受影响。锻铁即是一个典型例子,裂纹轨迹和夹杂物的排列一致,产生木材状的断裂(图4.7)。

图 4.5 2024-T6 铝合金板中的带状组织

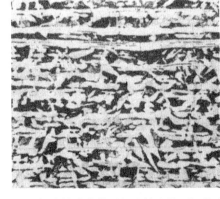

图 4.6 钢中的珠光体(黑)和铁素体(白)构成的纤维组织

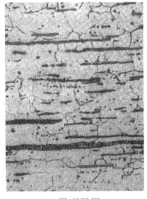

(a) 微观组织

(b) 沿杂质断裂形成的木材状断裂

图 4.7 锻铁的组织形态

钢中的杂质 MnS 在热加工过程中沿主应力方向拉长,导致断裂的各向异性,如图4.8所示,横向塑性低的原因在于杂质在热轧中沿轧制方向拉长。添加少量 Ca、Ce、Ti 或者稀土元素与硫反应,形成硬的杂质,在轧制过程中保持球状,通过杂质形状控制可显著提高横向塑性(图 4.9)。此外,通过球化碳化物可提高中碳钢和高碳钢的塑性(成形性)。

金属与合金的组织结构是指组元的晶格、晶粒的取向及晶界的特征。面心立方晶格的塑性最好(如 Al、Ni、Pb、Au、Ag 等),体心立方晶格次之(如 Fe、Cr、W、Mo 等),六方晶格的塑性较差(如 Zr、Hf、Ti 等)。

多数金属单晶体在室温下有较高的塑性,相比之下多晶体的塑性则较低,这是由一般情况下多晶体晶粒的大小不均匀、晶粒方位不同、晶粒边界的强度不足等造成的。如果晶粒细小,则标志着晶界面积大,晶界强度提高,变形多集中在晶内,故表现出较高的塑性。超细晶粒,因其近于球形,在低应变速率下还伴随着晶界的滑移,故呈现出更高的塑性;而粗大的晶粒,由于大小不容易均匀,且晶界强度低,容易在晶界处造成应力集中,出现裂纹,故塑性较低。

一般认为,单相系(纯金属和固溶体)比两相系和多相系的塑性要高,固溶体比化合物的塑性要高。单相系塑性高主要是由于这种晶体具有大致相同的力学性能,其晶间物质

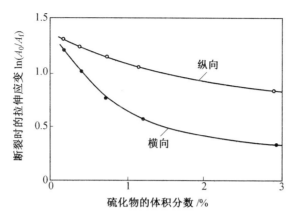

图 4.8　硫化物对钢的塑性的影响

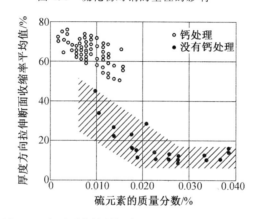

图 4.9　杂质形状控制提高钢的厚度方向的塑性

是最细的夹层,其中没有易熔的夹杂物、共晶体、低强度和脆性的组成物。而两相系和多相系的合金,其各相的特性、晶粒的大小形状和显微组织的分布状况等无法一致,因而给塑性带来不良的影响。如在锡磷青铜中含磷 0.1%,磷与铜形成熔点为 707 ℃ 的化合物 Cu_3P(P 占 14.1%)。此化合物又与锡青铜形成三元共晶,熔点为 628 ℃,当含磷量超过 0.3% 时,磷以淡蓝色的磷化共析体夹杂析出;当含磷量大于 0.5% 时,磷化物在热加工温度条件下处于液态,其作用类似热加工单相铜合金时铅与铋的作用造成热脆性,都使之不能进行热加工。

　　不仅相的特性对塑性有影响,而且第二相的形状、显微分布状况对塑性亦有重要影响。若第二相为硬相,且为大块均匀分布的颗粒,往往使塑性降低;若第二相为软相,则影响不大,甚至对塑性有利。如在两相黄铜中,若 α 相(软相)以细针状分布于 β 晶粒的基体中,则有较大的塑性;若 α 相以细小圆形夹杂物形态析出,则黄铜的塑性较低。含铝 8.5%～11% 的铜铝合金,在缓冷时 β 相分解成 α＋γ,并形成连续链状析出的 γ 相大晶粒,使合金变脆,加入铁能使这种组织细化,消除其不利影响。钢中的碳化物呈板状渗碳体,则加工性能不好,当经过球化热处理使其呈球状分布时,则提高了塑性。

综上所述,合金中的组元及所含杂质越多,其显微组织与宏观组织越不均匀,则塑性越低,单相系具有最大的塑性。金属与合金中,脆性的和易熔的组成物的形状及它们分布的状态,也对塑性有很大影响。

4.3.2　对变形抗力的影响

金属的化学成分对塑性变形抗力有比较明显的影响,但其作用比较复杂。

碳:在较低温度下随着钢中含碳量的增加,钢的塑性变形抗力升高,温度升高时其影响变弱。如图 4.10 所示,在不同变形温度和变形速度条件下,30%压下率时含碳量对碳钢变形抗力的影响。可见,在低温时对其影响比在高温时大得多。

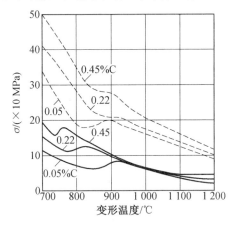

图 4.10　在不同变形温度和变形速度条件下,含碳量对碳钢变形抗力的影响
（—为动压缩；···为静压缩）

锰:钢中含锰量增多,可形成如珠光体的中锰钢、奥氏体的高锰钢等。中锰钢(15Mn～50Mn)的变形抗力稍高于具有相同碳含量的碳素钢,但高锰钢(Mn12)却有较高的变形抗力。

硅:在硅钢中含硅量对其变形抗力有明显的影响,并使钢的变形抗力有较大的提高。例如,含硅量为 1.5%～2%的结构钢(55Si2、60Si2),在一般的热加工条件下,其变形抗力比中碳钢高出 20%～25%;如果含硅量高达 5%～6%甚至 6%以上时,热加工就较为困难。

铬:对含铬量为 0.7%～1.0%的铬钢来讲,影响其变形抗力的不是铬,而是钢中的含碳量。这些钢的变形抗力仅比其相应含碳量的碳钢高 5%～10%。高碳铬钢 GCr6～GCr15(含铬量 0.45%～1.65%)的变形抗力虽稍高于碳钢,但影响变形抗力的主要因素也是碳。高铬钢 1Gr13～4Cr13、Cr17、Cr23 等在高速下变形时,其变形抗力大为提高。特别对含碳量较高的铬钢(如 Cr12 等)更是如此。

镍:镍在钢中可使变形抗力稍有提高。但是,对 25NiA、30NiA 和 13Ni2A 等来讲,其变形抗力与碳钢相差不大。含镍量较高的钢(Ni25～Ni28),这种差别是很大的。

在许多情况下,在钢中同时加入几种合金元素,例如在钢中加入铬和镍。这时,钢中的碳、铬和镍对变形抗力都产生影响。12CrNi3A 钢的变形抗力比 45♯碳钢高出 20%,

Cr18Ni9Ti 钢的变形抗力比碳钢提高 50%。

金属的变形抗力与其组织有密切关系,其中晶粒大小是一个重要因素。试验结果表明,晶粒越细小变形抗力越大。也有人认为,当晶粒变小时,晶粒的表面积相对增大,从而使表面力(表面张力和周围晶粒影响所产生的力)增大,结果使变形抗力升高。

在变形金属中夹杂物的存在也会影响到变形抗力。在一般情况下,夹杂物会使物体的变形抗力升高。合金的变形抗力通常高于纯金属的变形抗力的原因就在于此。

4.4　变形条件对塑性和变形抗力的影响

4.4.1　变形温度对塑性和变形抗力的影响

从绝对零度到熔点 T_M,可分为三个温度区间:(1)从 0 到 $0.3T_M$ 为完全硬化区间;(2)从 $0.3T_M$ 到 $0.7T_M$ 为部分软化区间;(3)从 $0.7T_M$ 到 $1.0T_M$ 为完全软化区间。

关于温度对变形金属的软化作用的论述认为,对纯金属当温度高于 $0.25T_M \sim 0.3T_M$ 时在变形金属内产生回复,高于 $0.4T_M$ 时有再结晶出现。图 4.11 所示为锌在室温下带有中间停歇的拉伸结果。可见,回复效应在此起到明显的软化作用。

在软化温度区间持续时间的长短对金属的软化程度也有影响。随着温度的升高,消除硬化所需的时间越短。并且温度越高,此缩短的程度越大,这是因为软化需要在一定的时间内进行。由此可以看出,变形速度对金属的软化过程有很大的影响。随着变形速度的减小,软化程度增大。因此,温度越高和变形速度越小时,金属的软化程度就越大。

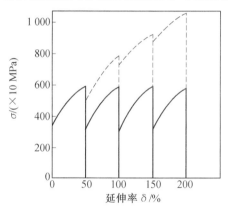

图 4.11　锌在中间停歇的反复载荷拉伸时的变形抗力变化

在某些情况下,由于某种物理化学转变的发生,即使温度大大超过 $0.3T_M$ 的相应温度,金属也会发生硬化现象,并此硬化现象可以稳定地保留下来。

在讨论温度对变形抗力的影响时,还必须要注意到其他塑性变形机构的参与作用。如温度在 $0.3T_M$ 以下,基本机构是滑移机构(剪切机构)、晶块间机构、孪生机构和晶粒间的脆化机构。当温度高于 $0.3T_M$ 时,非晶机构开始变得明显,然后溶解沉淀机构和晶粒边界上的黏性流动机构等参与作用。同时,像晶粒间脆化和孪生等机构便会消除或几乎消除。此外,温度升高后,剪切机构甚至晶块间机构都会大大改变其特性。它们的变化是:随着温度的升高,伴随上述机构发生的力学现象变得不显著,并开始清楚地显示出滑移的扩散特性。

如此,硬化随着温度的升高而降低的总的效应就取决于:

(1)回复和再结晶的软化作用。

(2)随着温度的升高,新的塑性机构的参与作用。

(3)剪切机构(基本塑性机构)特性的变化。

拉伸试验结果表明,变形抗力随着温度的变化可分为两种情况:一类金属(例如铜)随着变形温度的升高,其变形抗力逐渐下降;另一类金属(例如钢)的变形抗力的变化则与此不同,从图 4.12 可以看出,随着温度的升高,屈服应力下降,屈服延伸减小并直至 400 ℃时消失。在 300 ℃以前随着温度的升高,抗张强度升高,塑性下降;高于 300 ℃时抗张强度下降,塑性升高。

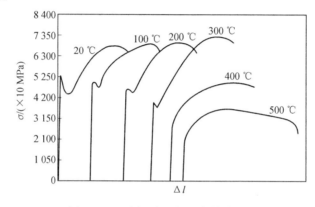

图 4.12　不同温度下钢的拉伸曲线

图 4.13 曲线表明,随着温度的升高,硬化程度减小,并从一定的温度开始,硬化曲线平行于横坐标轴,表明金属不再继续硬化。在高温范围内,在不大的塑性变形量条件下,还有相当强烈的硬化,这取决于屈服应力与相当于出现细颈的应力间的差异。还应该注意,在变形轴上相当于出现细颈的一点,甚至在高温下也不与坐标原点重合。

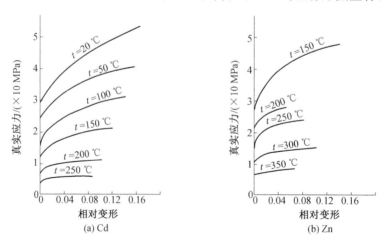

图 4.13　镉与锌的真实应力曲线

有人认为,在外力－变形曲线中,相当于外力最大值所对应的变形与试样开始集中收缩时的变形相重合这一假设,仅仅对完全硬化条件下所发生的变形才是正确的。若变形金属已经硬化到这种程度,即其强度极限大大超过相当于出现细颈时的应力时,甚至在完全硬化的变形条件下,也不会出现最大值坐标与出现细颈时的坐标重合的现象。

总体来看,对于从 0 到 1 的相应温度区间的整个间隔内都没有物理—化学变化的合金,其硬度、强度极限、屈服极限、变形抗力等的对数值随温度的变化呈现线性关系(图 4.14)。对于存在物理—化学变化的合金,在此物理—化学变化的相应温度,直线的斜率发生改变(图 4.15)。

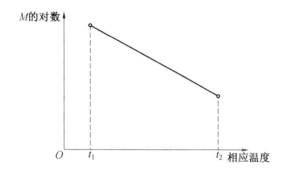

图 4.14　不发生物理—化学变化的合金的力学性能 M 与相应温度之间的关系

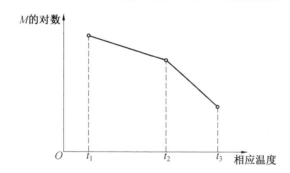

图 4.15　发生物理—化学变化的合金的力学性能 M 与相应温度之间的关系

关于塑性变形抗力的各特征值随着温度变化的定量关系式,库尔纳科夫认为可写成如下形式,并称之为库尔纳科夫温度定律:

$$P_{t_1} = P_{t_2} \mathrm{e}^{a(t_1 - t_2)} \tag{4.38}$$

式中　P_{t_1}——温度 t_1 时塑性变形抗力的特征值(挤压力、压入时的硬度、拉伸时的强度极限、屈服极限、引起变形的应力强度);

　　　P_{t_2}——温度 t_2 时上述各塑性变形抗力的特征值;

　　　a——温度系数。

如果合金的变形抗力对数直线的进程在从 0 到 1 的相应温度区间有 n 次变化,那么该合金在此温度区间就将有 $n+1$ 次变态。每一项温度变态都可用该次变态的温度系数 a 表示,对应变态开始温度 t_k 的开始变形抗力 P_k 和对应变态终了温度 t_z 的终了变形抗力 P_z。

对于合金的每一次变态,其温度系数可用下式来确定:

$$a = \frac{\ln P_k - \ln P_z}{t_z - t_k} \tag{4.39}$$

对于每一温度变态,库尔纳科夫定律可以写成如下的近似形式:

$$P_t = P_{t_z} \cdot e^{a(t_z - t)} = P_{t_z} \cdot e^A \approx P_{t_z}\left(1 + A + \frac{A^2}{2}\right) \tag{4.40}$$

式中 P_t——所视变态温度下的变形抗力指标。

$$A = a(t_z - t) \tag{4.41}$$

为确定在 $0.7\sim 0.95$ 相应温度范围内的强度极限,式(4.40)可以改写为

$$\sigma_{bt} = \sigma_{bT}\left[1 + a(0.95 T_M - t) + \frac{a^2(0.95 T_M - t)}{2}\right] \tag{4.42}$$

式中 σ_{bt}——温度 t 时的强度极限;

σ_{bT}——温度为 $0.95\,T_M$ 和拉伸速度为 $40\sim 50$ mm/min 时的强度极限;

T_M——合金的熔点,℃;

a——温度系数。

对纯金属,$a = 0.008$;对单相系和多相系合金,$a = 0.008\,5$;对固溶体,$a = 0.008\sim 0.012$。镍和镍基合金以及其他耐热合金,温度系数应相应提高 $20\%\sim 25\%$。

关于不同合金成分对变形抗力的影响也有不少人进行了研究。图 4.16 所示为铜、锌、镁等金属的真实断裂抗力与相对温度的关系。当温度高于 $0.5\,T_M$ 时,除 Pb 和 Ni 以外,其他各金属的曲线几乎相重合。图 4.17 又示出,对于含碳量为 $0.7\%\sim 1.2\%$ 的各碳素工具钢,虽然其含碳量不同,但在同一温度下却有大致相同的变形抗力。这就说明,在某些情况下,改变合金的某主要成分的含量不会引起变形抗力的太大变化。对有些合金,其变形抗力也大致相同。

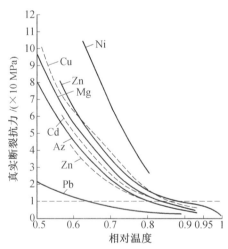

图 4.16   某些金属的真实断裂抗力与相应温度关系曲线(按鲁德维克)

金属的塑性可能因为温度的升高而得到改善。因为随着温度的升高,原子热运动的能量增加,那些具有明显扩散特性的塑性变形机构(晶间滑移机构、非晶机构、溶解沉淀机构)都发挥了作用。同时随着温度的升高,在变形过程中发生了消除硬化的再结晶软化过程,从而使那些由塑性变形造成的破坏和显微缺陷得到修复的可能性增加;随着温度的升

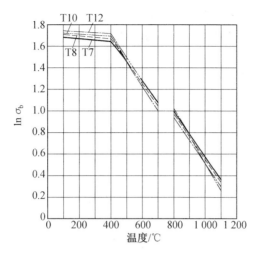

图 4.17　碳素工具钢的 $\ln \sigma_b$ 与温度关系曲线

高,还可能出现新的滑移系。滑移系的增加,意味着塑性变形能力的提高。如铝的多晶体,其最大的塑性出现在 $450 \sim 550\ ℃$ 的温度范围内,此时不仅可沿着(111)面滑移,而且还可以沿着(001)面及其他方向进行滑移。

实际上,塑性并不是随着温度的升高而直线上升的,因为相态和晶粒边界随温度的波动而产生的变化也对塑性有显著的影响。在一般情况下,温度由绝对零度上升到熔点时,可能出现三个脆性区:低温脆性区、中温脆性区和高温脆性区(图 4.18)。

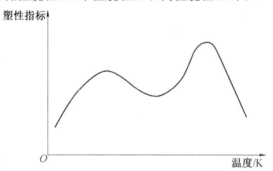

图 4.18　温度对塑性影响的典型曲线

低温脆性区主要指具有六方晶格的金属在低温时易产生脆性断裂的现象。如镁合金冷加工性能不好,镁是六方晶格,在低温时只有一个滑移面。而在 $300\ ℃$ 以上时,由于镁合金晶体中产生了附加滑移面,因而塑性提高了。故一般镁合金在 $350 \sim 450\ ℃$ 的温度范围内进行各种压力加工。某些金属间的化合物也具有这种行为,如 $Mg-Zn$ 系中的 $MgZn$、$MgZn_2$ 是低温脆性化合物,它们随着温度的降低而沿着晶界析出,从而使低温塑性降低。

中温脆性区的出现是由于在一定温度—速度条件下,塑性变形可使脆性相从过饱和固溶体中沉淀出来,引起脆化;晶间物质中个别的低熔点组成物因软化而促使强度显著降低,削弱了晶粒之间的联系,导致热脆;在一定温度与应力状态下,产生固溶体的分解,此时可能出现新的脆性相。

高温脆性区则可能是由在高温下周围气氛和介质的影响引起脆化、过热或过烧,如镍在含硫的气氛中加热、钛的吸氢。晶粒长大过快,或因晶间物质熔化等,也显著降低塑性。

上述三个典型的脆性区是指一般而言,对于具体的金属与合金可能只有一个或两个脆性区。总之,出现几个脆性区及塑性较好的区域,要视温度的变化、金属及合金内部结构和组织的改变而定。

碳钢的脆性区有四个,塑性较好的区域有三个,各区的温度范围如图 4.19 所示。

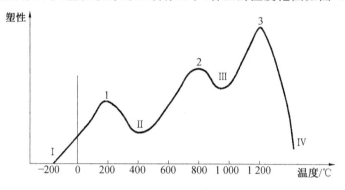

图 4.19   碳钢的塑性温度变化图

对于具体的金属与合金,其塑性随温度而变化的曲线图称为塑性图。图 4.20 所示为几种铝及铜合金的塑性图。

塑性图表明了该金属最有利的加工温度范围,是拟定热变形规程的必备资料之一。如从铝合金 LC4 的塑性图看出,在 370~420 ℃ 的温度范围内进行热轧时,不但塑性较好,而且变形抗力也较小。又如黄铜 H68 的塑性图,在 300~500 ℃ 范围内塑性差,有明显的中温脆性区,而在 690~830 ℃ 的温度区间内塑性则较好,显然,应该选定这个温度范围作为热轧的区间。对于锡磷青铜 QSn6.5－0.4,因有明显的高温脆性区,所以它是难以进行热轧的。

许多实验证明,温度对各种金属与合金塑性的影响规律并不是一致的,若从材质和温度出发,概括起来有八种类型,如图 4.21 所示,图中的曲线也可表示热加工性能变化的情况。金属的加工性能包括变形抗力和塑性两个方面,变形抗力小、塑性大的材料,可以判断其加工性能好。

由图 4.21 可见,由于晶粒粗大化以及金属内化合物、析出物或第二相的存在、分布和变化等,出现塑性不随温度上升而提高的各种情况。

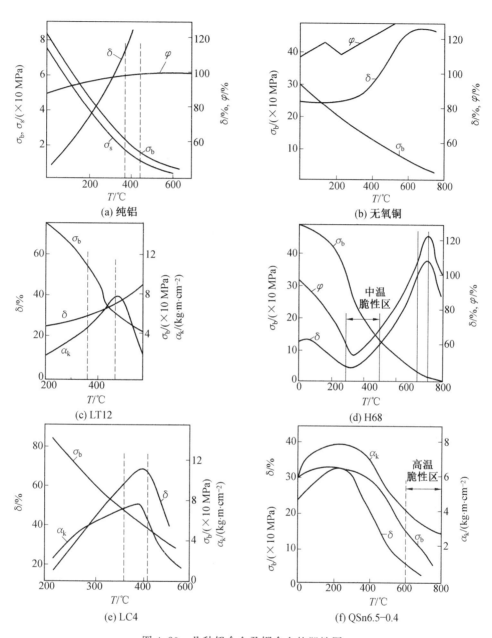

图 4.20　几种铝合金及铜合金的塑性图

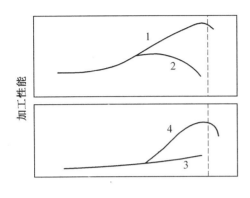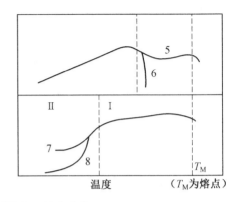

图 4.21　各种合金系的典型热加工性能曲线

1—纯金属和单相合金:铝合金、钽合金、铌合金;2—晶粒长大快的纯金属和单相合金:铍、镁合金、钨合金、β 单相钛合金;3—含有形成非固溶性化合物元素合金,含有硒的不锈钢;4—含有形成固溶性化合物元素的合金,含有氧化物的钼合金,含有固溶性碳化物或氮化物的不锈钢;5—加热时形成韧性第二相的合金:高铬不锈钢;6—加热时形成低熔点第二相的合金:含硫铁、含有锌的镁合金;7—冷却时形成韧性第二相的合金:低碳钢、低合金钢、α-β 及 α 钛合金;8—冷却时形成脆性第二相的合金:镍-钴-铁超合金、磷氢不锈钢

4.4.2　变形速度对塑性和变形抗力的影响

对于每一种金属材料,在设定的温度条件下都有其自己的特征变形速度。在小于特征变形速度数值的范围内改变变形速度,对变形过程没有影响。如果变形速度高于此特征变形速度,则提高变形速度会引起变形抗力的升高,同时也会使所有的软化过程、物理化学过程和需要时间来实现有强烈扩散性质的塑性变形机构受到阻碍。此外,在变形过程中由于变形速度的升高,会引起变形物体的热效应。产生上述诸多变化的主要原因是:

(1)实现完全塑性变形的时间不够。弹性波是以声速在变形物体内传播,当对变形物体的加载速度小于声速时,塑性变形在变形物体内的传播速度比弹性变形在此同一物体内的传播速度慢。此弹性变形与塑性变形的传播速度间的差异,取决于变形物体的成分、温度和应力状态等。

假设,以稍低于声速的速度拉伸方杆,经过非常小的瞬间其长度增加50%,并在此变形条件下和时间间隔内,所设定的变形速度只能保证变形物体具有5%的残余延伸。这样,方杆将具有45%的弹性变形和5%的塑性变形。因此,在方杆内产生的应力便可用相当于45%弹性变形的纵坐标aa'来确定(图 4.22)。若增加此产生50%延伸的变形时间,即减小拉伸速度,使在变形物体内具有更大的残余延伸,例如30%,那么,在方杆中的应力数值便可用相当于20%弹性延伸的纵坐标bb'来确定。若再继续增加产生此50%总延伸的时间时,可使方杆内的应力进一步减小,直至达到最小值,即纵坐标cc'所对应的应力值。此应力不能再继续减小,因为它是与保证变形物体内产生塑性流动的那一弹性变形相对应的。

塑性机构的扩散性质越明显,塑性变形速度滞后于弹性变形的效应就表现得越强烈,因为自扩散过程需要时间来实现。因此,非晶塑性机构在这方面应显示出最大的效应。

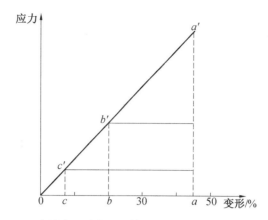

图 4.22　在设定的总变形数值下变形速度对应力的影响

（2）实现软化过程的时间不够。金属在变形过程中由于塑性变形的进行产生硬化，又由于回复和再结晶的作用又要发生软化。但回复和再结晶需要一定的时间来完成，若此时间不够，则将会使变形金属的硬化速率超过软化速率，结果使变形抗力升高。

从上面的情况可以认为，当所取的变形速度超过保证得到最大软化的速度时，由于实现软化过程的时间不够，因此应力提高；当所取的变形速度低于保证得到最大软化的速度时，又可由于完全实现塑性变形的时间不够，因此应力提高。

许多科学工作者曾设法用解析式表述一定温度和一定变形程度下的变形抗力与变形速度间的关系式。下面两个公式一般认为是较为适宜的：

$$P = P_0 \left[\frac{\dot{\varepsilon}}{\dot{\varepsilon}_0} \right]^m \tag{4.43}$$

$$P = P_0 + n\ln \frac{\dot{\varepsilon}}{\dot{\varepsilon}_0} \tag{4.44}$$

式中　P、P_0——变形速度为 $\dot{\varepsilon}$ 和 $\dot{\varepsilon}_0$ 时的流动应力；

　　　m、n——由实验确定的常数。

式（4.43）和式（4.44）分别适用于应力的提高原因是完全实现塑性变形以及其软化过程时间不够的情况下。

变形速度对变形抗力的影响除上面讲过的塑性变形过程和软化过程变化的因素外，热效应也是一个重要因素。

热效应使变形物体的温度升高，例如，用 50 kg 的锤头从 3 m 的高度上冲击直径和高度为 11.1 mm 的硬铝试样，变形程度为 89.2％时，发现试样的温度从 13 ℃升高到 317 ℃。变形速度使变形抗力相对降低的最大影响出现在完全硬化变形的温度区间，例如，在拉拔金属过程中，当拉拔速度为每秒几十米时，可使拉拔力下降，其原因就是拉拔过程中产生的热效应。

在不同温度范围变形速度对变形抗力的影响是不同的。如果把四个变形温度范围（完全硬化、不完全硬化、不完全软化和完全软化）比较一下，那么最大的速度效应将发生在完全软化的温度范围内。

温度越高,塑性机构的扩散特性表现得越明显。同时,非晶机理在塑性变形过程中起的作用越大,速度效应也越大。实现非晶塑性机构需要一定的时间,此时间的长短取决于金属的材质和温度。如果时间不够,非晶塑性机构就不能实现。这时,在晶体中,它将被在较高抗力下能够实现的其他机构所代替;在非晶体中,它将被弹性变形所代替。

在完全软化变形的温度范围内,任何速度下的硬化曲线都平行于横坐标轴,即不发生硬化。在此温度范围内,在晶粒边界上的黏性流动机构为实现蠕变提供了很大的可能性。温度越高,黏性流动抗力越小。晶粒边界上的黏性流动抗力与其他塑性机构抗力相比,其值是最小的。在此温度范围内热效应的影响不大。

在不完全硬化变形的温度范围内,非晶塑性机构实际上是不能实现的。在此温度区间,产生速度效应的基本原因是实现复原的时间不够。速度效应(变形抗力的提高)、松弛和蠕变在此温度区间表现的程度,比在不完全软化变形的温度区间要小得多。

热效应在不完全硬化变形的温度区间比在不完全软化变形的温度区间要大,但后者的热效应比在完全软化变形的温度区间要大。

在完全硬化变形的温度区间,速度效应最小,且只取决于复原的时间不够。在此温度区间,热效应最大,并且温度越低,热效应越大。速度效应的变化是,温度越低,速度效应越小。由于热效应的作用,在许多情况下,变形抗力可在很大的速度范围内保持不变,甚至使之随着变形速度的增大而减小。

应变速率对塑性的影响比较复杂。当应变速率不大时,随应变速率的提高,塑性是降低的;而当应变速率较大时,塑性随变形程度的提高反而变好。这种影响还没有找到确切的定量关系,一般可用图 4.23 所示的曲线概括。

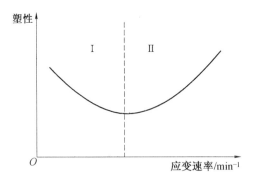

图 4.23　应变速率对塑性的影响

塑性随应变速率的升高而降低(Ⅰ区),可能是加工硬化及位错受阻力而形成显微裂口所致;塑性随应变速率的升高而增长(Ⅱ区),可能是热效应使变形金属的温度升高,硬化得到消除和变形的扩散过程参与作用,也可能是位错攀移重新启动的缘故。

应变速率的增加,在下述情况下降低金属的塑性。在变形过程中,加工硬化的速度大于软化的速度(考虑到热效应的作用);热效应的作用使变形物体的温度升高到热脆区。

应变速率的增加,在下述情况下提高金属的塑性。在变形过程中,硬化的消除过程比其增长过程进行得快;热效应的作用使金属的温度升高,由脆性区转变为塑性区。

应变速率对塑性的影响,实质上是变形热效应在起作用。所谓热效应,即金属在塑性变形时的发热现象。因为供给金属产生塑性变形的能量将消耗于弹性变形和塑性变形,消耗于弹性变形的能量造成物体的应力状态,而消耗于塑性变形的那部分能量的绝大部分转化为热。当部分热量来不及向外扩散而积蓄于变形物体内部时,促使金属的温度升高。

塑性变形过程中的发热现象是个绝对过程,即在任何温度下都能发生。不过在低温条件下表现得明显些,发出的热量相对显得多些。

塑性变形过程中,因金属发热而促使温度升高的效应,称为温度效应。变形过程中的温度效应不仅决定于因塑性变形功而排出的热量,而且也取决于接触表面摩擦作用所排出的热量。在某些情况下(在变形时不仅应变速率高而且接触摩擦系数也很大),变形过程的温度效应可能达到很高的数值。由此可见,控制适当的温度,不但要考虑导致热效应的应变速率这一因素,还应充分考虑到工具与金属的接触表面间的摩擦在变形过程中所引起的温度升高。

对于热加工,利用高速变形来提高塑性并没有什么意义,因为热变形时变形抗力小于冷加工时的变形抗力,产生的热效应小。但采用高速变形方式可以提高生产率,并可保证在恒温条件下变形。

一般压力加工的应变速率为 $0.8\sim300$ s^{-1},而爆炸成形的应变速率却比目前的压力加工速度高约 1 000 倍之多。在这样的应变速率下,难加工的金属钛和耐热合金可以很好地成形。这说明爆炸成形可使金属与合金的塑性大大提高,从而也节省了能量。

关于高速变形能够使能量节省,并且不致使金属在变形中破裂的原因,罗伯特做过这样的假设。即假设形变硬化与时间因素也有关系,对于一种金属或合金在一定温度下存在一特殊的限定时间—形变硬化的"停留时间"。总可以找到一个尽量短的时间,使塑性变形在此时间内完成。这样就可以使变形的能量消耗降为最低限度,并且可以保证变形过程在裂纹来不及传播的情况下进行。可以用此假设来解释爆炸成形及高速锤锻的工作效果好的原因。

4.4.3　应力状态对塑性和变形抗力的影响

在塑性加工过程中,变形物体所承受的应力状态对其变形抗力有很大的影响。例如,挤压时的变形抗力要比轧制时大;在孔型中轧制要比在平轧辊上轧制时大;模锻要比在平锤头间锻造时大等等。这些都表明,应力状态对变形抗力有较明显的影响。压应力状态越强,变形抗力越大。挤压时为三向压应力状态,而拉拔时为单向拉伸和两向压缩的应力状态,所以挤压时金属的变形抗力大于拉伸时的变形抗力。

金属的变形抗力在很大程度上取决于静水压力。对许多金属和合金来说,当静水压力从 0 增加到 5 000 MPa 时,其变形抗力可增加一倍。

C.U. 帕特涅尔曾对某些金属和合金做了拉伸试验。可以看出,当加以 220 MPa 的径向压应力可使其变形抗力和塑性有较明显的升高,见表 4.1。

表 4.1　拉伸金属和合金时径向压应力的影响

材料	热处理	强度极限/MPa		断裂时的断面收缩率/%	
		没有径向压应力	有径向压应力	没有径向压应力	有径向压应力
铜	600 ℃退火	209	217	71.5	84.3
铍青铜	600 ℃水中淬火	470	571	43.8	50.6
锑	300 ℃退火	219	254	7.5	21.4
MA2 镁合金	供应状态	234	331	32.0	28.0
Al-Cu-Mg-Zn 合金	470 ℃水中淬火	382	461	17.2	23.9
AJ15 铝合金（铸造）	525 ℃淬火＋人工时效	166	203	1.9	6.3

静水压力的影响通常可在下述情况表现得比较明显：

（1）金属合金中的已有组织或在塑性变形过程中发生的组织转变有脆性倾向。这时，静水压力可以使金属变得致密，消除可能产生的完整性的破坏，从而既提高了金属的塑性，又提高了金属的变形抗力。通常，金属越倾向于脆性状态，静水压力的影响越显著。

（2）金属合金的流变行为与黏-塑性体的行为相一致。对黏性体来讲，变形速度和静水压力对其变形抗力有明显的影响，对黏-塑性体来讲也同样是这样。其黏性性质越明显，这种影响就越大。在一定的温度-速度条件下（特别是在温度接近熔点且变形速度不大时），金属合金的流动行为与黏-塑性体的流变行为相一致。此时，变形速度和静水压力对金属合金便产生相应的影响。

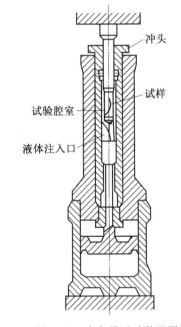

图 4.24　卡尔曼试验装置图

关于静水压力对变形抗力产生影响原因尚需进一步研究。有人认为，变形速度对变形抗力的影响越大时，静水压力对变形抗力的影响也越大。静水压力的作用可使金属内的空位减少，使塑性变形困难。特别是当变形速度较大，实现塑性变形的时间不够时更是如此。空位的数量越大，静水压力对变形抗力的影响也越大。

应力状态种类对塑性的影响，从卡尔曼经典的大理石和红砂石试验中可清楚地看出。卡尔曼用白色卡拉大理石和红砂石做成圆柱形试样，将其置于专用的仪器（图 4.24）内镦粗，在仪器中可以产生轴向压力和附加的侧向压力（把甘油压入试验腔室内）。

当只有一个轴向压力时，大理石与红砂石表现为脆性。如果除轴向压力外再附加上侧向压力，那么情况就发生了变化，大理石和红砂石可产生塑性变形，并且随着侧向压力的增加,变形能力也增大,如图 4.25 所示。卡尔曼利用侧面压力使大理石得到 $8\%\sim9\%$ 的压缩变形。其后,M. B. 拉斯切加耶夫也对大理石进行了变形试验,在侧向压力下拉伸时,得到 25% 的延伸率,在进行镦粗试验时,产生 78% 的压缩率时仍未破坏。

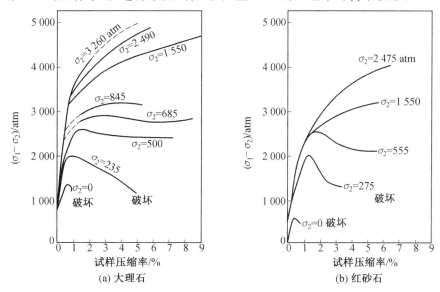

图 4.25　脆性材料的各向压缩曲线

σ_1—轴向压力;σ_2—侧向压力

　　从上述情况中可以看出,金属在塑性变形中所承受的应力状态对其塑性的发挥有显著的影响。静水压力值越大,金属的塑性发挥得越好。

　　按应力状态图的不同,可将其对金属塑性的影响顺序做这样的排列:三向压应力状态图最好,两向压一向拉次之,两向拉一向压更次,三向拉应力状态图为最差。在实际塑性加工中,即使其应力状态图相同,但对金属塑性的发挥也可能不同。例如,金属的挤压,圆柱体在两平板间压缩和板材的轧制等,其基本的应力状态图皆为三向压应力状态图,但对塑性的影响程度却不完全一样。这就要根据其静水压力的大小来判断,静水压力越大,变形材料所呈现的塑性越大(图 4.26)。

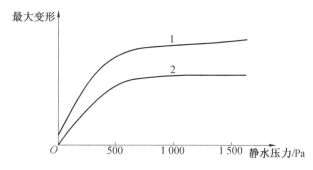

图 4.26　最大变形与静水压力的关系曲线

1—大理石;2—红砂石

　　静水压力对提高金属塑性的良好影响,可由下述原因所造成:(1)体压缩能遏止晶粒边界的相对移动,使晶间变形困难。因为在实际塑性加工中,有时是不允许晶间变形存在的。在没有修复机构(再结晶机构和溶解沉积机构)时,晶间变形会使晶间显微破坏得到积累,进而迅速地引起多晶体的破坏。(2)体压缩能促进由于塑性变形和其他原因而破坏了晶内联系的恢复。这样,随着明显的体压缩的增加,金属变得更为致密,其各种显微破坏得到修复,甚至其宏观破坏(组织缺陷)也得到修复。而拉应力则相反,它促使各种破坏的发展。(3)体压缩能完全或局部地消除变形物体内数量很小的某些夹杂物甚至液相对塑性的不良影响。反之,在拉应力作用下,将在这些地方形成应力集中,促进金属的破坏。(4)体压缩能完全抵偿或者大大降低由不均匀变形引起的拉伸附加应力,从而减轻拉应力的不良影响。

在塑性加工中,人们通过改变应力状态来提高金属的塑性,以保证生产的顺利进行,并促进工艺的发展。例如,在成形低塑性材料时,曾有人利用包套法(图 4.27)增加径向压力(包套用塑性较高的材料制成)。用此法可使淬火后变得很脆的材料产生塑性变形。类似这种方法,也可用包套轧制低塑性材料,用作外套的材料和其厚薄需选择适当,否则会因外套变形大,对芯材产生很大的附加拉应力,反而拉裂低塑性芯材。另外,在成形加工设备时也采取了许多措施,以增加三向压应力中应力球张量的比重,提高材料的塑性,减少开裂现象,譬如利用限制宽展孔型或 Y 型三辊轧机来轧制型材,用三辊轧机穿孔和轧管来生产管材,用四个锤头高速对打(冲击次数为 400 次/min 以上)进行旋转精锻(图4.28)等均可提高材料的塑性,以防裂纹产生。

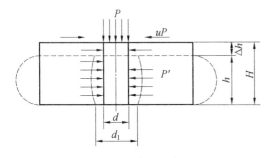

图 4.27　包套法示意图

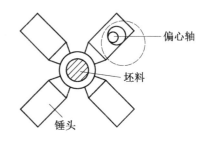

图 4.28　高速精锻机

4.4.4　其他因素对塑性和变形抗力的影响

1. 尺寸因素的影响

变形体的尺寸会影响塑性和变形抗力,尺寸越大,塑性和变形抗力就越低。但一般认为当变形体的体积超过某一临界值时,塑性和变形抗力将不再随体积的增大而降低。尺寸因素与塑性和变形抗力之间的这种关系,可大致用图 4.29 表示。

如锌试样在室温下的动载镦粗过程中,大试样的高度和直径均为 20 mm,小试样的高度和直径均为 10 mm,两个试样的晶粒度完全一致。试验结果为:对于大试样,出现第一条裂纹时的压缩程度为 35%～40%;对于小试样,压缩程度为 75%～80%。显然,小试样比大试样有更高的塑性。

在另一铝合金试样压缩试验中,大试样的高度和直径均为 100 mm,小试样的高度和直径均为 10 mm。这两个几何上相似的试样具有相同的内部组织和硬度值。试验是在室温条件下进行的,试样接触表面用云母绝热,变形速度为 0.1 min⁻¹。在变形过程中不断观察载荷的变化,绘制出如图 4.30 所示的变形抗力与变形程度的关系曲线。由图可见,小试样相对大试样具有较高的变形抗力。

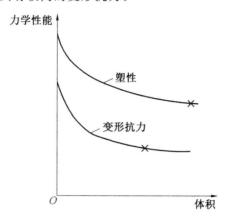

图 4.29　变形体体积对塑性和变形抗力的影响(×为临界体积点)

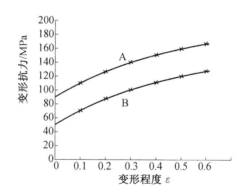

图 4.30　几何上相似的铝试样压缩时变形抗力与变形程度之间的关系
A—小试样的变形抗力曲线；B—大试样的变形抗力曲线

尺寸因素影响塑性和变形抗力的原因如下:

(1)变形体尺寸越大,其化学成分和组织总是越不均匀,且内部缺陷越多,这就导致塑性和变形抗力的降低。对于锭料来说,大锭料比小锭料组织上的缺陷多,因而塑性和变形抗力的降低就更显著。

(2)大变形体相对几何上相似的小变形体具有较小的相对接触表面积(变形体的接触表面积与体积之比,定义为相对接触表面积),因而由外摩擦引起的三向压应力状态就较弱,故变形抗力就较低。

(3)大变形体相对几何上相似的小变形体具有较小的相对表面积(变形体的表面积与体积之比,定义为相对表面积),因而温度效应较显著。如果是热变形,则由于热传导和辐射而散失的热量会较少。这一切使得大变形体的实际温度会比小变形体高,故变形抗力就较低。

在实际计算变形抗力时,对不同的变形体尺寸均采用相同的公式,而公式中的真实应力又是在小试样上测得的(它与实际变形体的尺寸相比是很小的),这样就造成误差。因此,需要根据变形体的尺寸进行相应的修正。修正的方法是,在计算变形抗力的公式中乘以与变形体体积有关的尺寸系数 φ,即

$$P = \varphi P_0 \tag{4.45}$$

式中　P——生产条件下锻件的单位流动应力;

　　　P_0——与锻件几何相似的小试样的单位流动应力;

　　　φ——尺寸系数,恒小于 1。

表 4.2 为古布金所提供的尺寸系数 φ 值。从表中可以看出,当锻件体积增大 1 000 倍时,变形抗力将减小 60%,这是相当可观的。

表 4.2　尺寸系数值

锻件体积/dm³	尺寸系数 φ	锻件体积/dm³	尺寸系数 φ
0~25	1.0	5 000~10 000	0.7~0.6
25~100	1.0~0.9	10 000~15 000	0.6~0.5
100~1 000	0.9~0.8	15 000~25 000	0.5~0.4
1 000~5 000	0.8~0.7	大于 25 000	0.4

对于镦粗过程,还可应用下面经验公式计算尺寸系数:

$$\varphi = \left[\sqrt[3]{\frac{10}{D}} + \mu \left(1 - \sqrt[3]{\frac{10}{D}} \right) \right]^{\eta} \tag{4.46}$$

式中　D——坯料直径,mm;

　　　μ——摩擦系数;

　　　η——排热率,对于纯金属等于 0.85~0.90,对于合金等于 0.75~0.85。

当 $\mu = 0.3$,$\eta = 0.75$ 时(相当于合金热变形情况),利用上式可绘制 D 与 φ 之间的关系曲线,如图 4.31 所示。

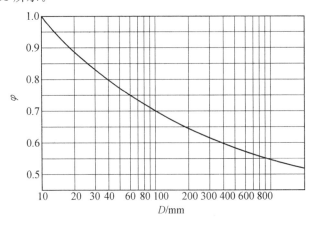

图 4.31　尺寸系数与坯料直径的关系曲线

2. 毛坯表面状况的影响

毛坯的表面状况会影响塑性,这在冷成形时尤为明显。表面光洁度越高,镦粗时的极限变形程度就越大。反之,表面粗糙或者有刻痕、微裂纹等缺陷,则会在变形过程中引起应力集中,促使锻件开裂、降低塑性。

大多数金属在高温下多易为大气中的气体所侵入,这种侵入一般是通过氧化、溶解以及扩散等方式进行的,并最终导致金属塑性的降低。例如,高镍钢、镍铬合金等在含硫的气氛中加热时,硫会扩散到金属中,与镍形成低熔点共晶体（$Ni + Ni_3S_2$）,其熔点为 645 ℃,主要分布于晶界处,引起金属塑性的降低,锻轧时容易形成裂纹。又如,含氧的铜合金在还原性气氛中加热时,炉气中的氢将与铜合金中的氧（以 Cu_2O 形式存在）起反应,产生不溶于铜的水汽,这些水汽沿着晶界聚集,并具有相当大的压力,能穿透金属而引起断裂。

3. 变形不均匀性的影响

变形不均匀性的影响,本质上仍是应力状态的影响。塑性成形时,由于接触面上的摩擦作用、被加工金属性能的不均匀、工具形状与坯料形状的不一致等,变形总是不均匀的。但是由于金属的整体性,各部分的变形不可能孤立进行,在各部分之间必然存在着相互牵制的作用。于是,力图增大尺寸变化的各部分,将对力图减小尺寸变化的各部分施加一使得后者尺寸变化增大的力;而力图减小尺寸变化的各部分,将对力图增加尺寸变化的各部分施加一使得后者尺寸减小的力。这种由不均匀变形引起的互相平衡的力（应力）,称为附加应力。附加应力的大小取决于变形不均匀的程度,而与外力没有直接的关系。附加应力会使塑性变形抗力增加,因为从能量的观点来看,附加应力的产生需要消耗一定的能量,从而对变形体所做的外力功也要增加。附加应力还会降低金属的塑性,因为附加拉伸应力促使裂纹的产生。改善变形的不均匀性,将减小附加应力,从而降低变形抗力和提高塑性。

4.5　塑性状态图及其应用

表示金属塑性指标与变形温度及加载方式的关系曲线图形,称为塑性状态图或简称塑性图。它给出了温度－速度及应力状态类型对金属及合金塑性状态影响的明晰概念。在塑性图中所包含的塑性指标越多,应变速率变化的范围越宽广,应力状态的类型越多,则对于确定正确的热变形温度范围越有益。

塑性图可用来选择金属及合金的合理塑性加工方法及制订适当的冷热变形规程,是金属塑性加工生产中不可缺少的重要依据之一,具有很大的实用价值。由于各种测定方法只能反映其特定的变形力学条件下的塑性情况,为确定实际加工过程的变形温度,塑性图上需给出多种塑性指标,最常用的有 δ、φ、α_k、ε、n 等。此外,还给出 σ_b 曲线以做参考。下面以镁合金 MB5 塑性图为例,介绍选定该合金加工工艺规程的原则和方法。MB5 合金的塑性图如图 4.32 所示。

MB5 属变形镁合金,其主要成分为 $w(Al) = 5.5\% \sim 7.0\%$,$w(Mn) = 0.15\% \sim 0.5\%$,$w(Zn) = 0.5\% \sim 1.5\%$。根据 $Mg-Al$ 二元相图（图 4.33）可以看出,铝在镁中的

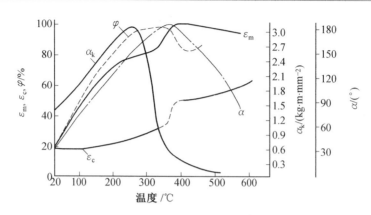

图 4.32　MB5 合金的塑性图

α_k—冲击韧性；ε_m—慢力作用下的最大压缩率；ε_c—冲击力作用下的最大压缩率；

φ—断面收缩率；α—弯曲角度

溶解度很大，在共晶温度 437 ℃时达到最大，为 12.6%。随着温度的降低，溶解度急剧下降，镁铝合金中铝含量对合金性能的影响如图 4.34 所示。随着铝含量的增加，强度虽缓慢上升，但塑性却显著下降，因为在平衡状态下的镁铝合金显微组织是由 α 固溶体和析出在晶界上的金属化合物 γ 相（Mg_4Al_3 或 $Mg_{17}Al_{12}$）组成的。γ 相随铝含量的增加而逐渐增多，当 $w(Al)=15\%$ 时，则形成封闭的网状组织，使合金变脆。

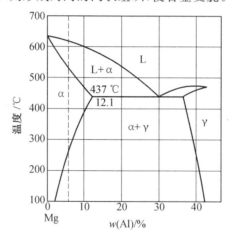

图 4.33　Mg－Al 二元相图

从图 4.33 中可见，该合金成分如图 4.33 中虚线所示。在 530 ℃附近开始熔化，270 ℃以下为 α＋γ 二相系。因此，它的热变形温度应选在 270 ℃以上的单相区。如在慢速下加工，当温度为 350～400 ℃时，φ 值和 ε_m 都有最大值。因此不论是轧制或挤压，都可以在这个温度范围内以较慢的速度进行。假若在锻锤下加工，因 ε_c 在 350 ℃左右有突变，所以变形温度应选择在 400～450 ℃。若工件形状比较复杂，在变形时易发生应力集中，则应根据曲线来判定。从图 4.32 中可知，α_k 在相变点 270 ℃附近突然降低。因此，锻造或冲压时的工作温度应在 250 ℃以下进行为佳。

以上是一个应用塑性图，并配合合金状态图选择加工温度及加工方法的实例。必须

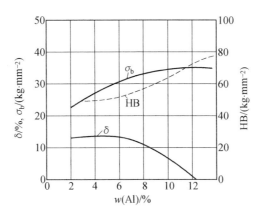

图 4.34　镁铝合金中铝含量对合金性能的影响

指出,各种试验方法都是相对于其特定受力状况和变形条件测定塑性指标,因此仅具有相对和比较意义。况且由于塑性图的研究并未完善,比较适用和全面的塑性图也不多,所以对加工工作者来说,仍有继续深入研究和积累经验的必要。

4.6　金属的超塑性

4.6.1　超塑性的一般概念

究竟什么是金属的超塑性,到目前为止,人们从各种角度将其粗略地定义为:金属材料在受到拉伸应力时,显示出很大的延伸率而不产生缩颈与断裂的现象。把延伸率 δ 能超过 100% 的材料统称为“超塑性材料”,相应地把延伸率超过 100% 的现象称为“超塑性”。根据超塑性的宏观变形特性,可将金属超塑性归纳为以下几方面的特点:大延伸、无缩颈、小应力、易成形。

1. 大延伸

所谓大延伸是指拉伸试验的延伸率可达百分之几百甚至百分之几千的变形(据目前国外报道,有的可高达 $5\,000\%$)。因此,超塑性材料在变形稳定方面比普通材料要好得多。这样使材料成形性能大大改善,可以使许多形状复杂,一般方法难以成形的材料(如某些钛合金)变形成为可能。如人造卫星上使用的钛合金球形燃料箱,其壁厚为 $0.71\sim$ $1.5\,mm$,采用普通方法几乎无法成形,只有采用超塑性成形才有可能。在民用工业方面,各种汽车外壳、箱板等,以及形状复杂的工艺制品、家用电器制件等等,如用超塑性成形均可一次制成,使生产成本大大降低。所以超塑性金属的特点之一是宏观变形能力极好,抗局部变形能力极大,或者对缩颈的传播能力很强。

2. 无缩颈

一般金属材料在拉伸变形过程中,当出现早期缩颈后,则应力集中效应使缩颈继续发展,导致提前断裂,拉断后的样品具有明显的宏观缩颈。超塑性材料的变形却类似于黏性物质的流动,没有(或很小)应变硬化效应,但对应变速率敏感,有所谓“应变速率硬化效应”,即当应变速率增加时,材料会强化。因此,超塑性材料变形时虽有初期缩颈形成,但由于缩颈部位应变速率增加而发生局部强化,而其余未强化部分继续变形。如此反复,得以使缩颈传播出来,结果获得巨大的宏观均匀的变形。因此,抗局部变形能力极大,或者抑制缩颈的传播能力很强,超塑性材料的变形具有宏观"无缩颈的特点"。

3. 小应力

由于超塑性金属具有黏性或半黏性流动的特点,在变形过程中,变形抗力很小,往往是非超塑性状态下的几分之一或十几分之一乃至几十分之一。例如,在最佳变形条件下,Zn-22％Al 的最大流变应力仅 2 MPa,Ti-6Al-4V 合金的最大流变应力则仅 1.5 MPa,GCr15 钢也仅 30 MPa 左右。因此,超塑性材料成形时,压力加工的设备吨位可以大大减小。

4. 易成形

由于超塑性材料具有以上几个特点,而且变形过程中基本上没有或只有很小的应变硬化效应,所以超塑性合金易于压力加工,流动性和填充性极好,可以进行多种方式成形,而且产品质量可以大大提高,如体积成形,板材、管材的气压成形,无模拉丝、无模成形等。所以超塑性成形为金属压力加工技术开辟了一条新的途径。

4.6.2　超塑性的分类

随着对超塑性研究的不断深入和发展,人们发现了超塑性金属本身所具有的一些特殊规律,按照超塑性实现的条件(组织、温度、应力状态等)可将超塑性分为以下几类:

1. 恒温超塑性或第一类超塑性

根据材料的组织形态特点也称为细晶超塑性。一般所指超塑性多属这类,其特点是材料具有稳定的超细等轴晶粒组织,在一定的温度区间($T \geqslant 0.4\ T_M$)和一定的应变速率($10^{-4} \sim 10^{-1} \mathrm{min}^{-1}$)条件下出现超塑性。晶粒直径多在 5 μm 以下,且晶粒越细越有利于塑性的发展。但对有些材料来说,例如钛合金,其晶粒尺寸达几十微米时仍有良好的超塑性能。应当指出,由于超塑性是在一定的温度区间出现,因此,即使初始组织具有微细晶粒的尺寸,如果热稳定性差,在变形过程中晶粒迅速长大,仍不能获得良好的超塑性。

2. 相变超塑性或第二类超塑性

相变超塑性又称为动态超塑性或变态超塑性。相变超塑性并不要求材料具有超细晶粒组织,而是在一定的温度和应力条件下,经过多次循环相变或同素异构转变而获得大延伸率。产生相变超塑性的必要条件是材料应具有固态相变的特性,并在外加载荷作用下,在相变温度上下循环加热与冷却,诱发产生反复的组织结构变化,使金属原子发生剧烈运动而呈现出超塑性。

相变超塑性不要求微细等轴晶粒,这是有利的,但要求变形温度反复变化,给实际生产带来困难,故使用上受到限制。

3. 其他超塑性或第三类超塑性

近年来发现,普通非超塑性材料在一定条件下快速变形时,也能显示出超塑性。例如标距 25 mm 的热轧低碳钢棒快速加热到 $\alpha + \gamma$ 两相区,保温 5~10 s,快速拉伸,其延伸率可达到 100％~300％。这种短时间内的超塑性可称为短暂超塑性。目前关于短暂超塑性的研究还不多。

有些材料在消除应力退火过程中,在应力作用下也可以得到超塑性。Al－5%Si 及 Al－4%Cu 合金在溶解度曲线上下施以循环加热可以得到超塑性。此外,国外正在研究的还有升温超塑性、异向超塑性等。

有人把上述的第二类及第三类超塑性统称为动态超塑性或环境超塑性。

4.6.3　细晶超塑性

细晶超塑性又称为组织超塑性,在试验中已发现细晶超塑性有许多重要特征,归纳起来有以下几个方面的内容:

1. 变形力学特征

具有超塑性的金属与普通金属的塑性变形在变形力特征方面有着本质的区别。普通金属在拉伸变形时易于形成缩颈而断裂,而超塑性金属由于没有(或很小)加工硬化,在塑性变形开始后,有一段很长的均匀变形过程,最后达到百分之几百或甚至百分之几千的高延伸率,其工程应力－应变曲线如图 4.35(a)所示。当应力超过最大值后,随着应变的增加,应力缓慢地连续下降。实际上,此时的试样截面也在缓慢地连续缩小,如果换算成真实应力与真实应变的情况,则可以得到几乎恒定的真实应力－应变曲线,如图 4.35(b)所示。变形量增加时,应力变化很小。若材料与温度不变,应变速率不同时,在获得同等应变情况下,其应力就不同,应变速率高的所需的应力明显增加。

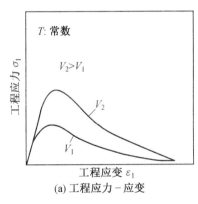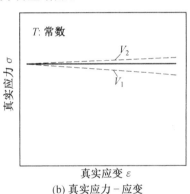

图 4.35　超塑性金属的应力－应变曲线

试验表明,超塑性变形对应变速率极其敏感。超塑性变形时,应力与应变速率的关系为

$$\sigma = K \dot{\varepsilon}^{m} \tag{4.47}$$

式中　σ——真实应力;

　　　$\dot{\varepsilon}$——真实应变速率;

　　　m——应变速率敏感性系数;

　　　K——取决于试验条件的常数。

由此,应变速率敏感性系数可定义为

$$m = \frac{\mathrm{d}\ln\sigma}{\mathrm{d}\ln\dot{\varepsilon}} \tag{4.48}$$

　　m 为图 4.36(a)曲线上任何特定应变速率的斜率。图 4.36(b)所示为 m 随应变速率的变化情况。

　　应变速率敏感性指数 m 是表达超塑性特征的一个极其重要的指标。对于普通金属，$m=0.02\sim0.2$；而对于超塑性材料，$0.3<m<1$。由试验得知，m 值越大塑性越好，对此可做如下分析。

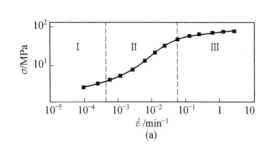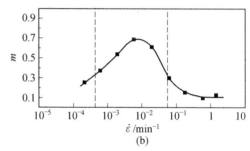

图 4.36　Mg－Al 共晶合金的应变速率 $\dot{\varepsilon}$ 与流变应力 σ、系数 m 的关系
（晶粒尺寸 10.6 μm，变形温度 350 ℃）

　　设试样截面积 A 上受拉伸载荷 P 的作用，则 $\sigma=P/A$，由前式可得

$$\sigma=K\dot{\varepsilon}^{m}=P/A \tag{4.49}$$

又因试样塑性变形时体积不变，则根据应变速率定义有

$$\dot{\varepsilon}=-\frac{1}{A}\frac{\mathrm{d}A}{\mathrm{d}t} \tag{4.50}$$

式中　t——时间。

　　由式(4.49)与式(4.50)可得

$$\frac{\mathrm{d}A}{\mathrm{d}t}=-\left(\frac{P}{K}\right)^{1/m}\cdot A^{1-1/m} \tag{4.51}$$

　　式(4.51)中 m 与截面变化速度 $\left(\dfrac{\mathrm{d}A}{\mathrm{d}t}\right)$ 的关系可作图表示于图 4.37 中。当 $m=1$ 时，截面变化速度是常数，与截面 A 的大小无关，亦就是属于牛顿黏性流动行为。m 值减小时，其数值越小，则在小截面处，截面的变化越快。从图 4.37 中可以看出，同一截面 A 处，$m=1/4$ 的截面变化速度比 $m=3/4$ 要快得多。也就是说，如果试样某处由于某种原因（例如发生了缩颈）使截面变小了，则 m 值小的（如图中 $m=1/4$）的材料，截面便迅速减小直至断裂。相反，具有大 m 值的材料，对局部收缩的抗力增大，截面变化平缓，就有可能出现大延伸。

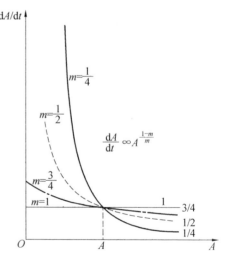

图 4.37　不同 m 值时，截面变化速度与 A 值的关系

2. 金属组织特征

到目前为止所发现的细晶超塑性材料大部分是共析和共晶合金,其显微组织要求有极细的晶粒度、等轴、双相及稳定的组织。要求双相,是因为第二相能阻止母相晶粒长大,而母相也能阻止第二相的长大;稳定,是指在变形过程中晶粒长大的速度要慢,以便有充分的热变形持续时间;超塑性变形过程中,晶界起着很重要的作用,要求晶粒的边界比例大,并且晶界要平坦,易于滑动,所以要求晶粒细小、等轴。在这些因素中,晶粒尺寸是主要的影响因素。一般认为直径大于 $10~\mu m$ 的晶粒组织是难以实现超塑性的。最近在弥散合金和单相合金中也发现其中一些合金具有超塑性,超塑性材料的范围有扩大的趋向。

材料发生超塑性变形以后,虽然获得巨大的延伸率,但晶粒根本没有被拉长,仍然保持着等轴状态;发生显著的晶界滑移移动及晶粒回转,几乎观察不到位错组织;结晶学的织构不发达,若原始为取向无序的组织结构,超塑性变形后仍为无序状态;若原始组织具有变形织构,经过超塑性变形后,将使织构受到破坏,基本上变为无序化。上述现象在普通塑性变形时是难以理解的。

4.6.4 细晶超塑性变形的机理

用一般的塑性变形机理已不能解释金属超塑性的大延伸特性。不少科学研究工作者进行了大量的试验研究工作以求解释超塑性变形机理。但到目前为止,仍处于研究探讨阶段。虽然如此,已提出的某些超塑性机理也可以用来解释有关的超塑现象。

1. 扩散蠕变理论

1973 年 M. F. Ashby 和 R. A. Verrall 提出了一个由晶内—晶界扩散蠕变共同调节的晶界滑动模型(图 4.38)。这个模型由一组二维的四个六方晶粒组成。在拉伸应力 σ 作用下,由初态(图 4.38(a))过渡到中间态(图 4.38(b)),最后达到终态(图 4.38(c))。在此过程中,晶粒 2、4 被晶粒 1、3 所挤开,改变了它们之间的相邻关系,晶粒取向也都发生了变化,并获得了 $\varepsilon = \ln \sqrt{3} = 0.55$ 的真应变(按晶粒中心计算),但晶粒仍保持其等轴性。在从初态到终态的过程中,包含着一系列由晶内和晶界扩散流动所控制的晶界滑动和晶界迁移过程。图 4.38(d)和(e)表示晶粒 1 和 2 在由初态过渡到中间态时晶内和晶界的扩散过程。

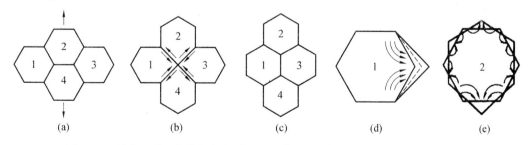

$$(a) \qquad (b) \qquad (c) \qquad (d) \qquad (e)$$

图 4.38 晶内—晶界扩散蠕变共同调节的晶界滑动模型(Ashby—Verrall 模型)

扩散蠕变理论应用于超塑性变形时,有两种现象不能解释:(1)在蠕变变形中,σ 与 ε 成正比,$m=1$;而在超塑性变形中,m 值总是处于 $0.5 \sim 0.8$ 之间。(2)在蠕变变形中,晶粒沿着外力方向被拉长;但在超塑性变形中,晶粒仍保持等轴状。因此,经典的扩散蠕变理论不能完全说明超塑性变形时的基本物理过程,也解释不了它的主要力学特征。所以该理论能否作为超塑性变形的一个主要机理,目前还不十分清楚。

2. 晶界滑动理论

超细晶粒材料的晶界有异乎寻常大的总面积,因此晶界运动在超塑性变形中起着极其重要的作用。晶界运动分为滑动和移动两种,前者为晶粒沿晶界的滑移,后者为相邻晶粒间沿晶界产生的迁移。

在研究超塑性变形机理的过程中,曾提出了许多晶界滑动的理论模型。下面仅就 A. Ball 和 M. M. Hutchison 提出的一个较为著名的位错运动调节晶界滑动的理论模型做一介绍。此模型由 A. K. Mukherjee 加以改进。

在 Ball 和 Hutchison 所得出的模型中,将图 4.39 所示的几个晶粒作为一个组态来考虑。在图中,假定两晶粒群的晶界滑移在遇到障碍晶粒时被迫停止,此时引起的应力集中通过障碍晶粒内位错的产生和运动而缓和。位错通过晶粒而塞积到对面的晶界上,当应力达到一定程度时,塞积前端的位错沿晶界攀移而消失,则内应力得到松弛,于是晶界滑移又再次发生。

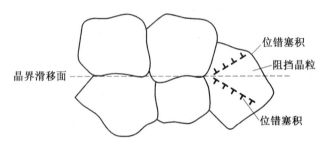

图 4.39   Ball－Hutchison 位错蠕变机制示意图

此模型表示了晶界区位错的攀移控制变形过程。晶界滑移过程中晶粒的转动不断地改变晶内滑移最有利的滑移面以阻止晶粒伸长。若应力高到足以形成位错胞或位错缠结,则此机制便停止作用,因为此时位错已无法穿越晶粒了。

根据此模型推导出来的状态方程为

$$\varepsilon = \frac{2\alpha x^2 b^2 R^2 \sigma^2}{d^2 GkT} D_2 \exp\left(-Q_{Nb}/kT\right) \tag{4.52}$$

式中 R——容易滑移晶粒数与障碍晶粒数之比;

x, α——常数;

d/x——攀移距离;

Q_{Nb}——激活能;

b——伯氏矢量;

k——玻尔兹曼常数;

T——热力学温度;

D_2——晶界扩散系数;

σ——应力;

d——晶粒尺寸;

G——切变模量。

Mukherjee 在此基础上做了些修改；他认为晶粒并不以晶群形式滑移，且攀移距离为 d 的数量级，结果得

$$\frac{\dot{\varepsilon} k T}{D_2 G b} = k'(\sigma/G)^2(b/d)^2 \tag{4.53}$$

$$k' = \frac{2a}{b} \approx 2 \tag{4.54}$$

这种机制也有些地方与实际不符，例如此机制中认为在一些晶粒中有位错塞积，而试验中没有观察到；Mukherjee 计算的 ε 比实际的小得多等。

3. 动态再结晶理论

晶界移动（迁移）与再结晶现象密切相关。这种再结晶可使内部有畸变的晶粒变为无畸变的晶粒，从而消除其预先存在的应变硬化。在高温变形时，这种再结晶过程是一个动态的、连续的恢复过程，即一方面产生应变硬化，另一方面产生再结晶回复（软化）。如果这种过程在变形中能继续下去，好像变形的同时又有退火，就会促使物质的超塑性。

对此机理仍存在一些争议，在超塑性变形后仍保持非常细小的等轴晶，而回复再结晶后晶粒总要变得粗大一些。但大多数研究者认为，这一过程的超塑性变形确实存在。在一定条件下，可以把超塑性看作是同时发生变形与再结晶的结果。

以上简述了超塑性变形的三个主要理论，但没有一个理论能完满地解释在各种金属中发生的超塑性现象。因为超塑性变形是一个复杂的物理化学—力学过程。各种结构超塑性材料虽有其共性，但又都有区别于其他材料的特性。这些特性一方面由其内部组织结构状态所决定，另一方面又受外部变形条件的制约。对于同一种金属或合金，在某些具体的变形条件下，也可能同时存在着几个过程互相补充，于是又有人提出了复合机制的变形理论。

相变超塑性产生的原因，早期解释为：(1) 由于原子移向新的点阵位置，原来原子间的黏合作用消失；(2) 当铁素体奥氏体转变时，由于体积变化，产生了许多缺陷（加热时的空位，冷却时的缝隙），加速了蠕变，从而提高了塑性。

以上这些解释还都是定性的。有关相变超塑性的产生机构，还有很大争议。要获得超塑性的统一理论，必须从更广泛的方面进行深入细致的综合研究。

4.6.5　影响超塑性的主要因素

影响超塑性的因素很多，主要是变形速度、变形温度、组织结构和晶粒尺寸等。

1. 变形速度

一般，超塑性只有在 $\dot{\varepsilon} = 10^{-4} \sim 10^{-1} \, \text{min}^{-1}$ 范围内才出现，而且随着 $\dot{\varepsilon}$ 的增加，流动应力增加得很快。但也有文献报道，Zn-22Al 合金在很高应变速率的条件下也能出现超塑性。

2. 变形温度

温度对超塑性的影响非常明显。当低于或超过某一温度范围时，就不出现超塑性现

象。一般合金的超塑性温度大约在 $0.5T_M$。

在超塑性温度范围内,温度增加,则超塑性流动应力下降,如图 4.40 所示。在超塑性状态下,温度对金属流动应力的影响要比在正常粗晶结构时大。随着温度升高,m 的最大值向高应变速率方向移动。

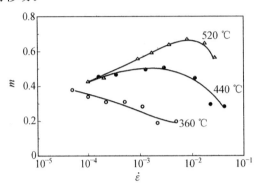

图 4.40 Al-Cu 共晶合金变形温度对应变速率敏感性指数的影响

3. 组织结构

结构超塑性要求有稳定的超细晶粒,通常是用稳定的第二相来阻止晶粒长大,因而要求第二相占有一定的体积比例。也有用弥散的氧化物质点或者夹杂来阻止晶粒长大以获得超塑性。但也存在一定的例外,如纯金属镍也能呈现超塑性。

4. 晶粒尺寸

在超塑性变形中,晶粒尺寸越小,流动应力则越低,延伸率越大(或 m 值增加),最大塑性移向高应变速率,如图 4.41 所示。这与通常所言的晶粒尺寸小而屈服强度高的概念是相反的。但是晶粒直径较大(如约 500 μm)的钛合金和晶粒直径约为 3 mm 的 β 黄铜,也会出现超塑性现象。

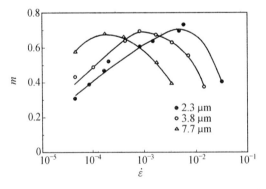

图 4.41 Al-Cu 共晶合金 520 ℃拉伸时晶粒尺寸对超塑性的影响

晶粒的形状对超塑性也有影响,等轴晶粒且晶界面平坦时,有利于晶界的滑移;反之如果晶粒形状复杂或者呈现片状微观组织等,则不利于获得超塑性。

4.6.6 超塑性的应用

金属材料在超塑性状态下塑性变形能力会显著提高,而变形抗力却大大降低,这些特点为塑性成形开辟了新的领域,因此,从 20 世纪 60 年代起,世界各国在研究超塑性材料和超塑性变形机理的同时,投入更多的人力和物力开展超塑性成形工艺的研究,以便不断扩大超塑性成形在工业中的应用。

1. 几种典型超塑性合金的制备

目前人们已知的超塑性金属及合金已超过 200 种,按基体区分有 Zn、Al、Ti、Mg、Ni、Pb、Sn、Zr、Fe 基等合金。其中包括共晶合金、共析合金、多元合金等类型的合金。一般说来,共析、共晶合金由于比较容易细化晶粒及获得均匀的组织状态,所以容易实现超塑性。

(1)Zn$-$22%Al 合金的制备及获得超塑性的方法。

Zn$-$22%Al 合金属共析合金,自问世以来,以优异的塑性变形特征引起了人们的极大关注。这种合金的室温综合机械性能很不理想,如抗蠕变性和抗腐蚀性较差,但由于有巨大的无缩颈的延伸,极小的变形抗力和高的应变速率敏感性指数,充分体现了超塑性的特点,成了典型的超塑性合金。

Zn$-$22%Al 合金可在石墨坩埚或其他熔炼炉熔炼。精炼温度为 550～590 ℃,可用硬模浇铸铸锭,须经 355～375 ℃保温 8 h 以上的固溶处理。可用两种工艺制作。第一种工艺:在固熔处理后随即炉冷,然后加热到 290～360 ℃,保温 2 h,挤压成棒材或轧成板材,然后再经超塑性处理。超塑性处理工艺为加热温度 310～360 ℃,保温超过 1 h。淬入冰水(冰盐水或流动水低于 18℃),保持 1 h 后,再加热到 250～260 ℃保温 0.5 h,即可具备超塑性。第二种工艺:铸锭固溶处理后直接淬入水中(水温低于 18 ℃),保温 1 h,再加热到 250 ℃保温 1.5 h,并在此温度轧制成板材或棒材,轧后不再经超塑性处理,即具备超塑性。

上述工艺所获得的组织为等轴细晶粒两相(α+β)组织。

(2)Al$-$Zn$-$Mg 系合金的制备及获得超塑性的方法。

Al$-$Zn$-$Mg 系合金是一种高强度的时效硬化合金。一般强度 σ_b=36～40 kgf/mm^2 (1 kgf/mm^2=9.806×10^6 Pa=9.806 MPa),强度最高的可达 60 kg/mm^2,延伸率大于 10%。工业上用的普通 Al$-$Zn$-$Mg 合金中 Zn 和 Mg 的含量都不高,w(Zn)=3.5%～ 5.0%,w(Mg)=1.0%～3.6%。为了获得超塑性的 Al$-$Zn$-$Mg 合金,通常需要提高合金化元素含量,主要是提高 Zn 的含量(约 10%),以获得更多的第二相组织;提高 Zr 的含量(0.2%～0.5%),Zr 能细化晶粒。

Al$-$9.3%Zn$-$1.03%Mg$-$0.22%Zr 合金具有超塑性。试样制备方法为:在 800～ 900 ℃下浇铸。为了细化组织和 Zr 的均匀弥散分布,需要快速冷却,以水冷模、连续或半连续铸造。铸锭经 500～520 ℃固溶处理 12～14 h,然后在 450～500 ℃热轧,最后再冷轧,总压下量大于 90%。试样在变形前再经过 520 ℃退火处理,可得到小于 10 μm 的细晶粒组织,从而获得超塑性。

2. 超塑性的应用

组织超塑性已在实际生产中得到应用,形成了一些成熟的工艺,主要有:

(1)真空成形法。

真空成形法有凸模法与凹模法(图 4.42),凸模法是将加热后的毛料吸附在具有零件内形的凸模上的成形方法,用来成形要求内侧尺寸精度高的零件。凹模法则是把加热过的毛料吸附在具有零件外形的凹模上的成形方法,用于要求外形尺寸精度高的零件成形。一般前者用于较深容器的成形,后者用于较浅容器的成形。其实真空成形也是一种气压成形,只是成形压力只能是一个大气压,所以它不适于成形厚度较大、强度较高的板料。

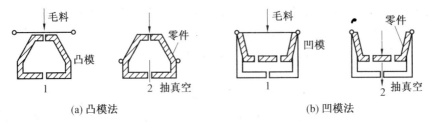

(a) 凸模法   (b) 凹模法

图 4.42   真空成形法
1—成形前;2—成形后

(2)气压成形。

气压成形是最能体现超塑性成形全部特点的一种新工艺,也是超塑性加工中最有前途的工艺。

与挤压成形相似,气压成形不需要传统胀形的高能量、高压力。气压成形是自体变形,气体压力几乎全部作用于金属变形。由于超塑性材料的变形应力很小(Zn—22%Al的σ_b约为 0.2 kgf/mm^2),成形压力比传统压力降低了 2~3 个数量级,即由传统成形的几千个、几百个大气压,降低到几十个、几个大气压。可以一次进行很大的变形,制成轮廓清晰、形状复杂的零件,而且成形表面精致,几乎与接触模具具有同等的表面质量。用于气压成形的材料主要有:锌铝合金、钛合金、不锈钢和铜基合金等。

(3)超塑性模锻和挤压。

超塑性模锻和挤压过程均为等温压缩变形过程,故又称超塑性等温模锻和等温挤压。这种工艺是使被压缩金属处于最佳超塑性温度与速度范围内变形,同时在成形过程中模具与工件是等温的,或接近等温的。这样可改善金属流动性和降低成形力,一次压缩中可得到变形量大、形状复杂的零件,减少了中间热处理等辅助工序,零件组织均匀,无残余应力。

等温模锻和等温挤压过程是在封闭模具中进行的。零件的几何形状和摩擦因素起着重要作用,有可能引起金属不能充满型腔。但成形保压时间一旦延长则可克服上述缺点,能从模具上复制出精细的制品,包括很薄的筋条和清晰的棱角形状。

(4)无模拉拔。

无模拉拔是利用超塑性材料对温度及应变速率的敏感性,用感应线圈进行局部加热,使变形部分材料处于超塑性状态下被拉拔,同时控制拉拔速度,就可进行无模拉拔加工。可拉拔成光滑的等截面,如棒状制品,也可以拉成不等截面的制品,其工作原理如图 4.43所示。将被加工的超塑性材料的一端固定,

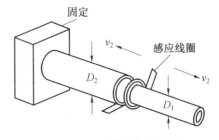

图 4.43   无模拉拔示意图

另一端加上载荷,中间有一个可移动的感应线圈。当线圈通电,材料被加热成超塑性状态,通过控制线圈移动速度与拉伸速度,可制出图 4.44 所示的任意断面的棒材与管材的零件。

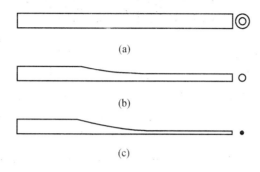

图 4.44 用无模拉拔加工的产品

在变形过程中,断面收缩率 ψ 为

$$\psi = \frac{100\,v_1}{v_1 + v_2} \tag{4.55}$$

式中 v_1——试样拉拔速度;

v_2——感应线圈移动速度。

根据相同的原理,也可以利用不同形状的感应线圈将材料的不同部位加热到不同温度,并控制不同的移动速度,再利用通—断—通—断等方式制出零件。

以上只是超塑性成形应用的几个方面,此外,还有薄板模压成形(偶合模成形),模具型腔的超塑性成形、超塑性拉深、超塑性成形与扩散联结(SPF/DB)等工艺。随着超塑性技术的发展,超塑性将对塑性加工领域产生重要的影响。

第5章　金属塑性变形的尺寸效应

在金属材料塑性变形过程中,随着工件尺寸变化减小,金属材料的应力－应变关系、成形性能等表现出与传统尺寸工件不同的特点,并对金属材料的成形过程产生重要影响,这一现象被业界称为尺寸效应或尺度效应。由于精密成形及微成形的推广与应用,近年来围绕尺寸效应的研究受到各行各业的重视,大量关于金属塑性变形尺寸效应的研究被相继报道出来。金属塑性变形尺寸效应的存在不仅影响到材料的基本力学行为及塑性流动行为,还影响到成形工艺的稳定性和可控性,因此尺寸效应的研究是解决工程实际问题的迫切需要,是金属塑性成形技术发展过程中的关键技术难题。通过对金属塑性变形的尺寸效应讲述,介绍金属塑性变形中尺寸效应的分类及相关理论研究,并讨论尺寸效应在塑性成形过程中对金属材料性能的影响,从而为微尺寸金属塑性成形的工艺设计与优化、微尺寸金属制件质量的升级提供试验性的思路和理论性的指导。

5.1　尺寸效应概述

到目前为止,针对尺寸效应的定义还没有统一的界定,概括地说,所谓的尺寸效应是指在金属塑性成形过程中由工件制品整体或局部尺寸的缩小、减薄等引起的塑性成形机理及材料变形规律表现出不同于传统金属塑性成形过程的现象。究其原因,目前普遍认为与传统的金属塑性成形相比,小尺寸工件的金属塑性成形虽然几何尺寸及相关工艺参数在减小,但其材料微观晶粒度、表面粗糙度等参数却保持不变,进而使得金属材料的成形性能、变形规律以及摩擦等表现出特殊的变化。

金属塑性变形中尺寸效应的存在会使得金属材料在塑性成形过程中表现出不同的应力载荷大小及应变分布,具体的材料性能与行为规律可通过塑性成形试验体现出来。如在平均晶粒尺寸约 $50\ \mu m$ 的 CuZn36 黄铜薄板拉伸试验中发现,随着板厚由 $500\ \mu m$ 下降至 $100\ \mu m$,材料的单轴拉伸强度大幅度下降。为此构建一种考虑尺寸效应的力学模型,如式(5.1)所示:

$$F(\lambda, \overline{\varepsilon}) = 1 - \exp(-a_0\lambda + b_0)(-c_0\overline{\varepsilon} + d_0) \qquad (5.1)$$

式中　F——流变应力,MPa;

　　　λ——尺寸因子,试样的厚度,mm;

　　　$\overline{\varepsilon}$——等效应变;

　　　a_0、b_0、c_0、d_0——材料参数。

可以看出,金属材料的尺寸效应主要与试样厚度和晶粒的平均尺寸相关。

为了更加清晰地探究尺寸效应对材料性能的特殊影响,引入 T/D 值(试样厚度/晶粒尺寸)。在冷轧、再结晶退火后不同晶粒尺寸($75\sim480\ \mu m$)的 99.999% 高纯铝单轴拉伸试验中,当 $T/D<1$ 时,流动应力随 T/D 值变化不大,且与 T 值(试样厚度)、D 值(晶粒尺寸)的绝对值无关。所有的晶粒均含有两个自由表面,一部分为软区,位于中心部分;另一部分为硬区,位于晶界区域,在晶粒转动和形变过程中,软区部分较硬区所受约束较少。当 $1<T/D<3$ 时,流动应力随 T/D(T 为定值)值的增加显著增大,表面晶粒数量增加,导致表面晶界阻碍晶粒的转动和形变,材料的变形抗力增加,此时单一的 Hall-Petch 公式不再适用。

在铝合金和硬黄铜薄板的拉伸和弯曲试验中也存在相似规律,当 $T/D>1$ 时,其屈服强度和抗拉强度随着 T/D 值的减小而减小,直到 T/D 接近 1;当 $T/D<1$ 时,屈服应力随 T/D 值的减小而增大。在厚度为 $100\sim600~\mu m$ 的纯铜箔单轴拉伸和微胀形试验中,T/D 值介于 $1.2\sim16.7$ 之间时,纯铜箔的流动应力则随 T/D 值的减小而减弱,同时晶界特性呈现特殊的规律,如晶界厚度随晶粒尺寸的减小而减小,晶界的体积分数随晶粒尺寸的减小、应变增加以及 T/D 的增大而增加,如图 5.1 所示,晶粒的大小、形状和取向对变形有显著的影响,导致得到的试验数据分散、变形不均匀。

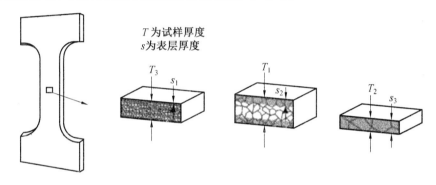

图 5.1　表面晶粒和心部晶粒的体积比

大量研究表明金属塑性变形的尺寸效应有的是由材料的滑移阻力、晶界和界面约束等内在因素引起的,被称为内在的尺寸效应;有的是与试样外形尺寸相关的,被称为外在的尺寸效应;但是实际加工过程中的材料塑性变形问题,常常是与上述两个因素的综合作用(通常可用 T/D 值来衡量)相关的,要综合考虑晶粒大小和试样特征尺寸对流动应力的影响,甚至要充分考虑弯曲、扭转、压印等变形方式对于流动应力、应变状态的影响。

5.2　金属塑性变形尺寸效应的分类

金属塑性变形中的尺寸效应可以分为两类:第一类尺寸效应和第二类尺寸效应。第一类尺寸效应是指能够根据相似原理解释或能采用传统力学模型推导、模拟分析的现象。比如在小尺寸工件拉深成形过程中,随着制件几何尺寸的减小,制件的表面积与体积的比值逐渐增大,从而导致摩擦的增大,即摩擦力与总的拉深力比值增大,继而使得材料的变形抗力等增加,即呈现"越小越强"的现象。第二类尺寸效应是指那些不能根据相似原理或采用传统力学模型解释推导及模拟分析的现象。比如在小尺寸工件的拉伸试验中,随着试样尺寸的减小,流动应力也相应减小,即呈现"越小越弱"的现象。

金属塑性变形过程中的这一尺寸效应分类在概念上比较清晰,可以很容易区分不同类型的尺寸效应。但是在具体的金属塑性成形问题中,如相关实际金属塑性成形工艺的分析计算,并没有实质性的帮助。人们更多关注的是在金属塑性成形过程中材料的成形性能、变形规律、工艺性质等方面的尺寸效应对成形过程和制件质量的影响规律和影响程度,并对金属塑性成形过程进行系统设计和工艺优化。基于此,结合金属塑性变形特点可将金属塑性变形中的尺寸效应分为金属材料本征尺寸效应和塑性成形工艺尺寸效应。将金属材料本征尺寸效应与塑性成形工艺尺寸效应区别开来,将更有利于分析金属塑性变形过程中尺寸效应的本质,也将更好地为构建有效的本构关系、优化工艺模拟分析、提升塑性成形质量提供理论参考。

5.2.1　金属材料本征尺寸效应

金属材料本征尺寸效应是指由于金属材料本身物理、化学或几何等属性的影响,金属材料在典型性能试验条件下的微尺寸变形规律表现出不同于宏观尺寸规律的现象。具体表现为材料的晶粒尺寸和形貌、变形区最小几何尺寸及特殊的变形性能如超塑性等对金属材料微尺寸性能的影响,特别是对金属材料的成形性能产生重要影响。

目前金属材料的成形性能研究主要针对金属材料的塑性变形问题。金属塑性变形过程中材料的非均匀塑性变形问题是客观存在的普遍现象,且随着工件加工尺寸的不断减小,金属材料的非均匀塑性变形问题愈发明显。在纯铜微镦粗试验中,随着坯料尺寸的减小或晶粒尺寸的增大,变形后试样表面凸凹不平程度逐渐增加,如图 5.2 所示。随着变形区内晶粒数量减小,晶粒间变形协调性变差,材料的非均匀变形程度增加。在纯铜微正挤压、微反挤压及双杯微挤压成形试验中也存在相同的金属材料成形性能尺寸效应的规律。

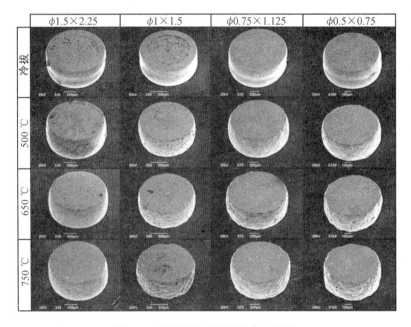

图 5.2　微镦粗变形试样的表面形貌

尤其在弯曲试验中,随着试样厚度 T 或 T/D 值减小时,试样的最大弯曲力和屈服强度逐渐降低,但当厚度方向上只有一个晶粒时,却出现了最大弯曲力和屈服强度上升的现象,这是尺寸效应在成形性能上较直观的表现。事实上,无论单一尺寸方向,还是多方向的尺寸变化,都会导致材料的变形规律及成形性能发生改变,特别是材料的成形极限与充填能力的改变尤为明显。

例如在 SE－Cu58 低磷无氧铜的胀形试验中,当试样板厚尺寸从 0.5 mm 减小到 0.025 mm 时,试样破坏时的最大应变从 0.25 减小到 0.05,如图 5.3 所示。

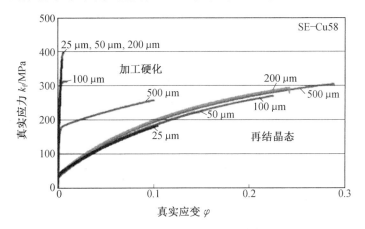

图 5.3 再结晶态 SE－Cu58 箔材真实应力－应变曲线

CuZn30 黄铜薄板弯曲试验中,对于板厚为 1.625 mm 的试样,细晶粒板材和粗晶粒板材的硬度增长曲线相似,晶粒尺寸对变形分布(即硬度分布)的影响不明显;而对于板厚为 0.025 mm 的试样,经微弯曲处理后,粗晶粒板材内部硬度的增加幅度相对较大,塑性变形向内部区域渗透,微弯曲处理对细晶粒板材内塑性变形分布的影响不明显。

晶粒尺寸的变化也影响着材料的充填行为和成形性能。如在多晶体微型槽模压试验中,如图 5.4 所示,当晶粒尺寸与模具槽宽尺寸比小于 0.5 时,L5 纯铝材料的充填能力随着晶粒尺寸增加而降低;当晶粒尺寸与模具槽宽尺寸比大于 0.5 小于 1.0 时,L5 纯铝材料的充填能力随着晶粒尺寸增加而明显增大。

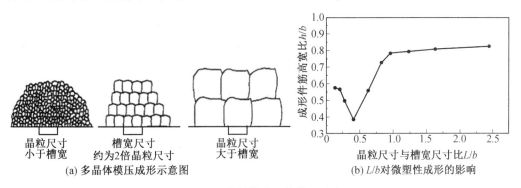

图 5.4 多晶体微型槽模压试验

　　流动应力是指金属材料在简单受力状态下产生塑性变形流动所需要的应力,是衡量金属塑性的一个重要指标。在金属塑性变形过程中,金属材料的塑性呈现的尺寸效应现象最为明显,而流动应力在这个过程中的变化也尤为显著。如在黄铜及铜合金微圆柱体镦粗变形试验中,材料的流动应力随着微型圆柱直径减小而降低。而在纯铜微型镦粗试验中,随试样尺寸减小或晶粒尺寸增大,材料流动应力降低,且流动应力波动性增加,如图5.5所示。Zr65Cu17.5Ni10Al7.5非晶合金的单向压缩试验中也发现类似规律,流动应力并不是随着试样尺寸减小而减小,而是随着试样尺寸减小呈现增加趋势,呈现与晶体材料不同的趋势,究其原因就是塑性变形过程中发生了尺寸效应。

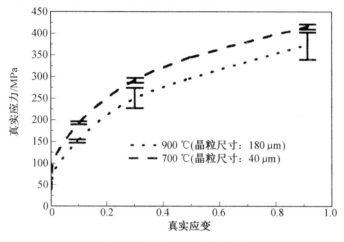

图5.5　微镦粗流动应力曲线

　　除了体积成形存在尺寸效应以外,板材成形的过程中也呈现很多尺寸效应的规律。如在白铜薄板的单向拉伸试验中,试样厚度减小导致薄板材料的流动应力显著降低。厚度从 25 μm 到 500 μm 的 SE－Cu58 再结晶低磷无氧铜板材的单向拉伸试验中,流动应力具有明显的试样尺寸依赖性,且随着坯料厚度的增加而增加。对于纯镍板,T/D 值也对流动应力产生影响,随着厚度晶粒尺寸比的减小,材料的流动应力逐渐降低,如图 5.6所示。

　　可以看出,金属塑性成形过程中材料的流动应力表现出明显的试样尺寸依赖性,当试样尺寸越小,其流动应力越低。而当试样尺寸降低时,流动应力较低的表层晶粒所占的比重增加,导致材料整体变形抗力的减小,即出现了流动应力降低的现象。试样尺寸的减小或晶粒尺寸的增加都会导致变形区内晶粒数量减少。此时,各向异性的单个晶粒对材料力学性能的影响越来越大,晶粒尺寸分布的不均匀性加剧了材料的非均匀性,就会导致不同试样之间的材料力学性能差别较大,其波动性随试样尺寸减小或晶粒尺寸增大而增加。

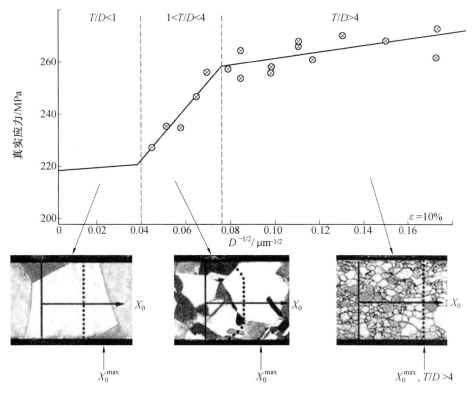

图 5.6　微拉伸流动应力曲线

5.2.2　塑性成形工艺尺寸效应

塑性成形工艺尺寸效应是指在具体的金属塑性成形工艺中由微尺寸的边界条件的复杂性、非线性造成的金属材料在成形机理、变形规律及成形所需工艺条件等方面表现出的与宏观成形过程中不同的现象。必须指出的是,塑性成形工艺尺寸效应是在充分考虑了金属材料本征尺寸效应后具体金属塑性成形工艺中仍发生的区别于宏观尺寸变形的效应。比如在微弯曲中变形区应变场和回弹的变化、微冲裁中冲裁变形区应变场和冲裁断面的特殊变化、微拉深中极限拉深比和耳值的变化等现象。特别的是,在金属微尺寸的塑性变形过程中金属材料与模具之间存在相对运动就不可避免地产生摩擦行为,导致金属塑性变形过程中金属材料表面宏观塑性变形及表面微观形态变化都不是按照几何比例等比例变化的,已经考虑金属材料本征尺寸效应的理论计算结果与实际测量结果之间仍然存在差距。

摩擦尺寸效应最直接的表现就是摩擦系数的变化,摩擦尺寸效应会因为引起表面压力的改变而影响金属材料的塑性变形。在纯铜微型圆环压缩试验中,当圆环外径尺寸从 4.8 mm 减小到 1.0 mm 时,材料的摩擦系数随之升高,从 0.12 显著增加到 0.22。在微挤压过程中干摩擦时晶粒尺寸对摩擦系数的影响不明显,但是在使用润滑剂时摩擦系数随着晶粒尺寸的增加而降低。微成形中围绕摩擦系数随试样尺寸减小而增加的现象建立了开式和闭式凹坑模型,如图 5.7 所示,在该模型中考虑液体润滑的条件,位于试样表面中心区域的"谷"形成存储润滑剂的封闭区域,即闭式凹坑,在模具载荷作用下起到增加接触面积,降低摩擦系数的作用;而试样边缘区域在模具载荷作用下由于润滑剂发生泄漏而形成无法存储液体润滑剂的"谷",即开式凹坑,因此接触面积降低,摩擦系数增加。图5.8所示为不同尺度下的微塑性成形过程中摩擦尺寸效应的试验和仿真拟合结果。

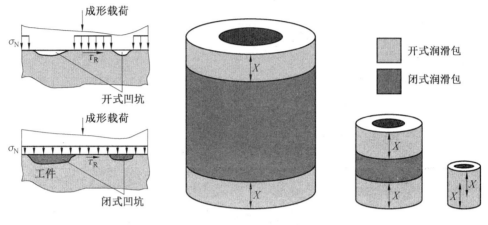

图 5.7　开式与闭式凹坑模型

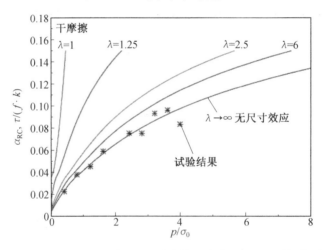

图 5.8　不同尺度下的微塑性成形过程中摩擦尺寸效应的试验和仿真拟合结果

　　尽管在理论计算中充分考虑金属材料本征尺寸效应,但由于金属塑性成形工艺过程中摩擦尺寸效应的存在,因此理论计算的成形力,如微弯曲中的弯曲力、微冲裁中的最大冲裁力、微拉深中拉深力和压边力,与试验所测值之间的差距进一步增加,进而影响微尺寸金属塑性成形工艺条件,包括载荷、边界条件等的选择和优化,使得金属塑性成形工艺过程变得更为复杂。通过将塑性成形工艺尺寸效应单独划分研究,有利于深入分析金属塑性变形尺寸效应的本质原因,从而为优化微尺寸金属塑性成形工艺,提升制件质量提供了思路,同时也为微尺寸金属塑性成形本构关系的构建与微尺寸塑性成形过程模拟提供基础性工艺指导。

5.3　金属塑性变形尺寸效应的理论基础

Hall－Petch 关系式是对尺寸效应的最早描述,其具体形式为

$$\sigma_y = \sigma_0 + k_y D^{-1/2} \tag{5.2}$$

式中　σ_y——屈服应力;

　　　D——平均晶粒尺寸;

　　　k_y——材料常数。

根据 Hall－Petch 关系可知随晶粒尺寸的平方根的减小,屈服应力呈线性的增大。CuZn37 黄铜箔的单向拉伸试验验证了"越小越强"的现象,如图 5.9 所示,由于材料表面存在比材料本身更硬的氧化膜或钝化层,表面薄膜阻碍晶粒的变形和变形时位错的滑出,而随着材料试样厚度的减小,氧化层或者钝化层所占的比例增大,因此材料的整体真实应力增大。

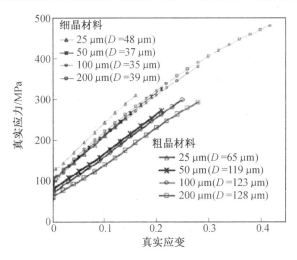

图 5.9　不同厚度的 CuZn37 黄铜箔的真实应力－应变曲线

当薄板厚度不变时,屈服应力与晶粒尺寸平方根的倒数之间不再是线性变化,而是出现了变化的斜率。如在铁和纯铜薄板试验中,随着晶粒尺寸逐渐减小,Hall－Petch 关系式的斜率大大降低。而当厚度方向只有一个或几个晶粒时,大部分晶粒都处于自由表面层,Hall－Petch 关系式已不再成立。因此,内在的和外在的尺寸效应对屈服应力存在交互的影响,如图 5.10 所示。

一些学者认为随着晶粒尺寸逐渐减小,塑性变形的机理在发生变化。随着晶粒尺寸由大变小,塑性变形的主要机理由统计存储位错的滑移变为几何必须位错的形成(两者均为位错引致的塑性变形),再变为晶界滑动等。塑性变形机理的变化必然导致材料的流动应力和成形极限呈现出相应的变化,如出现 Hall－Petch 关系和反 Hall－Petch 关系的转变,如图 5.11 所示。因此传统的材料模型不能准确地描述金属塑性变形过程中的尺寸效应,而发展新的材料模型并研究尺寸效应的机理理论显得十分必要。目前针对金属塑性变形尺寸效应的机理理论包括表面层模型、应变梯度硬化模型、位错密度晶体塑性模型、纳米晶材料理论模型及非晶材料理论模型等。

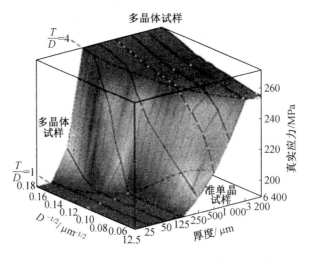

图 5.10　真实应力与晶粒尺寸以及试样尺寸的关系

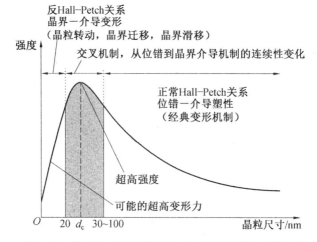

图 5.11　晶粒尺寸与多晶体强度和塑性变形机理的关系

5.3.1　表面层模型

表面层模型最早由 Geiger 等提出,用于分析表面为自由表面的试样所呈现出的"越小越弱"的尺寸效应。表面层模型采用试样内部晶粒和表面层晶粒流动应力的体积平均来计算材料的整体流动应力,具体形式可写为

$$\sigma = \eta\sigma_{表面} + (1-\eta)\sigma_{内部} \tag{5.3}$$

式中　η——表面层所占的体积分数;

　　　　$\sigma_{表面}$ 和 $\sigma_{内部}$——材料表面层晶粒和内部晶粒的流动应力。

由于表面层晶粒中位错可以自由滑出试样表面,硬化程度较低,故有 $\sigma_{表面} < \sigma_{内部}$。将试样内部晶粒划分为晶界与晶内两部分,其中晶界部分强度较高,同时认为表面层晶粒不包含晶界,这种模型称为晶粒的复合模型,两部分流动应力的计算公式分别为

$$\sigma_{表面} = \sigma_{晶内} \tag{5.4}$$

$$\sigma_{内部}=\sigma_{晶粒}=f_{晶界}\sigma_{晶界}+(1-f_{晶界})\sigma_{晶内} \tag{5.5}$$

式中　$\sigma_{晶粒}$——单个晶粒的应力；

　　　$\sigma_{晶界}$ 和 $\sigma_{晶内}$——晶界和晶内的应力；

　　　$f_{晶界}$——晶界占整个晶粒的体积分数。

将材料的表面层和材料内部分别处理为单晶体和多晶体时,则

$$\sigma_{表面}=\sigma_{单晶体}=M\tau_R \tag{5.6}$$

$$\sigma_{内部}=\sigma_{多晶体}=M\tau_R+k/\sqrt{d} \tag{5.7}$$

式中　M——滑移系取向因子；

　　　τ_R——滑移系上的分解剪切应力；

　　　k——常数。

表面层所占的体积分数 η 要根据试样的几何形状以及试样尺寸与晶粒尺寸之比 T/D 计算。而建立合理的表面层模型的关键在于如何分别建立表面层和内部的应力－应变关系,这通常要拟合不同试样尺寸与晶粒尺寸之比的试验数据确定。

表面层模型已被广泛应用于多种微成形工艺,如采用表面层模型可以模拟纯铜圆柱件和圆环件的微镦粗变形,同时也可以预测 $100\sim600~\mu m$ 的纯铜箔晶粒大小和板料厚度对微弯曲回弹角的影响,分析 T/D 值对自由弯曲时弯曲力的影响。但表面层模型具有一定的局限性,如它不适用于工件表面有钝化层的情况,即不能描述"越小越强"的尺寸效应,对于工件表面受模具约束的情况,如挤压成形也不能采用表面层模型。特别地,表面层模型也不适用于试样的几何尺寸接近晶粒尺寸的情况。

表面钝化层对材料的性能有很大的影响。在某些情况下,钝化层的存在甚至可以使屈服应力提高几倍。表面附有钝化层的薄板在变形过程中,厚度对流动应力的影响要明显高于晶粒尺寸的影响,此外在卸载过程中材料还表现出明显的包辛格效应。但是目前钝化层模型还只是应用于定性的解释,没有定量的模型。

5.3.2　应变梯度硬化模型

为了描述微小试样中出现的应变梯度硬化现象,多种相关的理论模型被提了出来。应变梯度模型的实现有两种方式:在 Taylor 模型的位错密度上添加几何必须位错项,或者将描述微观尺寸的内禀尺寸耦合到经典塑性力学本构方程中。其中,最有代表性的是 Fleck－Hutchinson 应变梯度塑性理论(FH－SG)和 Nix－Gao 应变梯度塑性理论(NG－SG)。内禀尺寸是应变梯度硬化模型的关键参数之一,具有长度量纲,其作用是使屈服函数中的应变梯度与应变在量纲上保持一致。内禀尺寸一般认为有几个微米,但具体数值还与材料的剪切模量 G、屈服强度 σ_y 以及 Burgers 矢量 $\boldsymbol{b}$ 有关,如式(5.8):

$$l=M^2\alpha^2 b\,(G/\sigma_y)^2 \tag{5.8}$$

FH－SG 理论和 NG－SG 理论都是基于 J2 经典塑性流动理论发展到尺度相关领域。当材料的几何尺寸比内禀尺寸大到一定程度时,FH－SG 理论和 NG－SG 理论又退化为 J2 经典塑性流动理论。两者都将应变梯度引起的尺寸效应归因于几何必须位错,区别在于耦合应变与应变梯度的方式。而正是这个区别导致对于相同的计算对象,NG－SG 的内禀尺寸要比 FH－SG 的大。FH－SG 理论将内禀尺寸与几何必须位错越过障碍

后运动的距离联系起来,NG－SG 理论则将内禀尺寸与几何必须位错之间的距离联系起来。FH－SG 理论是在高阶连续介质理论框架下发展的 J2 经典塑性流动理论,除了考虑经典应力与应变互为功共轭量,还引入了与高阶应力共轭的应变梯度。FH－SG 理论的适用范围广,但用于有限元计算时需要引入高阶单元及非标准的边界条件和高阶应力,不便于应用推广。NG－SG 理论是根据 Taylor 剪切屈服应力和位错密度的关系式推导出的考虑应变梯度影响的硬化模型,是将总位错密度考虑为统计存储位错密度(SSDs)和几何必须位错密度(GNDs)的线性组合,分别表示均匀应变和应变梯度对材料硬化的影响。NG－SG 理论不需引入非标准的边界条件和高阶应力,便于应用。

相对于经典的塑性理论,NG－SG 提高了硬化率,而对屈服强度的影响不大;FH－SG 则提高了屈服强度,而对硬化率影响不大。通过在模型中添加适当的系数来调节硬化率与屈服强度,可以使计算结果与测量值更接近。例如对 NG－SG 模型修正,将流动应力 σ 表示为传统的等效应变 $\overline{\varepsilon_C}$ 和等效应变梯度 $\overline{\varepsilon_G}$ 的函数:

$$\sigma = K \left[f^{\varphi}(\overline{\varepsilon_C}) + f^{\varphi}(\overline{\varepsilon_G}) \right]^{\frac{1}{\varphi}} \tag{5.9}$$

$$\overline{\varepsilon_G} = l \nabla \varepsilon, \quad \nabla \varepsilon = \rho_G b \tag{5.10}$$

式中　l——材料的内禀尺寸;

　　　$\nabla \varepsilon$——塑性应变梯度;

　　　ρ_G——几何必须位错密度。

晶界(包括孪晶界)一方面阻碍 SSDs 的滑移造成硬化,另一方面减弱 GNDs 对相邻的其他晶粒中位错的影响,从而弱化了 GNDs 的硬化效果。为了考虑这种弱化效应,将NG－SG 模型中内禀尺寸 l 的计算公式除以试样在应变梯度方向晶粒的个数 n_G(孪晶也视作晶粒),即

$$l = 18\alpha^2 b (G/\sigma_{s0})^2 / n_G \tag{5.11}$$

利用修正的 NG－SG 模型可以预测纯铝箔和 CuZn37 黄铜箔微弯曲变形的弯矩和回弹角。如图 5.12(a)所示,考虑应变梯度硬化效应的计算模型能够反映试验结果中的尺寸效应;而采用考虑了厚度方向晶粒数目的内禀尺寸公式结果更接近试验结果。图5.12(b)中,修正的 NG－SG 硬化模型计算结果与 CuZn37 黄铜的试验结果吻合更好。

应变梯度塑性理论还处于探索研究阶段,远未形成经典塑性理论那样完善的理论体系。对材料特征尺度的物理解释未形成统一的认识,对梯度效应虽然一致地解释为由几何必须位错引起的,但在本构关系中并未建立起与几何必须位错的直接联系,因此仍属于现象学模型。

5.3.3　位错密度晶体塑性模型

在晶体塑性模型框架下,以位错密度作为内变量,建立位错密度相关的流动方程、硬化方程以及位错密度演化方程,可从塑性变形微观机理上描述多晶体材料的塑性变形行为,如由塑性变形导致的位错增殖和硬化,以及由回复、再结晶等导致的位错湮灭和软化,从而提高晶体塑性模型的预测能力。此外,由于位错密度模型自然地引入了位错运动平均自由程、Burgers 矢量等微观特征尺寸,因此采用基于位错密度的材料模型便于研究微尺度塑性变形过程中位错平均自由程对材料内禀尺寸的影响。

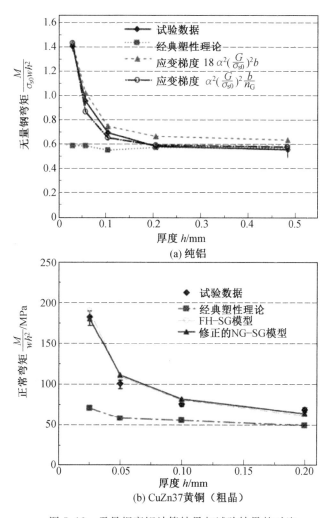

图 5.12　无量纲弯矩计算结果与试验结果的对比

位错密度包含 SSDs 和 GNDs,当仅考虑 SSDs 的影响时,可以采用经典的 Taylor 方程建立滑移阻力与位错密度之间的硬化模型,即

$$\dot{\rho}^{\alpha} = f(\dot{\gamma}^{\alpha}, \tau^{\alpha}) \tag{5.12}$$

$$g^{\alpha} = \mu b \sqrt{\sum \beta G^{\alpha\beta} \rho^{\beta}} \tag{5.13}$$

式中　$\dot{\rho}^{\alpha}$、$\dot{\gamma}^{\alpha}$ 和 τ^{α}——滑移系 α 的位错密度、滑移量和分解剪切应力;

　　　　g^{α}——滑移系 α 的参考剪切应力;

　　　　μ——剪切模量;

　　　　b——伯氏矢量的大小;

　　　　$G^{\alpha\beta}$——滑移系 α 在滑移系 β 的剪切分量;

　　　　ρ^{β}——滑移系 β 的位错密度。

采用位错密度晶体塑性模型,可探究纯铜单晶微压缩成形中边界约束产生的非均匀应力场对位错亚结构演化和应力—应变响应的影响,以及初始晶粒取向、试样几何形状

（直径/高度比）及摩擦系数对形状失稳和晶粒取向演化的影响。多晶纯铜微拉深成形中板料厚度和晶粒大小对载荷行程曲线和极限拉深比的影响，也与位错密度晶体塑性模型相对吻合。

但是，上述模型仍无法描述微尺度下由非均匀塑性变形引起的强化效应及 GNDs 的演化，即二阶尺寸效应。通过引入 GNDs，可以建立非局部的材料模型，用于研究二阶尺寸效应。GNDs 可以通过 Nye's 位错密度张量 Λ 求解：

$$\Lambda = -(\nabla_X \times F_P^T)^T / b \tag{5.14}$$

$$\dot{\Lambda}^\alpha = -\dot{\rho}_{GNDs}^\alpha S^\alpha \otimes S^\alpha - \dot{\rho}_{GNDet}^\alpha S^\alpha \otimes t^\alpha - \dot{\rho}_{GNDen}^\alpha S^\alpha \otimes n^\alpha \tag{5.15}$$

式中　$\dot{\Lambda}^\alpha$——张量 Λ 在滑移系 α 中的速率分量；

　　　　∇_X——物质坐标梯度算子；

　　　　F_P——塑性变形梯度；

　　　　S^α、n^α 和 t^α——滑移系 α 的滑移方向、法向和切向速率分量；

　　　　$\dot{\rho}_{GNDs}^\alpha$、$\dot{\rho}_{GNDet}^\alpha$ 和 $\dot{\rho}_{GNDen}^\alpha$——滑移系 α 上 3 个几何必须位错密度分量。

微米和亚微米尺度下 GNDs 对塑性变形有重要影响，但对 GNDs 影响塑性变形的机理及引入 GNDs 影响的方法仍有不同的观点。首先，GNDs 的聚集会像 SSDs 一样阻碍移动位错的运动，从而引起流动应力升高，这个效应可以通过在方程（5.14）中引入各滑移系的 GNDs 分量描述。有些学者认为，由于 GNDs 有极化特性（同号位错），会形成阻碍位错运动的背应力，其值需要通过对 GNDs 求梯度来计算。还有学者认为 GNDs 的作用应该包含上述两种效应，为此在 GNDs 的作用中加入引起滑移阻力增强的耗散强化和引起自由能增加的能量强化进行计算。

当将局部的连续介质力学运动学方程推广到考虑梯度强化的非局部运动学方程中时可以采取不同的方法。当前的梯度强化晶体塑性理论可分为功共轭和非功共轭两大类。其中功共轭类的材料模型通常包含与塑性应变梯度共轭的高阶应力，其优点是具有严格的理论基础，但由于引入了高阶应力和边界条件，限制了其在现有有限元软件中的应用，因此还无法应用到存在接触边界的金属成形模拟中。当前，用在金属成形尺寸效应研究中的非局部晶体塑性模型主要是非功共轭的。这类模型可以描述不同取向的晶粒塑性变形不均匀导致晶界附近应变梯度很大、会明显聚集 GNDs 的现象。晶粒越小，应变局部化和 GNDs 聚集越明显，晶界处聚集 GNDs 所占位错密度的比重越大，其对 Hall－Petch 效应的贡献越大。通过在非局部晶体塑性模型中引入位错无法穿透的晶界，研究亚微米和纳米级多晶体薄膜单向拉伸变形，发现薄膜的屈服强度和应变硬化与晶界体积分数呈线性关系，厚度与晶粒大小比值和滑移系取向对薄膜塑性变形性能也有重要影响。采用非局部位错密度晶体塑性有限元法模拟 fcc 多晶体材料的塑性变形，可以看到 SSDs 分布近乎与尺度无关，最高的 SSDs 出现在晶粒中心部分，因为该区域远离晶粒边界，塑性滑移更容易。相反地，GNDs 主要聚集在晶界处，且表现出明显的尺度相关性，试样尺寸越小，GNDs 值越大，强度越高。

非局部位错密度晶体塑性模型能够考虑钝化层对位错运动的阻碍作用，从微观机理角度解释"越小越强"的现象。由于钝化层与晶界对塑性变形与位错有类似的作用，因此表面为钝化层的薄膜,不仅 GNDs 在钝化层附近的聚集会导致"越小越强"的尺寸效应,而且 GNDs 引起的背应力会导致钝化薄膜比自由表面薄膜具有更明显的包辛格效应。在单向拉伸等均匀加载的塑性变形中,与 GNDs 有关的尺寸效应主要是由晶粒间非均匀变形引起的;而在微弯曲这类具有宏观应变梯度的塑性变形中,GNDs 的作用与应变梯度效应和晶粒间非均匀变形都有关。采用非局部位错密度晶体塑性模型进行多晶体微弯曲试验和模拟时,细晶与粗晶薄板微弯曲后沿厚向的硬度分布(反映了总的位错密度分布)呈现不同的特点:细晶薄板的硬度分布和传统弯曲相似,中性层附近的硬度值最低,而粗晶材料中性层附近的硬度值却不是最低的。非局部位错密度晶体塑性模型也被用于研究微尺度纯剪切变形中的尺寸效应,即薄板厚度越小,剪切强度越高。

5.3.4　纳米晶材料理论模型

金属材料微成形的典型特征是试样的几何尺寸接近于晶粒尺寸,这导致变形区的晶粒数减少,容易出现非均匀塑性变形,并影响零件的精度,如在微挤压试验中,采用粗晶材料时挤入模具型腔的晶粒数少,出现明显的非均匀变形并产生大量的滑移带。在微成形中采用超细晶(100 nm～1 μm)和纳米晶(100 nm 以下)材料,可以有效地降低变形非均匀性,使微零件获得更好的尺寸精度和表面质量,同时这些材料的强度高、塑性好,因此受到业界重视。

但是,纳米晶材料具有与传统多晶材料不同的塑性变形机理和特点。试验和分子动力学模拟发现,纳米晶材料内的晶界和晶界三叉点的体积分数大大增加,而晶粒内部缺陷数少,位错难以形核、增殖,位错运动对塑性变形的贡献减少,直至几乎可以忽略,其塑性变形主要由晶界的滑动等机理产生,会出现反 Hall－Petch 效应,如图 5.11 所示。因此,传统的基于连续介质力学理论的材料模型难以描述纳米晶材料的塑性变形行为。针对纳米晶材料的变形特点,研究人员提出了新的理论模型,从长度尺寸可划分为:原子尺度模拟(如 MD)、微米和亚微米尺度(DDD)和改进的连续介质力学模型(如晶体塑性模型)。

MD 模拟可以从原子尺度揭示纳米晶材料塑性变形的微观物理机理。通过对晶粒大小为 30 nm 纳米晶铜和纳米晶镍的 MD 模拟发现,纳米晶粒可以通过晶界滑动和部分位错运动来协调外部载荷,从而产生塑性变形。利用 MD 模拟还可以研究 fcc 纳米晶材料塑性变形过程中的晶界扩散蠕变、位错－位错交互作用和位错－孪晶交互作用机理。将DDD 模型嵌入到晶体塑性有限元框架下,可对亚微米－纳米级尺度下铜单晶微压缩试验观察到的位错缺乏引起的强化效应进行分析。但必须知道 MD 和 DDD 模拟的明显的局限性在于极大的计算成本和极小的时间尺度(纳秒级),因此难以满足实际工程应用的需求。通过引入新的变形机理,连续模型可作为纳米晶材料研究的有效手段。

纳米晶作为两相复合材料,其晶粒内部为夹杂,晶粒边界为基体,利用基于位错运动和 Crobe 蠕变机理的黏塑性模型和非晶材料模型对晶粒内部和晶界分别建模,可获得与纳米晶纯铜的单向拉伸曲线吻合较好的模拟结果。纳米晶材料的准离散非局部晶体塑性有限元模型则假设位错在一处晶界形核,滑移扫过晶粒内部而引起塑性变形,最终被另一处晶界吸收,这种形核－吸收耗尽过程被视为加工硬化的原因。将晶界视为非晶体材料,而晶粒内部视为晶体材料,用非晶体材料模型和晶体塑性模型对纳米晶材料进行复合建模,在有限元框架下可探究 fcc 纳米晶材料力学性能。而基于位错密度晶体塑性有限元法框架中加入晶界滑动模型和晶界－位错密度交互模型,同时考虑位错滑移和晶界滑动这两种机理及其它们之间的竞争关系,可以有效预测并在试验中观察到 Hall－Petch 效应。

5.3.5　非晶材料理论模型

非晶材料具有优异的物理和力学性能、极高的强度和硬度、良好的断裂韧性和抗腐蚀性。非晶材料在过冷液相区(SCL)具有极好的流动性,能够成形出具有极高的精度和表面光洁度的近净成形零件,非常适合加工微型零件。建立准确的材料模型是研究非晶材料微成形技术的基础。目前描述非晶合金在过冷液相区内本构关系的模型主要有扩展指数模型、虚拟应力模型和自由体积模型。

扩展指数模型能很好地描述黏度与应变速率的关系,适合描述牛顿流变行为,随着温度升高,非晶材料逐渐由牛顿流体转化为非牛顿流体,此时扩展指数模型则不再适用。自由体积模型虽然能较好地描述黏度与温度的关系,但不能定量描述非晶合金在过冷液相区的本构关系。虚拟应力模型能描述非晶材料黏弹性变形的各种特点,包括应力过冲现象,得到与试验相吻合预测的应力－应变曲线。苏红娟等对虚拟应力模型进行了改进,引入时间调整因子 Z',并采用遗传优化算法得到模型所需参数,提高了非晶材料应力－应变曲线峰值与稳态值的预测精度。修正的 Maxwell 黏弹性模型则可以描述应力－应变曲线的基本特点以及应变速率跃变效应。而利用 Maxwell－Pulse 本构模型,并采用蠕变应力公式描述应力－应变关系,可以获得应力－应变曲线和试验吻合得较好的结果,且能反映出应力过冲现象。

为了描述尺寸效应对流动应力曲线等材料塑性性能的影响,许多研究人员围绕尺寸效应发展了许多材料本构模型。其中一类模型通过引入晶粒相对尺寸、应变梯度硬化等因素,对经典的现象学模型进行修正。另一类模型引入位错密度的演化,能描述晶界和表面约束对位错运动的影响,将应变梯度硬化与几何必须位错密度联系起来,更好地解释了变形的物理机理。尽管对金属塑性成形过程中的尺寸效应的表现、理论、影响等的研究正在不断取得新的进展,但还未形成尺寸效应与材料力学性能指标较为成熟、系统的理论体系,因此还需研究人员在未来的研究工作中展开进一步研究和探索。

5.4　金属塑性变形尺寸效应对材料性能的影响

尽管对微成形尺寸效应和本构模型理论已有大量研究,但所得到的结果并不完全相同,甚至出现相反的结论,而且解释的角度也不完全相同。然而,在具体的金属塑性变形过程中,尺寸效应不可避免地对材料成形的性能产生特殊的影响,特别是变形过程中的尺寸变化与材料屈服强度、抗拉强度、延伸率、韧性等变化规律都有相互关联。通过对金属塑性变形尺寸效应对材料性能影响的学习,可以更好地了解尺寸效应的本质影响规律,基于此也能更好地对微尺寸的金属塑性成形进行设计与优化。

5.4.1　对材料屈服强度的影响

1. 晶粒尺寸对屈服强度的影响

在金属塑性成形中,拉伸试验表明材料屈服强度与晶粒尺寸大小成反比。如周健等根据铜箔单向拉伸试验获得应力-应变曲线,得出铜箔的屈服强度存在明显的尺寸效应,即随着晶粒尺寸减小所有厚度黄铜箔的屈服强度逐渐增大。通过 CuAl7 合金的压缩试验可知,合金的挤压屈服强度随着晶粒尺寸的减少而增加。在 AZ31 镁合金箔材微拉伸试验中也得到试样的屈服强度随着晶粒尺寸增大而降低。

导致上述拉伸和挤压试验现象的原因可从细晶强化理论进行分析,在多晶体材料中,晶界比晶粒内部的自由能高得多,晶粒越小,晶界滑动对塑性变形的贡献越大;同时,在已发生滑移的晶粒晶界附近,只有当位错塞积产生足够的应力集中,才能激发相邻晶粒滑移系中的位错源,随着晶粒细化,晶界的数量随之增加,产生足够位错塞积所需的外力值也更大,材料屈服所需的应力越大。晶粒细小的材料晶粒内部应变与晶界附近应变的差值比较小,变形均匀,产生应力集中进而引起开裂的机会也少;细小晶粒材料内部晶界的面积增大,不利于裂纹的扩展;同时细小晶粒材料内部缺陷较少,则不易引起开裂。

2. 厚度尺寸对屈服强度的影响

工件试样的厚度尺寸对材料屈服强度的影响比较复杂。在不同厚度的纯铝箔拉伸试验中,屈服强度随着箔厚的减小而增加,这是晶界效应导致更薄的金属箔能够展现更大的屈服强度和更大的流动应力。然而在热处理后的不同厚度铝薄板的单轴拉伸试验中,屈服强度随着板厚减少而降低,这则是试样自由表面晶粒对邻近表面晶粒的限制使得晶粒在一个大量的、明显的较低流动应力下发生变形,试样自由表面对材料力学性能产生作用。而在高纯铝箔的拉伸试验中,当试样厚度在 $5\sim20~\mu m$ 区间内时,随着厚度的减小屈服强度增加,而这与强氧化层的存在有关。

部分学者通过试验还发现,屈服强度与厚度并不是呈现单调递增或者递减的现象。通过对 304 不锈钢超薄板进行拉伸试验得到厚度对屈服强度的影响:随着厚度的减小,屈服强度先变小后增大。这一现象可以从两方面解释:即材料厚度为 $200\sim250~\mu m$ 时,屈服强度随着厚度的减小而降低,可根据表面层模型来解释屈服强度随着尺寸的减小而降低的现象;当材料厚度在 $20\sim200~\mu m$ 范围时,应变梯度效应的作用使得材料的屈服强度随着厚度的减小而增大。在铜箔微拉伸试验中,黄铜箔的屈服强度同时受到表层晶粒的弱化作用和应变梯度的强化作用的影响,在不同的厚度区间,它们的强弱不同使得屈服强度的变化趋势也随之发生改变。如图 5.13 虚线区间内,CuZn36 和不锈钢在一定厚度范围内,屈服强度随着厚度的增加发生剧烈变化;而其他材料屈服强度则随着厚度的变化而变化相对较平缓。至于为何会呈现如此不同的变化趋势,值得研究人员进行深入的研究探索。

3. 尺寸比值对屈服强度的影响

屈服强度并不随尺寸比值单调变化,其中尺寸比包括试样厚度与晶粒尺寸比和试样直径与晶粒尺寸比。在不同热处理后铝板材单轴拉伸试验中,弯曲屈服强度随厚度平均晶粒尺寸比的增大而先减小后增大,而拉伸屈服强度在厚度平均晶粒尺寸比大于 1 时,随

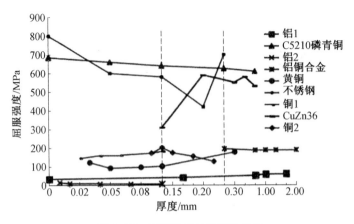

图 5.13　屈服强度与厚度的关系

着厚度平均晶粒尺寸比的增大而增大。当厚度晶粒尺寸比小于 6 时，屈服强度随着尺寸比值的增大而减小；当厚度晶粒尺寸比在 6～18 时，屈服强度随着尺寸比值增加而增加。而在铝铜合金拉伸试验中，由于晶粒尺寸效应和厚度尺寸效应，除了厚度在 0.25 mm 时，当厚度晶粒尺寸比小于 21 时，屈服强度随着比值的增加而增加；当比值大于 21 时，屈服强度几乎保持为常数。屈服强度与厚度晶粒尺寸比的关系如图 5.14 所示。

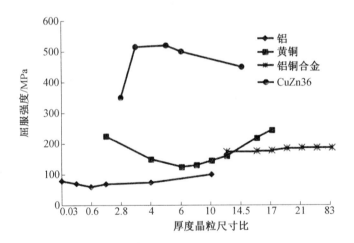

图 5.14　屈服强度与厚度晶粒尺寸比的关系

　　根据 Hall-Petch 效应，屈服强度在一定区间内存在随尺寸比值增大而增大的现象。这是由于晶界可以看成对位错的阻碍，晶粒尺寸减小时，晶界相对增大，产生塑性变形所需的能量增加，因此屈服强度提高。而在另外区间内，屈服强度随尺寸比值的增大而减小的现象可由表面层模型解释。板厚保持常数时，随着晶粒尺寸的增加，表面层晶粒与内在晶粒体积分数之比也在增加。相比于内部晶粒，表面层晶粒受到更少的限制，导致了更低的变形抗力和更低的应变硬化以及流动应力的减少。与拉伸试验结果类似，已有的弯曲试验表明，板厚晶粒尺寸比对屈服强度有显著影响，如铝板弯曲过程中的屈服强度随着板厚晶粒尺寸比的增大而先减小后增大。这种曲线变化趋势的转变分别由单晶粒的高作用力效应和表面层模型理论加以解释。

5.4.2 对材料抗拉强度的影响

抗拉强度与厚度尺寸和晶粒尺寸之间的关系相对复杂。在 AZ31 镁合金箔材微拉伸试验中,材料抗拉强度随箔厚增加而增大,这种现象可用表面层模型解释:在微尺寸下,表面层晶粒运动时所受到周围晶粒和位错的阻碍作用要比内部晶粒小,试样厚度小到一定程度时,表面层晶粒在箔厚中占的比例相应增大,变形过程中,内层位错运动剧烈而表层晶粒所受约束限制较小,因此,表面层变形的趋势较小,试样的整体流动应力降低,此趋势随着试样厚度的减小而更加显著。这种在挤压方向上的尺寸效应可以归因于表面限制和应变梯度的共同作用。在 1060 工业纯铝的室温轧制和深冷轧制试验中,铝材厚度大于 100 μm 时,随着厚度减小,抗拉强度增大;铝材厚度小于 100 μm 时,随着厚度减小,抗拉强度减小。在深冷轧制中,同样是在厚度为 100 μm 附近出现拐点,但拐点的走向与室温轧制相反,过了拐点后抗拉强度随厚度减小而增加的速度加快,而产生这种现象的原因是在相同厚度条件下,深冷轧制后的轧件比室温轧制的晶粒内部亚结构更细小,所以强度高于室温轧制。

通过总结金属微成形试验规律,可知材料抗拉强度同时受厚度尺寸和晶粒尺寸的影响,故用两者之间的比值间接反映抗拉强度的尺寸效应。在铜箔的拉伸试验中,为了消除厚度和晶粒尺寸不同的影响,采用厚度晶粒尺寸比作为比较参数,当厚度不变时,抗拉强度随厚度晶粒尺寸比的减小而降低。其原因是厚度晶粒尺寸比越大,厚度方向晶粒个数越多,在厚度不变的情况下,晶粒尺寸减小。细晶粒的势垒硬化比粗晶粒显著,因为晶粒越细,位错滑移距离越小,达到硬化时塞积的位错数量越少。晶界对形变的阻碍作用使得晶界区附近硬度必然高于晶内,所以粗晶粒试样的强度低于细晶粒试样。纯铜箔也有与黄铜箔相似的规律,即厚度不变时,抗拉强度均随着厚度晶粒尺寸比的增大而近似呈线性增大,且曲线的斜率随厚度的增大而减小。在纯铜板的拉伸试验中,极限拉伸应力随板厚平均晶粒尺寸比增大而增大,原因在于自由表面体积分数的增长随着比值的减小,表面晶粒限制少,且变形更容易。在微塑性成形中,除晶粒尺寸和厚度尺寸外,其他成形相关尺寸也对抗拉强度的变化产生重要影响。而在纯铜的微剪切试验中冲裁间隙与平均晶粒尺寸的比值也对极限剪切强度有重要影响。

5.4.3 对材料塑性的影响

一般研究认为,延伸率与厚度尺寸的变化呈正相关。在 AZ31 镁合金箔材微拉伸试验中,延伸率随厚度的增加而增加。晶体塑性理论认为多晶体金属塑性变形是各向异性的晶粒塑性变形的结果,外力条件相同时,厚度较大的试样变形时可看作多晶体变形,变形程度相对均匀,产生应力集中而开裂的机会较小,延伸率较大。厚度较小的试样变形时可看作单晶体变形,单个晶粒的变形对材料整体变形的影响较大,因此产生的应力集中更大,产生开裂的机会变大,延伸率较小。这种随着试样厚度尺寸增加的断裂特征的变化趋势主要是受微缺陷的减少和材料本身塑性变形增长的影响。厚度增加,微缺陷影响减少,但试样变形影响增加,这导致断裂模式从更加易脆的机制转变到包含空隙增长的、更具可塑性的机制。

但部分研究认为微尺寸下材料塑性变形延伸率的变化并非受厚度尺寸单一因素的影响，而是由晶粒尺寸与厚度尺寸两者共同作用，使得微尺寸下板材塑性变形呈现出与普通金属板材截然不同的尺寸效应。如在磷青铜薄板拉伸试验中，不同厚度下延伸率均随晶粒尺寸的增大先增大至峰值而后再减小，这是由于动态回复非常充分，再结晶也开始发生，且冷加工硬化完全被消除，提高了材料塑性。而再结晶后，晶粒尺寸变得更大。变形的巨大差异发生在晶界内部和晶界间，变形变得不均匀，导致应力集中，产生了裂纹和延伸率降低的现象。在黄铜箔拉伸试验中也存在延伸率出现不同的变化趋势，即 $20~\mu m$ 和 $40~\mu m$ 厚黄铜箔的延伸率随着晶粒尺寸的增长而增大，而 $60~\mu m$、$80~\mu m$ 和 $100~\mu m$ 厚的延伸率变化趋势则呈现"V"字形，随着晶粒尺寸的增长先减小，晶粒尺寸约为 $10~\mu m$ 时出现最小值，随后开始逐渐增大，分析认为晶粒尺寸和厚度尺寸的共同作用使得铜箔的延伸率呈现了和普通金属板材截然不同的尺寸效应。

基于对银丝的微拉伸试验获得了延伸率随晶粒尺寸变化的规律，即对于给定的试样厚度，延伸率随着晶粒尺寸的增加而减小；而对于给定的晶粒尺寸，试样变薄时，延伸率减小；但银丝厚度与晶粒尺寸比小于 3 时，晶粒尺寸对延伸率的影响减弱，而银丝厚度的影响却增强。同时 T/D 高时，晶界呈现出其包裹在晶粒内的位错，并作为源头产生新的位错，因此产生和存储的位错很高，晶粒尺寸显著的影响强度和断裂性能，这种现象被称为简化的 Hall－Petch 效应。而 T/D 较低时，试样厚度方向上仅少量或无晶界呈现，故位错一旦产生便从试样中滑移出来，位错的堆积很少。晶界的短缺同样限制了位错的来源，同时产生的位错也少。因此，试样厚度对滑移出的位错以及新位错的来源有显著的影响。

5.4.4　对材料断裂韧性的影响

材料的断裂韧性同样与材料的尺寸具有密不可分的关系。在 T2 铜箔断裂试验中，断裂韧性随着箔厚的增加先增大后减小，这种现象的原因在于裂纹尖端变细的过程和在材料分离过程中单位面积上所需的工作压力发生了改变。在圆铜箔的拉伸试验中，较高的位错密度、对来自于表面粗糙度几何不完整的敏感和较少的激活的滑移系统共同导致了越薄的铜箔具有更小的断裂应变。而在纯铜箔及板的单轴拉伸试验中，断裂应变随着厚度的减小而减小，分析认为厚度方向上晶粒数目的减少引起表面粗糙度与厚度比值的增加，从而导致断裂应变的降低。

金属塑性变形的尺寸效应是指随着工件尺寸的减小，材料的应力－应变关系、塑性成形性能和摩擦等成形工艺参数都呈现出与常规尺寸工件的塑性成形过程不同的特点。从材料塑性成形性能方面来看，随着晶粒尺寸的减小，塑性变形的机理发生变化，导致 Hall－Petch 关系的变化；随着工件尺寸的减小，工件表面特性和应变梯度的影响逐渐增强，导致"越小越强"和"越小越弱"这两种不同的变化趋势。金属塑性变形中的尺寸效应可分为第一类尺寸效应和第二类尺寸效应。但为了更好地解决实际金属塑性变形问题，基于金属塑性成形的工艺特点及变形规律变化的程度，研究人员又将金属塑性变形尺寸效应分为两种，一种是金属材料本征尺寸效应，一种是塑性成形工艺尺寸效应。

为描述金属材料塑性成形性能方面的尺寸效应，研究人员提出了各种材料模型。通过引入晶粒相对大小、表面层的相对体积和应变梯度等因素的影响对经典的塑性应力－

应变关系进行修正,可以从现象学的角度描述塑性成形性能的尺寸效应。将位错密度引入晶体塑性模型,可以描述微成形中 SSDs 和 GNDs 的演化和分布,说明尺寸效应的机理。DDD 模型可以描述位错的运动和各种位错结构的形成,但尚不能用于工程问题的分析。针对纳米晶的材料模型,必须考虑晶界滑动等因素对塑性变形的作用。针对非晶材料在过冷液相区的本构模型,要描述材料的黏性行为和应力过冲现象。

在金属塑性变形尺寸效应的理论研究中,会因为设置条件的不同导致结果并不相同,甚至出现相反的结果。通过金属塑性变形尺寸效应对材料性能的影响研究,特别是尺寸效应对材料屈服强度、延伸率、抗拉强度、韧性的影响规律,进一步学习金属塑性变形中的尺寸效应本质,基于此更好地为微尺寸的金属塑性成形进行基础性研究和工艺性优化指导。

第6章　金属塑性变形的宏观规律

金属材料的塑性变形过程是在保证金属材料在整体性不会被破坏的条件下,实现材料的流动的过程。通常,在金属塑性加工过程中,金属材料的塑性变形行为与诸多因素有关,如材料本身性质以及外部环境多因素直接密切相关,从而导致金属材料的塑性变形过程异常复杂。因此掌握金属材料的流动规律是金属加工冶金学的重要任务,它不仅有重大的理论价值,而且对指导工业化生产实践,解决金属在塑性加工过程中的流动充填、产品与模具设计以及组织性能变化皆具有重要的工业指导价值。

6.1　金属塑性流动最小阻力定律

金属材料在塑性变形过程中,在保证工件整体性不会因为外部环境改变而遭到破坏的前提下,依靠材料物质转移而实现了坯料的塑性变形或者充填模腔。因此,塑性加工过程中金属质点的流动规律即为最基本的宏观规律。如果了解塑性变形材料的内部质点的动力学行为,便可以根据它的应变与位移(或者应变速率与速度)之间的关系方程——几何方程,确定变形体内的应变场及其尺寸和形状的变化情况,进而有助于合理选择塑性加工参数、设计产品和模具并分析工件加工质量等问题,为工业生产提供理论指导。可见,它与塑性变形增量理论中应变增量与应力偏量的关系一致。

最小阻力定律是由苏联学者古希金提出。按此定律可以得出结论:变形过程中,当物体各质点可以在不同方向移动时,变形物体内的每一个质点都将沿其最小阻力方向移动。即做最少的功,走最短捷的路径。最小阻力定律是力学普遍原理在金属流动中的具体体现,可以用来定性地分析质点的流动方向,或调整某方向阻力来控制金属的流动。它把外界条件和金属流动直接联系起来,很直观而且使用方便。

在塑性加工中,既可以用最小阻力定律定性分析各种工序的金属流动,也可以通过调整某个方向的流动阻力来改变金属在某些方向的流动量,使得成形合理。例如,如图6.1所示,在开式模锻成形中增加飞边阻力,或修磨圆角 r,可减少金属流向型腔 A 的阻力,使金属充填更好;或拔长锻造时改变送进比或采用凹型砧座增加金属横向流动阻力,以提高延伸效率。

如图 6.2 所示,在粗糙的平板间进行镦粗时,因为接触面上质点向周边流动的阻力

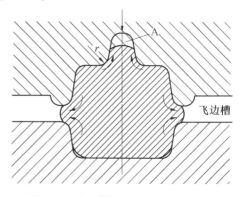

图 6.1　开式模锻过程中金属的流动

与质点距离周边的距离成正比,因此当横截面为矩形的金属坯料镦粗时,距离周边的距离

越近,阻力越小,金属质点必然沿着这个方向流动,这个方向恰好就是周边的最短法线方向。如图 6.2 所示,其中点画线是金属质点流动的分界线,线上各点至边界的距离相等,各个区域内的质点到各边界的法线距离最短。此点画线可以将矩形截面分成两个三角形和两个梯形,形成四个不同的流动区域。这样的流动结果,矩形截面将变成双点画线所示的多边形。继续镦粗变形,断面周边变成椭圆直至变成圆形为止,以后各质点将沿着半径方向移动。由于相同面积的任何形状,圆形的周边最短,故最小阻力定律在镦粗中也称为最小周边法则。

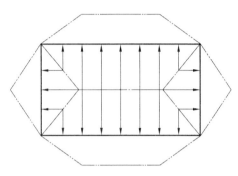

图 6.2　有摩擦条件下矩形截面镦粗过程中的不均匀流动

对于其他任意截面,金属质点的流动方向也遵循上述定律。方坯在平砧间进行压缩变形时,随着镦粗变形的进行,方形截面也逐渐变为圆截面,如图 6.3 所示。

矩形截面坯料在平砧拔长时,当送进量 l 大于坯料宽度 $a(l>a)$ 时,如图 6.4(a)所示,金属多沿着横向流动,坯料宽度则增加得多。当 $l<a$ 时,金属多沿着轴向流动,如图 6.4(b)所示,坯料的轴向伸长多;若要使坯料展宽时,送进量应大些。图 6.4 是假定材料在拔长变形时不考虑外端(不变形部分)影响而得出的。若考虑外端影响,质点位移方向将有所改变。

金属塑性变形过程应满足体积不变条件。根据体积不变条件和最小阻力定律,可以大体确定出塑性变形时的金属流动规律。有时还可以用来选择坯料的断面和尺寸、加工工具的形状和尺寸等。如在压下量、辊径相同的条件下,坯料宽度不同,轧制情况是不同的。从图 6.5 中看出,在(a)、(b)两种情况下,三角形区是完全相同的,即这两种情况下向宽度方向上流动的质点数目是一样的。但与整个接触面上所有质点相

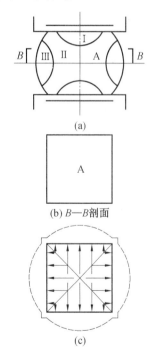

图 6.3　方形截面金属坯料压缩变形时的金属流动

比,第一种情况向宽向流动质点所占比例比第二种大,故窄板的宽展率比宽板的宽展率大。又如在压下量相同而轧辊直径不同的条件下,当轧制宽度相同的轧件时,可预计大辊轧制时的宽度大,如图 6.6 所示。精轧时,为了控制宽展,一般多采用工作辊较小的多辊轧机轧制。

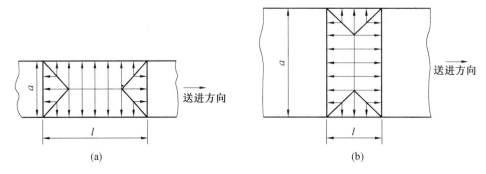

图 6.4   矩形截面坯料拔长时的金属流动

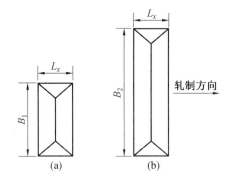

图 6.5   不同宽度坯料轧制时的宽展情况

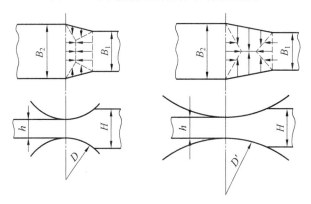

图 6.6   轧辊直径不同时,轧件变形区的金属流动($D' > D$)

6.2   影响金属塑性流动和变形的因素

　　影响金属塑性流动和变形的主要因素有:接触面上的外摩擦、变形区的几何因素、变形物体与工具的形状、变形体外端、变形温度的分布不均匀及金属性质的不均匀等。这些内外因素的单独作用,或几个因素的交互影响,都可使流动和变形很不均匀。

6.2.1　接触面上外摩擦的影响

在工具和变形金属之间的接触面上必然存在摩擦。由于摩擦力的作用,在一定程度上改变了金属的流动特性并使应力分布受到影响。

如图 6.7 所示,圆柱体在镦粗变形时,除受变形工具的压缩应力外,由于接触面上有摩擦的存在,阻碍金属质点的横向流动,在接触面附近的金属流动比较困难,从而使圆柱体坯料转变成鼓形。此时,可将变形金属的整个体积大致分为三个具有不同变形程度和应力状态的区域,即:Ⅰ区表示因外摩擦影响而产生的难变形区、Ⅱ区表示与作用力成45°的有利方位的易变形区、Ⅲ区表示变形程度居于中间的自由变形区。

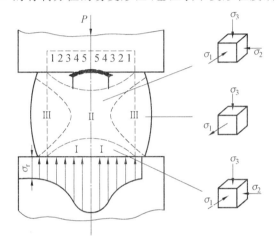

图 6.7　圆柱体镦粗时摩擦力对变形及应力分布的影响

Ⅰ区位于圆柱体端部的接触面附近,受接触摩擦的影响较大,且远离与垂直的作用力轴线呈大致 45°的易产生滑移的区域。在此区域内产生塑性变形较为困难。Ⅱ区处于与垂直作用力大致为 45°的最为有利的变形区域,且距端部距离较远,因此在此区域内最易发生塑性变形。Ⅲ区靠近圆柱体表面,大致处于Ⅱ区中心部分的四周,其变形量介于Ⅰ区与Ⅱ区之间。

从应力状态角度来看,Ⅰ区内具有强烈的三向压应力状态,虽有因不均匀变形而产生的附加拉应力的存在,但仍不能改变此三向压应力状态形式。在Ⅱ区内的应力状态为三向压应力,所产生的附加应力亦为压应力。Ⅲ区由于环向(切向)出现附加拉应力使其应力状态发生改变。此环向拉应力越靠近外层越大,而径向压应力则越靠近外层越小。在此区域内部的应力状态为两压一拉应力状态。

外摩擦不仅影响变形,而且使接触面的应力(或单位压力)分布不均匀。其变化规律:坯料边缘部位的应力等于变形金属的屈服极限,由边缘向着中心部位应力逐渐升高。为说明此现象,苏联学者古布金利用带孔的玻璃锤头镦粗塑料来验证,并得到了单位压力分布图,如图 6.8 所示。

当 $h/d > 1$ 时,试样端面上各部分的单位压力差别不大;而当 $h/d = 1$ 时,此差别增加明显;当 h/d 的比值再减小时,此差别更大。这可能是从 $h/d = 1$ 以后,在接触面上出现了滑动而造成的结果。

接触面上的单位压力出现如此变化的原因为:假设将此变形体从外向内分成许多薄层,其各层代号分别为 1,2,3,…。当第 1 层受到压力作用后,不仅其本身要产生变形,而且由于接触面摩擦力的作用,第 1 层还会对第 2 层施加应力作用。这样,第 2 层在变形时不仅其本身变形需要足够的压力,而且还需要克服第 1 层的阻力。因此作用在第 2 层上的单位压力就要比作用在第 1 层上的大。同理,第 2 层在变形时还要给第 3 层压力。这样,第 3 层变形时,除本身变形需要的压力外,还需要克服第 1 层和第 2 层所施加的阻力。所以,第 3 层变形时的实际单位压力还要比第 2 层的大。以此类推,变形体的单位压力是从外向内逐渐增加的。

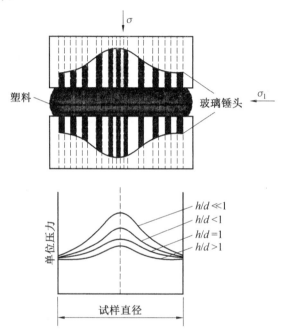

图 6.8　塑料镦粗变形过程中单位压力分布图

圆柱体金属在镦粗过程中,若接触面摩擦较大以及高径比 h/d 较大时,则在端面的中心部位有一区域,在此区域上的金属质点对工具完全不产生相对滑动而黏着在一起(如图 6.9 中的阴影部分),此现象称为黏着现象。此黏着在一起的区域称为黏着区。此黏着现象也影响到金属的一定深度,这样就构成了以黏着区为底的圆锥形或近似圆锥形的体积,这一现象也证明金属材料镦粗过程中"难变形区"的存在。

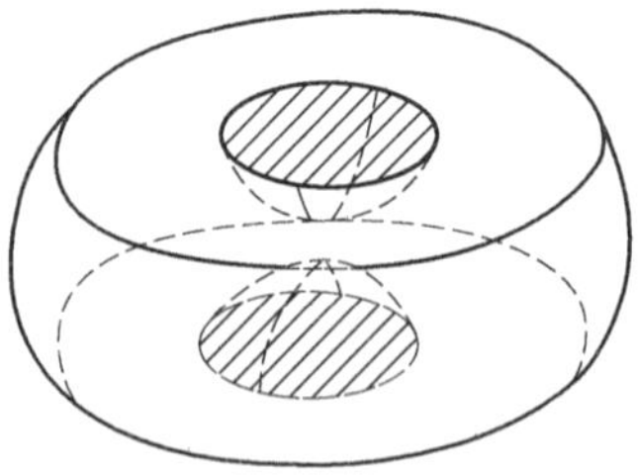

接触面上黏着区的大小明显地受到变形区几何因素的影响。当圆柱体的 h/d 比(或矩形零件的 H/l 比,轧件的 h/l 比)增大时,黏着区增大。另外,接触面摩擦越大,金属质点流动越困难,黏着区也越大。在接触摩擦较大的情况下,当 h/d 增大到一定程度,在接触表面上不存在变形金

图 6.9　圆柱体镦粗过程中出现的黏着现象及难变形区示意图

属质点与工具间的相对滑动,即无滑动区时,接触面面积的增加只能依靠侧面金属的侧翻平。此时,出现全黏着现象。一般地,在接触表面上黏着区与滑动区是同时存在的。这时,接触表面的扩大既依靠侧面金属翻平,也可能依靠金属质点的滑动。

　　在环形件镦粗时,由于摩擦的作用,也会局部改变金属质点的流动方向。在如图6.10所示的圆环中,如果接触面上的摩擦系数很小或者无摩擦时,根据体积不变条件,圆环上的每一质点均沿着径向做辐射状向外流动,如图 6.10(b)所示。变形后内外直径均增大。如果接触面上的摩擦系数增加,金属横向流动受到阻碍。当摩擦系数增大到某一临界值时,靠近内径处的金属质点向外流动阻力大于向内流动阻力,从而改变了流动方向。这时,在圆环中将出现一个半径为 R_n 的分流面(中性面),此分流面以内的金属向中心流动,分流面以外的金属向外流动,变形后的圆环内径缩小,外径增大,如图 6.10(c)所示。而且分流面半径 R_n 随着摩擦系数的增加而增大。

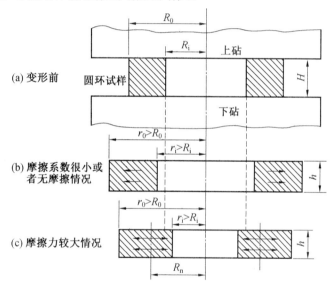

图 6.10　圆环镦粗过程中的金属流动

　　变形物体在压缩时,由于接触摩擦的作用,在出现单鼓形的同时,还会出现侧表面的金属局部转移到接触表面的侧面翻平现象。图 6.11 所示为圆柱体镦粗时的侧面翻平现象。可见,随着压下量的增加,aa 和 bb 部分由侧表面逐步转移到端面上来。此侧面翻平现象发生在侧表面面积的减小量大于接触面面积的增加量时。如果接触面面积增加量大于侧面的减小量,则因新的接触面的形成将不再吸收侧面的多余面积。

　　由此可见,物体在压缩时接触面积的增加,可由接触表面上金属质点的滑动和侧面质点翻平两部分组成。侧面金属翻平量的大小取决于接触摩擦条件和变形物体的几何尺寸。接触面上的摩擦越大,接触面上的金属质点越不易滑动,因而侧面金属转移过来的数量越大。试样的高度越大,侧面金属越易于转移到接触表面。当试样的高度大于直径时,接触面积的增加将主要是由侧面金属的转移造成的。

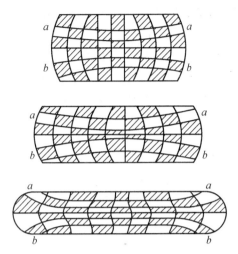

图 6.11   圆柱体镦粗变形过程中内部金属流动情况

（原侧面上 aa 和 bb 镦粗后转移到端面）

6.2.2   变形区几何因素的影响

变形区的几何因子（如 H/D、h/d、H/L、H/B 等）是影响变形和应力分布很重要的因素。

图 6.12 所示为钢球对板料进行压缩时,随着变形程度的增加,从试样断面上所观察的内部质点滑移变形(对所谓滑移带)的发生与扩展情况。根据金属塑性屈服准则,滑移带为一些正交的网线,开始时与作用力成 $45°$,随着压下量的增大而逐渐向深里扩充。图中表明 $45°$ 方向上滑移带最多,变形最大。

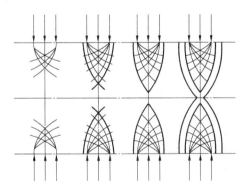

图 6.12   钢球压缩时的流线

图 6.13 所示为镦粗变形近似模型,用来阐明变形区几何尺寸的作用。当利用平锤进行金属圆柱体镦粗时,可以接触表面为底作一个高度为底边尺寸一半的等腰直角三角形,这个锥体称为基本锥或主锤,它的两个边与作用力成 $45°$。

金属圆柱体在平锤的压力作用下,因为 $45°$ 剪应力最大,最易滑移金属圆柱体,首先在主锥附近产生塑性变形。随着变形的继续,在主锥内外都可能产生滑移。主锥内部滑移线因为发生在靠近接触表面处的难变形区附近,这个区静水压力高,产生变形所需能量

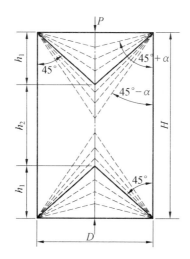

图 6.13　金属压缩变形时内部质点滑移变形的近似模型

多,即需压力大;主锥外的外部线虽发生在静水压力较小的易变形区内,但要向外、向深处扩充时,因距离增加也需足够多的能量。所以随着变形程度的增加,内部线、外部线皆能发生,谁占优势,则依上下两主锥间距离 h_2 而定,如图 6.14 所示。

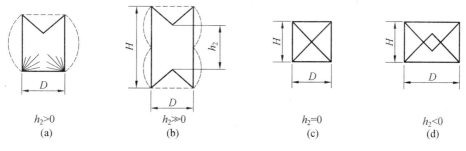

图 6.14　不同 h_2 值时镦粗金属流动情况

当 $h_2 > 0$,即 $H/D > 1$ 时,上下主锥不接触,这时外部线发生的条件较好,变形时外部线多,即形成明显单鼓形。但当 $h_2 \gg 0$,即 $H/D \gg 1$ 时,两主锥相距远,外部线虽易发生但又难以深入,变形在主锥与接触表面附近发生,因而形成双鼓形的表面变形,并且接触表面黏着严重。

当 $h_2 = 0$ 或 $H/D = 1$ 时,虽然内部线产生较困难,但两主锥的外部线发生了干扰,故内、外线都能产生并集中在 45°线附近,因之形成明显的单鼓形,这时,表面黏着减小,出现滑动,变形较均匀些了但变形所需之力增加了。

当 $h_2 < 0$,即 $H/D < 1$ 时,上下主锥相互插入,彼此的外部线干扰很严重,内部线则相应地增加,此时,圆柱体的高度较小,滑移几乎遍及整体,变形趋向均匀,接触表面的黏着区进一步缩小而可能出现全滑动,变形虽较均匀,但所需外力大大增加了。

综上所述,利用近似模型可以说明:(1)使变形遍及整个体积或使变形深入的条件取决于 H/D 的比值关系;(2)接触表面的滑动情况与 H/D 值有着密切关系;(3)可解释变形力随 H/D 值减小而增加的原因,即尺寸因素对变形力的影响。

实验表明,一般地,在镦粗变形过程中出现单鼓变形的几何条件是试样的原始高度与直径之比($H/D\leqslant2$)。若坯料的原始高度较大和所施加的变形程度甚小时,往往只产生表面变形。此时,中间层的金属产生的塑性变形甚小或不产生塑性变形。结果,物体呈现双鼓形(图 6.15)。此双鼓形的中间部位仍为圆柱体形状,表明该处所受垂直的单向压应力状态,出现均匀的塑性变形或弹性变形。有的试验还指出,在邻近难变形区域(图 6.15 Ⅱ 区),还会产生径向拉应力。

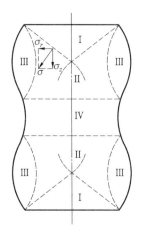

图 6.15　大高径比试样镦粗变形时变形状态

圆柱体在压缩过程中,随着压下量的增加,H/D 的比值逐渐减小,当两个 Ⅱ 区靠近时,变形物体就会由双鼓形过渡到单鼓形。变形物体在压缩时产生双鼓形,当压下量一定时,除与接触摩擦和变形区的几何因素有关外,还受变形速度的影响。当变形速度增加时,达到一定变形程度所需的加载时间减小,使变形来不及往深部传递,结果使表面变形增大,出现双鼓形。

6.2.3　变形物体与工具的形状的影响

在变形物体内变形与应力的分布情况与其在塑性加工时所用变形工具的形状和坯料的形状有密切关系,工具(或坯料)形状是影响金属塑性流动的重要因素。工具与金属形状的差异,造成金属沿各个方向流动的阻力有差异,因而金属向各个方向的流动(即变形量)也有相应差别。

如图 6.16 所示,在圆形砧或 V 形砧中拔长圆断面坯料时,工具的侧面压力使金属沿横向流动受到很大的阻碍,被压下的金属大量沿轴向流动,这就使拔长效率大大提高。当采用图 6.16(c)所示的工具时,产生相反的结果,金属易于横向流动。叉形件模锻时金属被劈料台分开就属于这种流动方式。

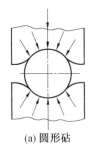　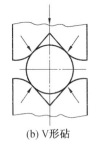　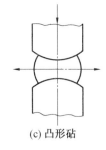

(a) 圆形砧　　　　　　(b) V形砧　　　　　　(c) 凸形砧

图 6.16　型砧拔长

在许多情况下,当工具的形状已得到了严格控制时,为获得变形均匀的产品,还必须考虑原始坯料形状的影响。图 6.17 所示为方形断面轧件进入椭圆(或圆形)孔型的轧制,其宽向上所承受的压下量不一致,致使沿轧件宽向上延伸的分布也不均匀,常易造成轧件的歪扭和扭结。

6.2.4　变形体外端的影响

在塑性加工过程中,在许多情况下变形物体不是同时承受变形工具的作用而产生变形。塑性变形过程中任一瞬间,变形体不直接承受工具的作用而处于变形区以外的部分称之为外端(或者外区/刚端)。因变形体的外端与变形区直接相连,所以在变形过程中外端与变形区必然要产生相互作用。外端对变形区金属的影响主要是

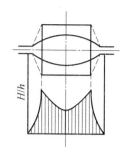

图 6.17　沿孔型宽度上延伸分布图

阻碍变形区金属流动,进而产生或加剧附加的应力和应变。在自由锻造中,除镦粗外的其他变形工序,工具只与坯料的一部分接触,变形是分段逐步进行的,因此,变形区金属的流动是受到外端的制约的。

外端分为封闭形外端和非封闭形外端。

1. 封闭形外端

如图 6.18 所示,在被压缩体积的外部存在封闭形外端时,被压缩体积的变形要影响到外端的一定区域。外端会阻碍被压缩体积的向外扩展。在变形过程中,当外端体积很小时,在被压缩体积变形的影响下,外端高度会有所有所减小(减小程度向周边逐渐减弱),外端向外扩展。如果外端的体积很大时,则被压缩体积的变形很难进行。若施加的压力非常大,也可以把工具压入变形物体内,此时部分变形金属将沿工具的周围被挤出。显然,金属在具有封闭形外端下的压缩变形与无外端时存在很大的差别,封闭形外端可以减小被压缩物体的不均匀变形,同时可以使其三向压应力状态得到增强。

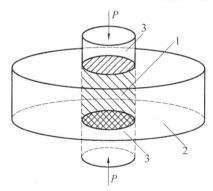

图 6.18　金属在封闭形外端条件下的塑性变形
1—工件；2—外端；3—工具

2. 非封闭形外端

在金属塑性加工过程中,属于非封闭形外端的变形过程非常多,如金属拔长、拉拔等。图 6.19 以矩形坯料的局部压缩变形来研究外端对金属的变形以及应力分布的影响。

设局部变形区的原始尺寸 $H/l \leqslant 2$,若无外端存在时,压缩后变形区应出现单鼓形(图 6.19 中虚线)。此时,沿变形区的高度上便出现不同的纵向延伸和横向宽展,中部的延伸和宽展程度较大,而端部则较小。但在实际的压缩变形中,变形物体由于外端的存在,其延伸和宽展都产生了相应的影响。首先,由于变形体的整体性,外端对变形体的纵向延伸

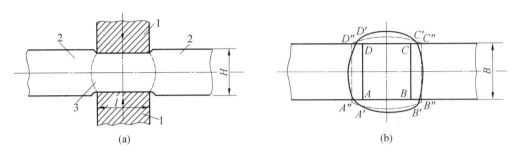

图 6.19　非封闭形外端对金属局部压缩变形的影响
1—工具；2—外端；3—变形区

有"拉齐"效应，进而使变形体沿着高度方向的纵向延伸趋于一致。结果，在变形区内自由延伸比较大的中部区域产生了附加压应力，自由延伸比较小的端部区域则产生了附加拉应力。其次，在变形区域的中部区域，外端对纵向延伸的"拉齐"作用使自由延伸减小，从而导致宽展趋势增大，而端部由于自由延伸的增加，宽展趋势降低。结果，由于外端对纵向延伸的影响，变形区内沿着高度方向的中部产生宽展增加，端部宽展减小。因此，由于外端的存在，变形物体的纵向变形的不均匀性减小，横向变形的不均匀性增加。

对于变形区的纵向和横向的变形规律可做如下分析。如图 6.19(b)所示，若无外端影响，变形区的断面 $ABCD$ 经压缩变形后变成 $A'B'C'D'$ 的形状，但实际压缩变形过程中，由于外端的存在，压缩变形后变成 $A''B''C''D''$ 的形状。造成这样变化的原因同样是外端强迫"拉齐"作用。此时，沿变形区宽度的中部产生纵向附加压应力，边部区域产生附加拉应力，沿变形区宽度上的纵向延伸更加均匀。变形区长度方向上(纵向)金属的横向宽展变形情况则是：靠近外端的金属由于受到外端的牵制作用较大，产生的宽展较小，随着距离外端的距离增加，此牵制能力逐渐减弱，宽展效果逐渐增加，从而加剧了横向的不均匀变形。但总体而言，由于外端对金属横向流动的限制，宽展比无外端时小。因此，限制作用距外端越远而逐渐减弱，变形区越长，外端对宽展的影响越小。

对于 $H/l>2$ 的零件进行压缩变形时，外端也同样起到"拉齐"作用，从而造成纵向变形的不均匀性降低，横向变形的不均匀性增加。但此时，由于物体的高度较高，如无外端的存在，变形物体易产生双鼓形。结果在靠近端部的鼓形处因纵向附加压应力的作用而宽度增加，而在沿着变形区高度的中部因受到纵向附加拉应力的作用而宽展量减小，有时甚至会产生负宽展。

图 6.20(a)所示的皮料拔长，因外端的影响而区别于自由镦粗。在拔长时，变形区金属的横向流动受到外端金属的阻碍，在其他条件相同时，横向流动的金属量比自由镦粗时要少，变形情况与自由镦粗情况相比也有差异。例如当送进长度 l 与宽度 a 之比(即进料比，l/a)等于 1 时，拔长时沿着横向流动的金属量小于轴向的流动量，即 $\varepsilon_a < \varepsilon_l$(图 6.20(b))。而自由镦粗时，$l/a=1$ 的水平断面为方形，由最小阻力定律可知，沿横向和轴向流动的金属应该相等。

外端对变形区金属流动产生影响，同时也对与其相邻的外端的金属产生作用，并可能引起外端金属变形，甚至引起工件开裂。

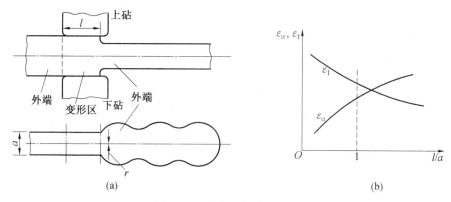

图 6.20　拔长时外端的影响

开式冲孔(图 6.21)时造成的"拉缩"是由冲头下部金属的变形流动引起的。又如板材弯曲时,如果坯料外端区域与冲出的孔的距离弯曲线太近,则弯曲后该孔的尺寸和形状要发生畸变,如图 6.22 所示。这些都是由外端的影响造成的。

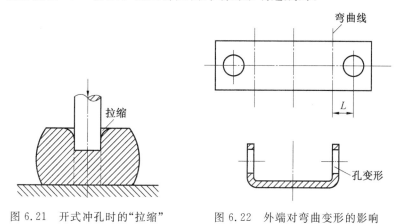

图 6.21　开式冲孔时的"拉缩"　　　　图 6.22　外端对弯曲变形的影响

在金属塑性变形过程中,塑性变形区和不变形区的外端之间的相互作用是一个普遍性的问题,其影响也是比较复杂的,必须针对具体的变形过程和特点进行具体分析。

6.2.5　变形温度分布不均匀

变形物体的温度分布的均匀性也会对物体变形和应力分布均匀性造成重要的影响。一般情况下,随着温度提高,金属材料的塑性变形能力提高。所以,在同一变形物体中高温部分的变形抗力较低,低温部分的变形抗力较高,在同一外力作用下,高温部分产生的变形量大,低温部分变形量小。但是塑性变形金属物体是一个整体,从而限制了物体各部分不均匀变形的自由发展,从而产生了相互平衡的附加应力。在延伸量较大的部分产生了附加压应力,延伸量小的部分产生了附加拉应力。此外,在变形物体内因温度不同所产生的热膨胀的不同而引起了热应力,与由上述不均匀变形引起的附加应力相互叠加后,有时会引起应力不均匀分布程度的进一步增加,甚至会引起变形物体的断裂。在金属热轧的工业生产中常常会见到从轧制机轧出的金属型材会出现上翘或下翘的现象。产生此现象的原因之一就是钢的温度不均匀。

例如,钢坯在加热炉中加热时由于下端加热不足,因此钢坯上端面温度高,下端面温度低。这样,在轧制时钢坯上层的压下率大,所产生的延伸量大,下层的压下率小,产生的延伸量也小。结果轧出后的轧件产生向下弯曲的现象,实验室内为模拟此现象,常常采用轧制铝/钢双层金属的方法(图 6.23)。由于铝合金的变形抗力低于钢,在轧制时铝合金比钢产生更大的延伸量。所以轧出后,轧件向钢的一面产生弯曲。

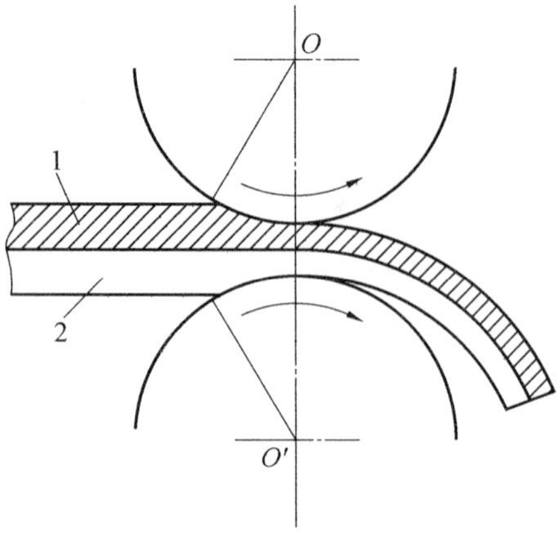

图 6.23   铝/钢双层金属轧制时产生的弯曲现象
1—铝合金;2—钢

6.2.6   金属性质不均匀的影响

变形金属中的化学成分、组织结构、夹杂物、相的形态等分布不均匀会造成金属各部分的变形和流动的差异。例如,在受拉伸变形的金属内存在一团杂质,由于该杂质和其周围金属晶粒的性质不同,常出现应力集中,结果这种缺陷周围的晶粒必然会发生不均匀变形,并会产生晶间及晶内附加应力。

6.3   不均匀变形、附加应力和残余应力

金属塑性加工时变形与应力分布的不均匀是最常见、最普遍的现象。它既能影响制品的内外质量及其使用性质,也使加工工艺过程复杂化。

6.3.1   均匀变形与不均匀变形

若变形区内金属各质点的应变状态相同,即它们相应的各个轴向上变形的发生情况、发展方向及应变量的大小都相同,这时体内的变形可视为均匀的。可以认为,变形前体内的直线和平面,变形后仍然是直线和平面;变形前彼此平行的直线和平面,变形后仍然保持平行。显然,要实现均匀变形状态,必须满足以下条件:

(1)变形物体的物理性质必须均匀且各向同性。

(2)整个物体任何瞬间承受相等的变形量。

(3)接触表面没有外摩擦,或没有接触摩擦所引起的阻力。

(4)整个变形体处于工具的直接作用下,即处于无外端的情况下。

要全面满足以上条件,严格说是不可能的,因此,要实现均匀变形是困难的,不均匀变形是绝对的。

不均匀变形实质上是由金属质点的不均匀流动引起的。因此,凡是影响金属塑性流动的因素,都会对不均匀变形产生影响。

6.3.2　研究变形分布的方法

金属塑性加工中,研究变形物体内变形分布(即金属流动)的方法很多。常用的几种方法如下。

1. 网格法

网格法是研究金属塑性加工中变形区内金属流动情况常用的方法。其实质是观察变形前后,各网格所限定的区域金属几何形状的变化。从图 6.24 中网格的变化看出镦粗时圆柱体变形的不均匀情况。目前网格法可做定量分析。

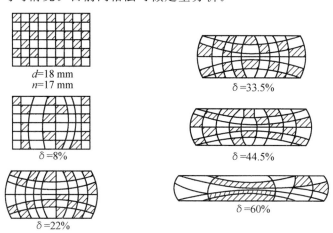

$d=18$ mm
$n=17$ mm

$\delta=33.5\%$

$\delta=8\%$

$\delta=44.5\%$

$\delta=22\%$

$\delta=60\%$

图 6.24　圆柱体各种不同镦粗变形程度下的不均匀变形

2. 硬度法

硬度法的基本原理是:在冷变形情况下,变形金属的硬度随变形程度的增加而提高。从图 6.25 可见,中心部分的硬度最高,接触表层的硬度则较小,越靠近表面的中心越小。在中心部分的同一层上,试样中部硬度比最外部(边部)大。这正好说明镦粗变形时三个区的存在。

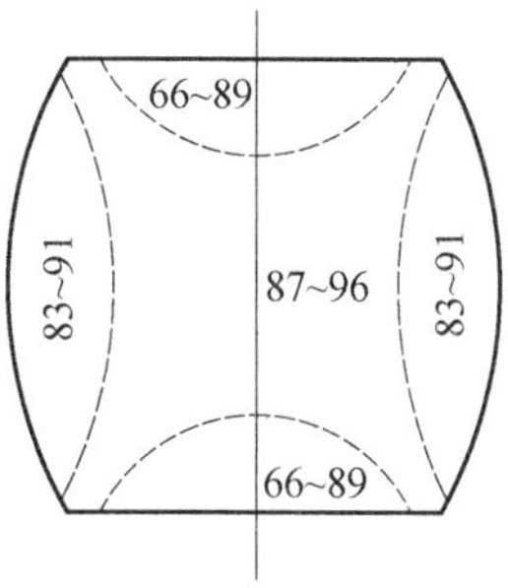

硬度法是一种极粗略的定性法,因为只有那些硬化严重的金属,随变形程度的增加,硬度才能发生显著的增长。

66~89

83~91　87~96　83~91

66~89

图 6.25　冷镦铝合金后垂直断面上的洛氏硬度变化

3. 比较晶粒法

比较晶粒法的实质是根据再结晶退火后的晶粒大小与退火前的变形程度的关系来判断各部位变形的大小的。变形越大,再结晶后晶粒越小。利用再结晶图,近似地得出变形体内各处的变形程度。此法也只能定性地显示变形分布情况。对于热变形,因该过程中发生了再结晶现象,就很难判断变形的分布。

除此之外,还有示踪原子法、光塑性法、云纹法等多种定量测试方法。

6.3.3　基本应力与附加应力

金属变形时体内变形分布不均匀,不但使物体外形歪扭和内部组织不均匀,而且还使变形体内应力分布不均匀。此时,除基本应力外还产生附加应力。

由外力作用引起的应力称为基本应力(也称副应力)。表示这种应力分布的图形称为基本应力图。工作应力图是处于应力状态的物体变形时用各种方法测出来的应力图。均匀变形时的基本应力图与工作应力图相同。而变形不均匀时,工作应力等于基本应力与附加应力的代数和。实际上各种塑性加工过程中变形都是不均匀分布的,所以其工作应力都是属于后者。

附加应力是物体不均匀变形受到其整体性限制,而引起物体内相互平衡的应力。仅以凸形轧辊上轧制矩形坯料为例加以说明,如图 6.26 所示,坯料边缘部分 a 的变形程度小,而中间部分 b 的变形程度大。若 a、b 部分不是同一整体,则中间部分将比边缘部分发生更大的纵向伸长,如图 6.26 中点画线所示。轧件实际上是一个整体,虽然各部分的变形量不同,但纵向延伸趋于相等。由于整体性迫使延伸均等,故中间部分将给边缘部分施以拉力使其增加延伸,而边缘部分将给中间部分施以压力,使其减少延伸,这样就产生了相互平衡的内力,即中间产生附加压应力,边部产生附加拉应力。

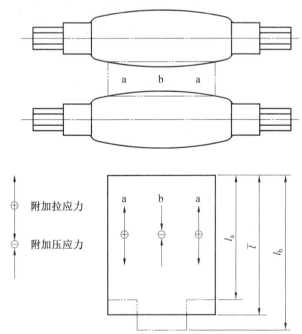

图 6.26　在凸型轧辊上轧制矩形坯料所产生的附加应力

l_a—若边缘部分自成一体时轧制后的可能长度;l_b—若中间

部分自成一体时轧制后的可能长度;l—整个轧制后的实际长度

根据不均匀变形的相对范围大小,按照宏观级、显微级和原子级的变形不均匀性可把附加应力分为三种:在整个变形区内的几个区域之间的不均匀变形引起的彼此平衡的附加应力(图 6.26)称为第一类附加应力。在晶粒之间的不均匀变形引起的附加应力称为第二类附加应力,如相邻晶粒由位向不同引起变形大小的不同(图 6.27),便会产生互相平衡的第二类附加应力。在晶粒内部滑移面附近或滑移带中因各部分变形不均匀而引起的附加应力,称为第三类附加应力。

由以上分析可知,附加应力是变形体为保持自身的完整和连续,约束不均匀变形而产生的内力。就是说,附加应力是由不均匀变形引起的,但同时它又限制不均匀变形的自由发展。此外,附加应力是互相平衡、成对出现的,当一处受附加压应力时,另一处必受附加拉应力。

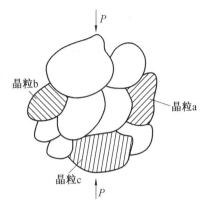

图 6.27　相邻晶粒的变形

由于物体塑性变形总是不均匀的,故可以认为,任何塑性变形的物体内在变形过程中均有自相平衡的附加应力。这就是金属塑性变形的附加应力定律。由不均匀变形引起附加应力,对金属的塑性变形造成许多不良后果:

(1)引起变形体的应力状态发生变化,使应力分布更不均匀。

图 6.28 所示为挤压金属通过模孔时某横断面上的应力分布。实线所示是外加载荷引起的基本应力,因挤压筒壁存在摩擦而使其分布不均匀。当锭坯受压而变形时,因摩擦力的阻碍作用,使其边部比中心的金属流动慢,因而边部变形比中心小,故造成边部受拉伸而中部受压缩的附加应力(图中虚线所示)。此时,变形体实际的应力(即工作应力)是基本应力与附加应力的代数和(图中点画线所示)。图 6.28(c)为摩擦很大时的挤压,附加应力的产生可使工作应力图中出现拉应力分量,造成应力分布更不均匀。

(2)造成物体的破坏。

由图 6.28(c)中可知,当坯料表面所受的拉应力分量超过了金属允许断裂强度时,制品表面就会出现裂纹。实际生产中常发现挤压、旋锻制品表面出现周期性裂纹等缺陷就是第一类附加应力的作用。

(3)使材料变形抗力提高和塑性降低。

当变形不均匀分布时,变形体内部将产生附加应力,故变形所消耗的能量增加,从而使变形抗力升高(图 6.29)。另外由于内部存在不均匀分布的内力,物体处于受力的不稳定状态。其塑性变形能力显然比无应力的稳定状态低,在变形中较早达到金属的断裂强度(图 6.30 中 A、B 线)而发生破裂,因而使塑性显著降低($\varepsilon_a > \varepsilon_b$)。

(4)使产品质量降低。

当变形体某方向上各处的变形量差别太大,而物体的整体性不能起限制作用时,所出现的附加应力不能自相平衡而导致变形体外形的歪扭。如薄板(或带)轧制、薄壁型材挤压时出现的镰刀弯、波浪形等,均由此原因所致。另外,变形不均匀的材料,经再结晶退火后晶粒大小与原来承受的变形量有关,故使退火后组织不均匀,而使性能不均匀。

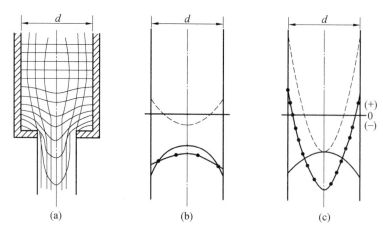

图 6.28　挤压时金属流动及纵向应力分布
（——为基本应力；-----为附加应力；—●—●—为工作应力）

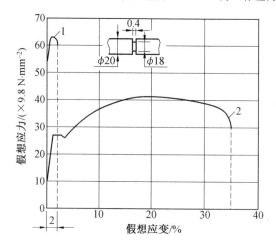

图 6.29　拉伸试验曲线
1—带缺口试样 $\delta=2\%$；2—未带缺口试样 $\delta=35\%$

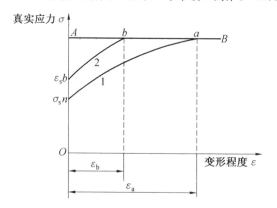

图 6.30　拉伸时真实应力与变形程度的关系
1—无缺口试样拉伸时的真实应力曲线；2—有缺口试样拉伸时的真实应力曲线

(5) 使生产操作复杂化。

变形与应力分布的不均匀,加工工具各部分受力不同致使工具的磨损与发热等不均匀,工具的设计、制造、使用和维护工作变得复杂化。如孔型轧制孔型磨损不均匀;有时轧件出来时发生弯曲致使导卫装置安装复杂化;另外不均匀变形的材料在进行后续热处理时,使热处理规程工作复杂。

(6) 形成残余应力。

由于附加应力是物体内自相平衡的内力,并不与外力发生直接关系,所以当外力去除,变形终止后,仍继续保留在变形体内部,即成为残余应力。附加应力的方向和大小,即是残余应力的方向和大小。

为了克服或减轻变形及应力不均的有害影响,通常采用如下措施:

(1) 正确选定变形温度。

合适的变形温度应保证在单相区内完成塑性变形,并尽可能使金属在加热及塑性变形过程中整个体积内温度均匀。此外随着温度的降低,软化过程不能充分进行,而保留部分加工硬化,使附加应力及残余应力增加。因此,在加工中应保证变形温度不低于一定范围。

(2) 尽量减小接触面上外摩擦的有害影响。

为了降低摩擦系数,应注意提高和保持工具表面的光洁度,采用适当的润滑剂。在镦粗低塑性材料时,为减少和消除难变形区,使变形不均匀性减少,可将锻坯端面预先做成凹锥形,并采用相应的锥形锤头压缩,或采用超声波加工法,以减轻接触面积的实际接触强度来减少外摩擦的影响。

(3) 合理设计加工工具形状。

为了保证变形与应力分布较均匀,须正确选择与设计锻模、轧辊孔型及其他工具,尽量使其形状与坯料断面很好地配合。例如热轧板材时,考虑轧辊中部温度升高使其膨胀,将轧辊设计成凹形,以保证沿轧件宽向上压下均匀;冷轧时,考虑轧辊中部产生弹性弯曲与压扁较大,故应将轧辊设计成凸形。

(4) 尽可能保证变形金属的成分及组织均匀。

首先从提高熔炼与浇铸质量方面着手;其次,对已浇铸的坯料采用高温均匀化退火等。

以上仅就减轻变形及应力不均匀分布的基本措施进行了简要说明,至于有关的具体措施要根据具体金属及加工条件而定。

6.3.4　残余应力

1. 残余应力的来源

如前所述,残余应力是塑性变形完毕后保留在变形物体内的附加应力。在塑性成形过程中,残余应力是由附加应力而来,所以变形体内残余应力也是自相平衡的。由于残余应力的来源与各类加工工艺有关,有如下几种:

(1) 第一类残余应力,又称宏观残余应力。它在物体全部或部分范围内平衡。

(2) 第二类残余应力,又称显微残余应力。它在各相组成物或各晶粒之间平衡。

（3）第三类残余应力，又称超显微残余应力。它常存在于金属点阵内部，例如位错与溶质原子交互作用引起的应力场等。

2. 变形条件对残余应力的影响

残余应力与附加应力一样，也同样受到变形条件的影响，其中主要是变形温度、应变速率、变形程度、接触摩擦、工具和变形物体形状等等。关于这些因素的影响，在前面讨论物体不均匀变形时亦有论述。现仅就变形温度、应变速率和变形程度的影响做简单论述。

（1）变形温度的影响。

在确定变形温度的影响时应注意到在变形过程中是否有相变存在。若在变形过程中出现双相系时，将会引起第二类附加应力的产生，从而使残余应力增大。

但在一般情况下，当变形温度升高时，附加应力以及所形成的残余应力减小。温度降低时，出现附加应力和残余应力的可能性增大。因此，即使是对单相系金属也不允许将变形温度降低到某一定值以下。

在变形过程中温度的不均匀分布是产生附加应力的一个原因，自然也是产生残余应力的一个原因。如果变形过程在高于室温条件下完成，具有某一数值的残余应力，则此残余应力会因物体冷却到室温而增加：

$$\sigma_0 = \sigma_t \frac{E_0}{E_t} \tag{6.1}$$

式中　　σ_0——室温条件下的应力；

　　　　E_0——室温条件下的弹性模量；

　　　　σ_t——高于室温的某一温度条件下的应力；

　　　　E_t——高于室温的某一温度条件下的弹性模量。

（2）应变速率的影响。

应变速率对残余应力也有如同对附加应力那样的影响。通常，在室温下以非常高的应变速率使物体变形时，其附加应力和残余应力有减小的趋势；而在高于室温的温度下，增大应变速率时，这些应力反而有可能增加。

（3）变形程度的影响。

随着变形程度的增加，第一类附加应力，亦即残余应力开始急剧增加。当塑性变形达到 20%～25% 时，达到最大值。当变形继续增加时，残余应力将开始减小，并当变形程度超过 52%～65% 时，残余应力几乎接近于零。变形程度的这种影响是指在 $T/T_m < 0.3$（T、T_m 分别为金属的变形和熔点的热力学温度）的变形，当温度升高时，在较大的变形程度下才能使第一类残余应力达到最大值，并在高于 60%～70% 的变形条件下，此应力也未降低到零。变形程度对第二类和第三类残余应力的影响则是另一种情况。这些残余应力的数值将随变形程度的增加而增大，而且双相系和多相系比单相系的提高更强烈。图 6.31 所示为残余应力能量与变形程度的关系曲线。

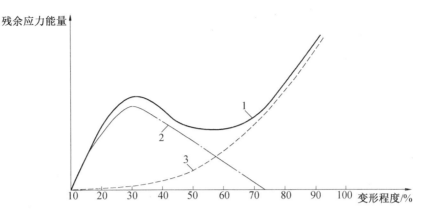

图 6.31　残余应力能量与变形程度的关系曲线

1—第一类、第二类及第三类残余应力总能量曲线；2—第一类残余应力能量的变化曲线；

3—第二类及第三类残余应力总能量的变化曲线

3. 残余应力所引起的后果

(1)引起物体尺寸和形状的变化。

当在变形物体内存在残余应力时,物体将会产生相应的弹性变形或晶格畸变。若此残余应力因某种原因消失或其平衡遭到破坏,此相应的变形也将发生变化,引起物体尺寸和形状改变。对于对称形的变形物体来讲,仅发生尺寸的变化,形状可保持不变。例如,当用表面层具有拉伸残余应力和心部具有压缩残余应力的棒材坯料在车床上车成圆柱形工件时,切削后由于具有拉伸残余应力的表面层被车削掉,成品工件的长度将有所增加(图 6.32 中虚线)。若加工件是不对称的,则物体除尺寸变化外,还可能发生形状的改变。引起残余应力的消失或减小的原因,除机械加工外还有时间的延长等因素。有时,具有残余应力的物体在热处理过程中,或受到冲击后也会发生尺寸和形状的变化。

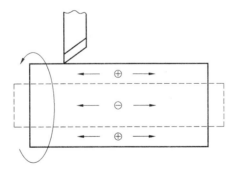

图 6.32　切削具有残余应力的棒材示意图

(2)使零件的使用寿命缩短。

因残余应力本身是相互平衡的,所以当具有残余应力的物体受载荷时,在物体内有的部分的工作应力为外力所引起的应力与此残余应力之和,有的部分为其差,这样就会造成应力在物体内的分布不均。此时,工作应力达到材料的屈服强度时,物体将会产生塑性变形;达到材料的断裂强度时,物体将会产生断裂,从而缩短了零件的使用寿命。

(3)降低了金属的塑性加工性能。

当具有残余应力的物体继续进行塑性加工时,残余应力的存在可加强物体内的应力和变形的不均匀分布,使金属的变形抗力升高,塑性降低。

(4)降低金属的耐蚀性以及冲击韧性和疲劳强度等。

4. 减小或消除残余应力的措施

残余应力是由附加应力的变化而来,其根本原因就是物体产生了不均匀变形,使在物体内出现了相互平衡的内力。因此,残余应力不仅产生在塑性加工过程中,而且也产生在不均匀加热、冷却、淬火和相变等过程中。减小或消除残余应力的方法有:①减小材料在加工和处理过程中所产生的不均匀变形;②对加工件进行热处理;③进行机械处理。因减小不均匀变形的具体措施前面已有论述,现仅对后两种减小残余应力的方法予以说明。

(1)热处理方法。

物体内存在的残余应力可用退火、回火等方式来减小或消除。第一类残余应力可在回火中大大减小。在许多情况下,残余应力只有在再结晶时才能完全消除。究竟采用哪种热处理方法,这要看实用目的而定。如果是为了防止物体在以后停放或加工中由残余应力引起的形变和破裂的危险,并要求保证足够的硬度(强度),如黄铜的半硬态制品,则可采用低温回火的方法;若为了完全消除残余应力,使金属软化以利于以后的加工,则可采用再结晶温度附近退火;至于不仅要完全消除残余应力,还要利用相变再结晶来均匀细化晶粒,改善组织,提高性能,则需在高温长时间退火,如钢加热到 A_{c3} 以上进行完全退火。

必须指出,热处理法的目的是消除残余应力,故而加热速度不宜太快;温度应均匀上升,冷却时亦需缓慢降温,以免产生新的残余应力。另外,热处理法的缺点是大幅度改变晶粒的大小,并降低金属的强度性能。所以,对于不允许退火的制品,则采用机械处理方法。

(2)机械处理方法。

机械处理方法是利用使物体表面产生很小的塑性变形的方法来减小残余应力。属于这种处理方法的有:

①使零件彼此碰撞(此方法仅限于尺寸小、形状简单的工件)。

②用木槌打击表面,或用喷丸法打击工作表面。

③表面辗压和压平。

④表面拉制。

⑤在模子中做表面校形或精压。

因这种方法仅使工件产生表面变形,所以在变形中,于工件表面层中产生附加压应力,在工件中层产生附加拉应力。可见,此方法只能减小第一类残余应力,且只当工件表面层中具有残余拉应力时才能适用。

如图 6.33 所示,表面层中具有纵向残余拉应力的板材经表面辗压后,其残余应力大为减小。在一定限度内,表面变形越大,残余应力减小得越多。

试验证明,拉制黄铜棒经过辗压后,其内部的残余应力发生如图 6.34 所示的变化。可见,表面变形可使原来的残余应力几乎减小一半,甚至可使表面拉应力变成压应力。表

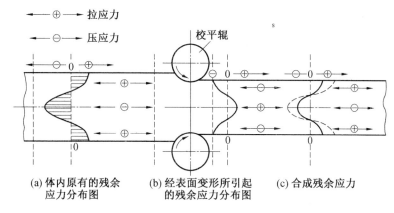

图 6.33 用表面变形减小残余应力的方法

面变形程度越大,残余应力减小得越多。但此变形程度不应超过某一限度,一般是在
1.5%~3%。若超过此限度,会造成有害的后果,因为这样不但不会减小残余应力,反而
会使残余应力增加。

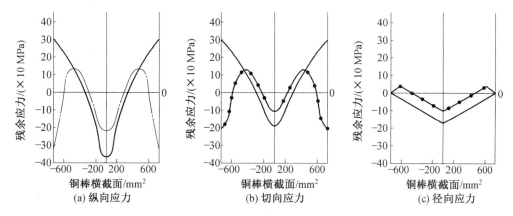

图 6.34 黄铜棒在碾平前后的残余应力分布图

(实线表示拉制钢棒的残余应力,虚线和点线表示铜棒在碾平后的残余应力)

5. 研究残余应力的主要方法

研究金属物体内残余应力的主要方法是机械法、化学法和 X 射线法。

(1)机械法。

用机械法可测定棒材、管材等一类物体内的残余应力,其精确度可达每平方厘米内几
千克。其具体测量方法是(图 6.35):截取一段长度为其直径三倍的棒材(或管材),在其
中心钻一通孔,然后用膛杆或钻头从内部逐次去除一薄层金属,每次去除约 5% 的断面
积,去除后测量试样长度的延伸率 λ 和直径的延伸率 θ,并计算出下列数值:$\Delta_1 = \lambda + r\theta$,
$\Delta_2 = \theta + r\lambda$,式中 r 为泊松比。然后绘制这些数值与钻孔剖面积 F 的关系曲线(图 6.36),
并用作图法求出此曲线上任一点的导数 $\dfrac{\mathrm{d}\Delta_1}{\mathrm{d}F}$ 和 $\dfrac{\mathrm{d}\Delta_2}{\mathrm{d}F}$。

按 D. Sachs 根据一般弹性力学理论所求得的下述计算公式,逐步求出每去除一微小
面积 $\mathrm{d}F$ 后的残余应力大小。

纵向应力：

$$\sigma_p = E'\left[(F_0-F)\frac{\mathrm{d}\Delta_1}{\mathrm{d}F}-\Delta_1\right] \qquad (6.2)$$

切向应力：

$$\sigma_t = E'\left[(F_0-F)\frac{\mathrm{d}\Delta_2}{\mathrm{d}F}-\frac{F_0+F}{2F}\Delta_2\right] \qquad (6.3)$$

径向应力：

$$\sigma_r = E'\frac{F_0+F}{2F}\Delta_2 \qquad (6.4)$$

式中　E'——材料的弹性模量，$E'=\dfrac{E}{1-r^2}$。

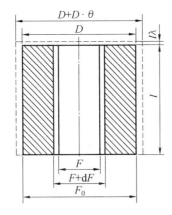

图 6.35　棒材中心钻孔测残余应力

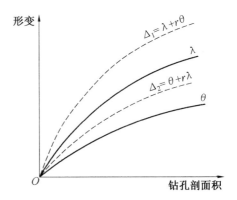

图 6.36　形变与钻孔剖面积的关系曲线

测量残余应力除上述的精确的机械法外，还有些近似的机械方法，如：

为确定管材表面层的应力，可以直接从管壁上切取一个薄的片层，测量其长度的变化 λ_0，然后可用下式计算表面层的纵向应力：

$$\sigma_{p0}=\lambda_0 E \qquad (6.5)$$

为确定管材上的切向应力，可从管子上切取一个环，并测量此环直径的相对变化 θ_0，其切向应力可用下式求出：

$$\sigma_{x0}=\theta_0 E \qquad (6.6)$$

为确定轴向应力，可从薄壁管切下一个轴向的窄条，测量此窄条呈弧形后的长度 f_c，则此轴向应力为

$$\sigma_{t0}=E\frac{4B f_c}{l^2} \qquad (6.7)$$

式中　B——窄条或环的厚度；

　　　l——窄条的长度。

（2）化学法。

化学法是定性研究残余应力的一种方法。此方法是将试样浸入到适当的溶液中，测量出自开始浸蚀到发现裂纹的经过时间，按此经过的时间来判断残余应力的大小。浸蚀

试样所用的溶液,对于含锡青铜可用水银及含水
银的盐类,对于钢可用弱碱及硝酸盐类。在判断
应力的形式时,若出现横向裂纹,则可认为是纵
向应力作用的结果;若出现纵向裂纹,则可认为
是横向应力作用的结果。在实际中准确地确定
裂纹出现的时间比较困难,不过与其他机械法相
比较,还是可以定性地看出破裂时间与残余应力
的关系(图 6.37)。

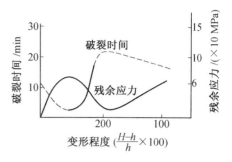

图 6.37　用化学浸蚀法及机械方法测定冷
轧黄铜残余应力的对照曲线

　　另一种化学法是,将试样吊浸在适当的溶液
里,隔一定时间来称其质量。这样就可以得到一
个质量损失与经过时间的关系曲线(图 6.38)。与标准曲线相比较,以判定残余应力的大
小。所得到的曲线的位置比标准曲线越高,则表示物体内的残余应力越大。

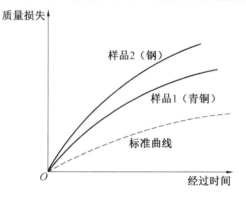

图 6.38　用称重法测定残余应力的试验曲线

　　化学法对于测定金属丝、薄条等类型的工件内的残余应力是十分合适的。同时定性
地来比较在不同的压力加工制度和热处理制度中所出现的残余应力的大小也是很有
用的。

　　(3)X 射线法。

　　X 射线法包括劳埃法和德拜法。在劳埃法中可根据干扰斑点形状的变化来定性地确
定残余应力。如图 6.39 所示,当无残余应力存在时,各干扰斑点呈点状分布;当有残余应
力时,各干扰斑点伸长,呈"星芒"状。用德拜法可以定量地测出所存在的残余应力。第一
类残余应力可根据德拜图上衍射线条位置的变化来确定。第二类和第三类残余应力可根
据衍射线条的宽度和强度的变化来确定。

　　从上述测定残余应力的各方法中可以看出,用机械法可以比较精确地确定残余应力
的大小和分布,但在测定时会损害物体的整体性。用化学法基本是定性的测定,定量性
差,也需要专门的试样。X 射线法是一种"非破坏性"的测定方法,它能够定量地测出物体
内的残余应力。但此方法仅适用于能够给出较清晰敏锐的衍射线条的某些材料,并由于
X 射线的投射能力较小,只能探明物体接近表面部分的情况。

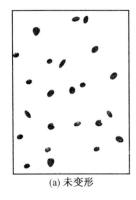 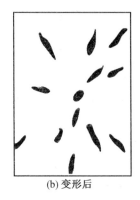

(a) 未变形   (b) 变形后

图 6.39 铝晶体的劳埃图

6.4 金属塑性加工中的应力及变形特点

金属塑性加工的主要方法有锻造、轧制、挤压和拉伸等。现主要介绍金属的镦粗、板材轧制和棒材挤压和拉拔时的应力及变形特点。

6.4.1 金属在平锤间镦粗时的应力及变形特点

金属塑性变形的发生、发展过程是不均匀的。从宏观上来讲,这主要是由于在塑性加工过程中坯料与工具的形状一般是不一致的,另外还有不可避免的外摩擦作用,因此变形区内金属所受到的应力分布是不均匀的,在不同部分区间,变形起始的早晚、程度的大小、速度快慢等都不相同;如果坯料的变形温度不均匀,同样也会产生上述现象。从微观上来讲,金属结构本身就是不均匀的。先分析平锤间镦粗矩形组合件时的应力与变形情况。

1. 镦粗时组合件的变形特点

取十块 5 mm×40 mm×60 mm 的铅板,在每块表面的四分之一面积处,画上 5 mm×5 mm 的网格二十四个,然后将它们整齐地叠放起来组成 50 mm×40 mm×60 mm 的矩形试样(图 6.40)。将试件在平锤间进行镦粗至一定的变形高度,从外形上来看,试样出现鼓形和侧面翻平现象。图 6.41 所示为当变形程度为 55% 时各层网格的变化情况,1 是接触表面层,6 是试样高度中心层。从变形后的网格可以看出,不论是长向（x 方向）,或是宽向（y 方向）上变形的分布都是不均匀的。

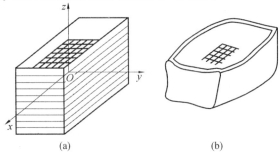

(a)   (b)

图 6.40 矩形组合件塑性镦粗前后形状

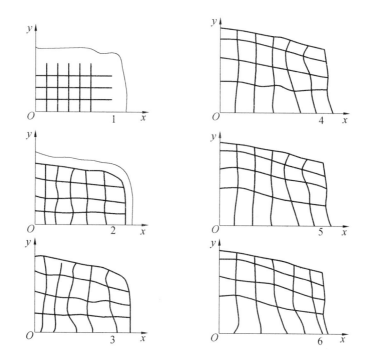

图 6.41　变形程度为 55％时各层网络的变形情况

根据镦粗压缩变形后的变形情况,如果沿 x 方向来测定各层中每个方格的高度,并计算出它们的高度方向的变形程度 ε_x,则可计算出图 6.42 所示的分布曲线。分析各曲线可见,在接触表面上,试件的中心区域没有变形而边缘部分的变形较大,并且有很明显的侧面翻平现象,这表明在接触表面上确实存在着难变形区或黏着区。除去表面层后,其他各层 x 方向上的各处都有高向变形,并且到达试件中心对称面上时,变形量最大,边缘部分的变形则越来越小,这种情况也与前面的分析相符合,并表明塑性镦粗的试件内明显存在三个区,即易变形区、自由变形区和难变形区。

2. 基本应力的分布特点

矩形试件的变形特点是由基本应力分布决定的。物体内一点的变形状态是与应力状态是有直接关系的,其规律是正应力引起各条边线长度的变化,切应力则引起各垂直棱边角度的变化。

矩形试件在平锤间镦粗时的基本应力状态是三向压应力,但在试件内部,每点的压应力值并不相等。如果沿着三个坐标轴方向的正应力分别为 σ_x、σ_y、σ_z,其分布的规律是:沿着 x 轴 σ_z 在接触表面上的分布是从边缘向中心由零开始逐渐增大,因为越接近中心,摩擦力的阻碍作用越显著(图 6.43(a));沿着 y 轴 σ_z 的分布规律同 σ_z 沿着 x 轴的分布;沿 z 轴 σ_z 在侧表面上为零,在试件内部,从接触表面向对称层 σ_z 逐渐减小,如图 6.43(b)所示。

3. 第一类附加应力的分布特点

在对称件的中心部位(图 6.44 中的 O 点),其纵向延伸和横向宽展的变形量比其他区域都要大一些,而靠近侧面边部的 a 点和 b 点附近的变形量最少。根据第一类附加应力产生的原因可知,O 点附近的第一类附加应力为三向压应力,而 a、b 两点附近的第一类附加应力为两向拉应力。

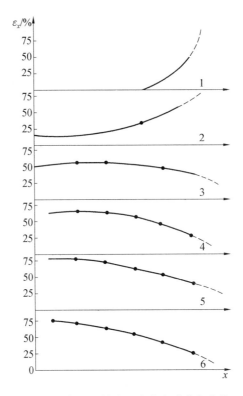

图 6.42　各层 x 轴向上高度变形分布曲线

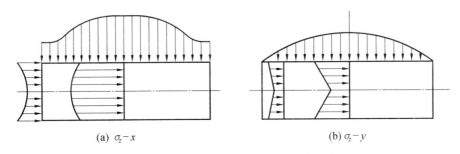

(a) $\sigma_z - x$　　　　　　　　　　(b) $\sigma_z - y$

图 6.43　平锤间镦粗组合试件的基本应力分布

在接触表面层,中心位置 c 点附近几乎没有产生变形,而边缘部分无论是纵向还是横向均发生了变形,从边缘向中心变形递减,所以 O 点附近的第一类附加应力是两向拉应力。

根据塑性条件可知,在 O 点附近,由于基本应力和附加应力的综合作用,这里首先满足塑性变形条件而产生塑性变形,在整个塑性变形过程中,也是变形量最大的区域。在 c 点附近承受的基本应力是强烈的二向压应力,由于摩擦的作用,形成难变形区或黏着区;但附加应力的作用显然是会减少某些压应力而促使该区进入塑性变形状态,并且由于基本应力和附加应力的联合作用,因此接触表面层的变形区不断扩大。在 a、b 两点附近,当变形很不均匀时,附加拉应力越来越大,如果被变形的金属塑性较低,将会在侧面出现裂纹。

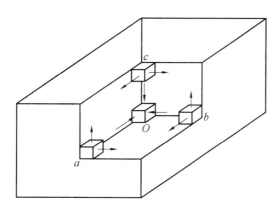

图 6.44　矩形零件塑性镦粗时几个特殊点的附加应力图示

6.4.2　金属在平辊轧制时的应力及变形特点

1. 基本应力特点

平辊轧制时,金属在两个反向旋转的等径轧辊之间受到连续压缩,因此在其纵向与宽向上产生延伸和宽展变形。由于轧辊所施加的压力作用,在高向上轧件承受 σ_z 的压应力,而在纵向与横向上,因摩擦力的作用而使轧件承受 σ_x 和 σ_y 的压应力。轧制时,一般是变形区的长度 l 比轧件宽度小,故基本应力存在着 $|\sigma_z| > |\sigma_y| > |\sigma_x|$ 的关系,因而纵向上的延伸比横向上的宽展大得多。图 6.45 所示为平辊轧制时变形区内基本应力分布图示。

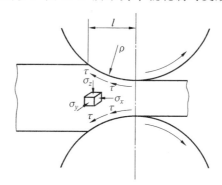

图 6.45　平辊轧制时变形区内基本应力分布图示

2. 变形区内金属质点流动特点

(1)金属质点纵向流动特点。

金属在平辊轧制时,在变形区内,不但有因塑性变形而产生的金属质点纵向流动,而且还有受到轧辊旋转的带动所产生的机械运动。所以,轧件在变形区内金属质点在纵向上的流动是这两种运动叠加的结果。故变形区存在着前滑、后滑和中性面三个区域。

①前滑:在变形区内,金属质点的向前流动速度大于轧辊表面线速度的现象称为前滑。在变形区内金属质点流动具有前滑现象的区域称为前滑区。

②后滑:在变形区内,金属质点的向前流动速度小于轧辊表面线速度的现象称为后滑。在变形区内金属质点流动具有后滑现象的区域称为后滑区。

③中性面:在变形区内,金属质点的向前流动速度与轧辊表面线速度一致的截面称为中性面。中性面实际是前滑与后滑的临界面。

在平辊轧制生产中,可分为热轧和冷轧两种情况。一般来说,热轧时所使用的轧辊辊径大,道次压下量大,同时在高温下接触表面的摩擦系数大(0.3~0.5),金属的变形抗力低;冷轧时所使用的轧辊辊径小,道次压下量小,接触表面的摩擦系数也小(0.08~0.3),由于加工硬化,变形抗力较大。这些特点使得其变形,以及金属质点在纵向上的流动情况有所不同,因此要用变形形状因子$\frac{L}{H_平}$来区分。根据试验及实践资料,可分为$\frac{L}{H_平}>0.5$~1.0及$\frac{L}{H_平}<0.5$~1.0两种情况,前者称薄轧件,相当于冷轧及热轧薄板情况;后者称厚轧件,相当于热轧开坯时情况。

①当$\frac{L}{H_平}>0.5$~1.0时,如图6.46所示。这时接触弧较长而轧件高度小,故变形能深入整个断面高度。在后滑区内,轧件任意断面的平均速度都小于轧辊的水平运动速度,但是由于接触表面上的摩擦力总是力图把较高的速度传给轧件表面层及其附近部位,而对中心部位的影响则相对小些,这样就使得后滑区内各断面上金属质点的运动速度表面层大于中心层而呈现图6.46中6所示形状,并且外摩擦越大,这种不均匀性越明显。

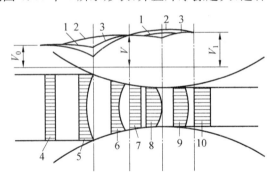

图6.46 $\frac{L}{H_平}>0.5$~1.0时变形区内纵断面速度分布曲线(1~3)及各断面速度分布图(4~10)

1—表面层;2—中心层;3—速度平均值;4—后刚端;5—几何变形区入口处;6—后滑区;
7—中性面;8—前滑区;9—几何变形区出口处;10—前刚端

刚端对变形不均匀有严重影响,因为刚端不变形或已变形完了,其断面上金属质点的运动速度是均匀的(图6.46中4和10),在刚端与后滑区和刚端与前滑区之间,还存在着一个位于几何变形区外的变形发生区和变形终了区。在变形发生区内,随着各断面逐渐靠近后滑区,其金属质点流动的不均匀性明显增加(图6.46中5);在变形终了区,随着各断面逐渐靠近前刚端,金属质点运动速度趋于一致,如图6.46中9所示。

在变形区中性面上,由于轧件与轧辊的速度相等,所以该断面上金属质点的运动速度是一致的(图6.46中7)。在前滑区,因为轧件的平均运动速度大于轧辊的水平速度,所以,接触表面上的摩擦力总是阻碍轧件向前运动,当然,越接近表面层所受的影响越大,该区各断面上金属质点的运动速度如图6.46中8所示。

②当$\dfrac{L}{H_平}<0.5\sim1.0$时,如图 6.47 所示。这时轧件高度大而变形区长度相对变小,故变形难以深入整个断面高度。在后滑区各断面上,外层金属质点的流动速度由接触表面向中心层逐渐减小,中心层附近没有产生变形而保持一个固定的速度不变,其分布如图 6.47 中 3 所示。在前滑区,情况恰好相反,各断面速度是由表层向里逐渐增大,但在中心层没有产生变形,所以速度仍保持不变,如图 6.47 所示。其他区域中各断面金属质点运动速度已分别在图中画出,可类似进行分析。

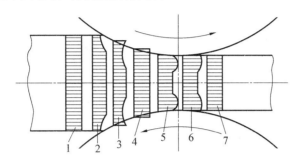

图 6.47　$\dfrac{L}{H_平}<0.5\sim1.0$ 时轧件运动速度分布图

1—后刚端;2—变形发生区;3—后滑区;4—中性面;5—前滑区;6—变形终了区;7—前刚端

(2)宽展及宽展上的纵向流动。

轧制时,沿轧件宽度方向尺寸的变化量称为宽展。宽展常用绝对值表示,$\Delta B=b-B$,其中 B 是轧件轧制前的宽度,b 是轧件轧制后的宽度。

轧制时,轧件高向受到压缩,必然产生纵向延伸和横向宽展;由于变形区长度 L 往往比横向宽度 B 小得多,加之受轧辊的带动,因此轧件的延伸远远比宽展大。

虽然轧制时轧件在变形区内所受的基本应力都是压应力,但由于位置不同,因而各向数值不一样。例如在板材的边缘部分(图 6.48 中 oab 区),金属质点所受的横向压应力 σ_y 比纵向压应力 σ_x 小,所以在这个区域内的金属质点的变形状态为高向压缩而横向及纵向延伸,并且横向上的变形 ε_y 大于纵向上的变形 ε_x。因此,金属轧件的宽展主要是由于这个区域中的质点横向流动,故 $\triangle oab$ 又称为宽展三角区。

在轧件宽度的中间部分,其质点所受的横向压力 σ_y 比纵向压应力 σ_x 大,所以在这个区域内的金属质点的变形状态虽然还是高向压缩而纵向和横向延伸,但横向上的变形比纵向的延伸小得多。

由于有横向变形,因此金属质点在变形区内宽向上流动方向不一致,板材中间部分金属质点的流动方向基本与轧制方向平行,而边缘部分的金属质点流动方向则与轧制方向成一个角度,故各部分运动速度在轧制方向的水平投影的长度不同,形成图 6.48(b)所示的不均匀流动图形。

轧制时,影响宽展量大小的因素很多,可大致归纳为三点:

①外摩擦:摩擦系数增加,宽展增加;摩擦系数减少,宽展也随之减少。因为摩擦系数增加阻碍延伸变形,横向宽展增加。

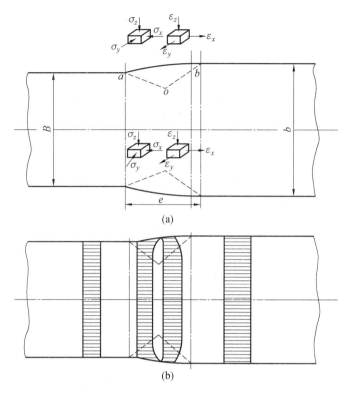

图 6.48 金属质点运动速度在横向上的分布

②变形区的尺寸:影响宽展的尺寸主要是 $\dfrac{L}{B}$ 值,凡是使 $\dfrac{L}{B}$ 值增大的因素都使宽展增加。所以,轧辊直径的增大,首次压下量增加,轧件原始宽度减小等,都促使宽度增加,因为它们都会使宽展三角区的面积扩大,从而增加了向横向流动的金属质点,故增加了宽展的数值。

③刚端:轧件变形区外部的刚端限制了宽展的发展而增加纵向延伸,并且使轧件的宽度方向及高度方向上的延伸变得更均匀些。由于刚端的这种作用,因此轧件变形区的边缘部分,特别是在靠近入口部位的边缘,以及邻近此部位而处于变形区外面的轧件边缘部位承受纵向拉应力;而与这些地方相邻的变形区内的其他部位,则承受压应力。正是由于轧件边缘部位的这种拉应力的作用,限制了金属质点的横向流动,减少了宽展。

3. 平辊轧制时附加应力的分布特点

因为平辊轧制时变形区内金属质点的流动速度在高度方向上的分布如图 6.46 所示,那么必然会产生如图 6.49 所示的附加应力。在后滑区,表面层金属质点的运动速度大于中心层,故中心层给表面层以附加压应力,而表面层给中心层以附加拉应力。在前滑区,轧件表面层的质点流动速度小于中心层,所以中心层对表面层产生附加拉应力,而表面层对中心层产生附加压应力。

在前滑接触表面层存在的附加拉应力,当数值很大时,是轧件表面产生裂纹的原因;有时,这种裂纹很小,不容易发现,当这种坯料继续冷变形时,就会暴露出来而造成难以补救的废品。

料头端部在高度方向上承受着附加拉应力σ_z'是有害的，当$\dfrac{L}{B}$值较小时，变形不很深透，常常是某些低塑性材料轧制时产生张嘴的原因。特别是当铸锭中心部位存在着低熔点化合物或有其他夹杂物存在时，由于本身强度就很低，因此很容易在这种附加拉应力的作用下出现层裂的现象。

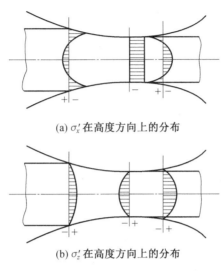

(a) σ_x' 在高度方向上的分布

(b) σ_z' 在高度方向上的分布

图 6.49　平辊轧制时的附加应力

6.4.3　棒材挤压时的应力及变形特点

挤压是有色金属及合金压力加工生产的重要方法之一，它可以生产各种棒材、管材、型材和线坯。在这里将以单孔棒材挤压为例，分析挤压过程中的应力与变形特点。

1. 棒材挤压时的基本应力状态

从应力与变形的角度来说，可以把挤压过程分成填充和挤压两个基本阶段。

填充刚开始，坯料内部的应力状态与圆柱体镦粗一样，也是三向压应力状态。大部分区域是轴向应力σ_z的绝对值大于径向应力σ_r的绝对值，即$|\sigma_z|>|\sigma_r|$，只有在模口附近，轴向应力的绝对值才小于径向应力的绝对值，即$|\sigma_z|<|\sigma_r|$，这是因为模口外面没有力的作用。在镦挤过程中，坯料内的三向应力（轴向应力σ_z、径向应力σ_r、周向应力σ_θ）很高，整个坯料分成两种应力状态区：对准模口的 I 区，其应力特点是$|\sigma_z|<|\sigma_r|$；在 I 区的周围是 II 区，其基本应力状态是 $|\sigma_z|>|\sigma_r|$（图 6.50）。随着填充继续进行，离模口稍远一点的金属也进入塑性变形状态。当坯料充满挤压筒后，由填充阶段转入挤压阶段，塑性变形区逐渐向内部扩大（图 6.51 的漏斗区域）。

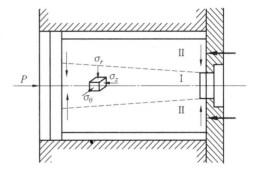

图 6.50　填充时坯料的应力状态

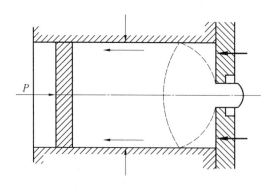

图 6.51　挤压开始时的变形情况

2. 棒材挤压时的金属流动规律

在塑性变形区内,由于其应力状态也有压缩应力状态和延伸应力状态之分,所以把Ⅰ区称为延伸变形区,Ⅱ区称为压缩变形区。Ⅱ区的金属首先是轴向压缩,径向延伸。当它们流入Ⅰ区后再转为轴向延伸,径向压缩。在Ⅲ区内,虽然σ_z和σ_r差值很小,但是由于切应力很大,也将进入塑性变形状态,只是以剪变形为主,称为切变区。Ⅳ区是未变形区(弹性变形区),随着挤压过程的进行,其范围不断缩小。Ⅴ区是"死区",其形成原因与镦粗时的难变形区形成原因一致。随着挤压进行,其范围也在逐渐缩小,但是进展很慢,只有当挤压残料较短时,它才比较明显缩小范围,一直到挤压最后才流出模孔。

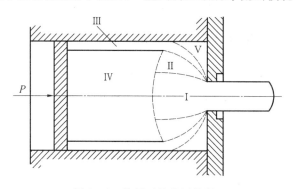

图 6.52　挤压时的分区情况

由图 6.52 所示的变形特点可知:随着挤压垫片向前推进,Ⅰ区的金属流动最快,Ⅱ区的金属流动较慢,而Ⅲ区的金属将在挤压垫片前面逐渐堆积起来。由于Ⅲ区的金属原来处于坯料表面,不可避免地带有一些油、灰尘等杂质,这些杂质在挤压末期沿着Ⅲ区与Ⅴ区的界面流入到制品尾部,构成"缩尾"。

综上所述,挤压时金属的流动情况是十分不均匀的,金属不均匀变形比其他加工方法严重得多,金属的不均匀流动也直接影响到制品的组织和性能。

3. 棒材挤压时的附加应力

可以看出,虽然棒材头部刚出模孔时金属的流动还是比较均匀的,但是随后在变形中即发生很不均匀的流动。由于变形区内中间的金属流动得快,周围的金属流动得慢,所以变形流动快的部分对变形流动慢的部分产生一个附加应力;反过来,变形流动慢的部分将对变形流动快的部分作用一个附加应力。同样,变形区将对未变形区及已变形完了外端作用以附加应力,以满足其不均匀流动的要求。而未变形区及外端对变形区作用以附加应力,强迫变形区的不均匀流动不继续发展。

按挤压时金属质点流动的分区情况进行分析,可清楚地发现:在塑性变形区和变形终了的外端部分,由于中间金属流动得快,表面层金属流动得慢,所以变形不均匀的结果引起中间对表面层作用以轴向附加拉应力,而表面层对中间部分的材料产生轴向附加压应力。在棒材端面附近则产生了径向附加拉应力,如图 6.53 所示。

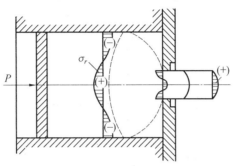

图 6.53　棒材挤压时的径向附加应力

在未变形区的横截面上,由于外表层已进入了塑性变形状态,其金属的流动速度远远大于中间部位,所以表面层对中间部位产生了轴向附加拉应力,而中间部位对表面层施加一个轴向附加压应力(图 6.53)。

就变形区内的附加应力情况来说,其变化情况是:在中心部位,从模口处的轴向附加压应力变到未变形区的轴向附加拉应力,表面部分则由附加拉应力变到附加压应力。

棒材头部的径向附加拉应力σ'_z是出现头部"开花"现象的原因。

由于棒材内部的轴向附加压应力的作用,棒材内部有增大直径的趋势,而表面层的轴向附加拉应力则阻止这种直径增大的趋势,随之产生了周向附加应力,其分布情况是中心层直径增加的趋势给表面层施加了一个附加拉应力,而表面层阻止内部直径增大的作用对中心部位产生了一个附加压应力(图 6.54)。

棒材表面层的周向附加拉应力σ'_θ是棒材产生纵向裂纹的根源。而棒材表面层的轴向附加拉应力σ'_z则是引起棒材周向裂纹的原因。

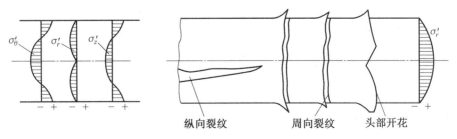

图 6.54　棒材的附加应力及其裂纹

6.4.4 棒材拉拔时的应力及变形特点

1. 棒材拉拔时的基本应力状态

棒材拉拔时的基本应力状态如图 6.55 所示。拉伸力 P 是沿轴向在金属前端的作用力,它在变形金属中引起轴向上的拉应力 σ_z。正压力 N 是模壁作用在金属上的力,它在变形金属中引起径向上的压应力 σ_r 和周向上的压应力 σ_θ。从以上分析中可以知道,棒材拉拔时,变形区内金属所承受的基本应力状态是两向压缩(径向和周向)—向拉伸(轴向)。当拉伸圆棒时 $\sigma_r = \sigma_\theta$,此时的应力状态被称为轴对称应力状态。

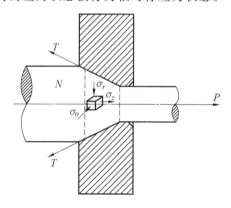

图 6.55 棒材拉拔时的基本应力状态

基本应力在整个变形区内也不是各处完全一样的。沿轴向,轴向拉应力 σ_z 由变形区的入口端到出口端是逐渐增大的,即 $\sigma_{z入} < \sigma_{z出}$。这是因为拉拔时变形区为一截锥体,金属的断面积由变形区的入口端到出口端是逐渐减小的。而径向压应力 σ_r 和周向压应力 σ_θ 由变形区的入口端到出口端是逐渐减小的。根据塑性条件时变形能不变的塑性变形条件,当 $\sigma_2 = \sigma_3$,即相当于 $\sigma_r = \sigma_\theta$ 时,其数学表达式为 $\sigma_1 - \sigma_3 = \sigma_s$ 即 $\sigma_z + \sigma_\theta = \sigma_s$($\sigma_\theta$ 为压应力故以 $-\sigma_\theta$ 代入)。可以得出如下结论:因为 σ_s 为一定值,在变形区内 σ_z 从入口端到出口端逐渐增大,σ_θ 从入口端到出口端必然是逐渐减小的。同理也可分析出 σ_r 的变化趋势。

沿径向上,基本应力的变化情况是轴向拉应力 σ_z 由边缘部分向中间部分逐渐增加,并且中心层的拉伸应力达到最大值。径向压应力和周向压应力由边缘部分向中心层是逐渐减小的。

2. 棒材拉拔时金属的流动规律

为了研究金属被拉过锥形模孔时的变形情况,可采用坐标网格法,并通过分析研究坐标网格的变化,可以定性地反映出金属在变形区内的流动规律(图 6.56)。

从图 6.56 中网格的变化可以看出,棒材中心层的正方形网格变成了矩形,其内切圆变成正椭圆形,在棒材的轴向方向上被拉长,在径向方向上被压扁。这就说明中心层的金属产生了轴向上的延伸、径向上的压缩。而棒材周边层的正方形网格变成了平行四边形,其内切圆变成了斜椭圆,沿轴向方向被拉长,径向方向被压缩。同时,周边层的正方形格子的直角在拉伸后相应变成了钝角和锐角,斜椭圆的长轴与拉伸轴线的夹角,由中心层向边缘部分逐渐增加。这就说明了周边层的网格除了受到轴向的拉长、径向和周向的压缩

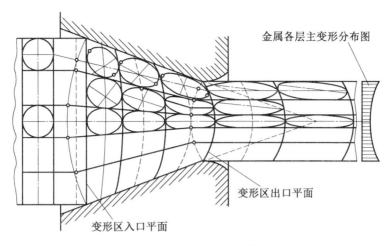

图 6.56　棒材拉拔时金属变形特点

外,还发生了剪变形。

拉拔时,坐标网格沿横断面上的变化是,拉伸前横断面上的坐标网格线为直线,进入变形区后,即顺着拉伸方向开始前凸而变成为弧形线。由图 6.56 中看出,此弧形线的曲率由入口到出口处逐渐增大,这就说明棒材的中心层金属质点流动速度比周边层快。

3. 棒材拉拔时的附加应力

由于拉拔时金属在变形区内中心层和周边部分流动速度的不一致,必然会引起附加应力。中心层的金属在变形区内流动得快,而周边层流动的速度慢,其结果形成了中心层对周边部分作用以轴向附加拉应力,而周边部分对中心层作用以轴向附加压应力(图6.57)。

在周向上,由于棒材中心层存在着轴向附加压应力,故这种附加应力有使其直径增大的趋势,而周边层所承受的轴向附加拉应力起着阻碍直径增大的作用,所以,棒材周向上的附加应力分布情况是:边缘层承受附加拉应力、中心层承受附加压应力。

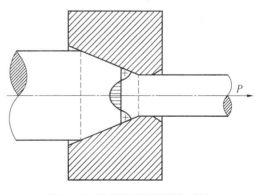

图 6.57　棒材拉拔时的附加应力

表面层承受的轴向附加拉应力是棒材拉伸时产生横向周期裂纹的根源,周向承受的附加拉应力则是产生纵向裂纹的主要原因。对于某些塑性较低的合金来说,拉伸后形成的残余应力如果不能及时消除,经过一定时间后棒材就会产生裂纹。

第7章 金属塑性成形中的摩擦与润滑

摩擦现象是自然界中普遍存在的物理现象。当在正压力作用下相互接触的两个物体受切向力的影响而发生相对运动或有相对运动的趋势时,在接触表面上会产生抵抗运动的阻力,这种自然现象称为摩擦。绝大多数金属塑性加工工序是在被变形金属与施压工具相接触的条件下实现的,这时被变形金属的质点沿工具表面滑动,结果产生了欲阻碍滑动的摩擦力。

塑性加工中的摩擦,除个别工序能起积极作用(如轧制、辊锻、若干板材冲压工序)外,绝大情形下是有害因素。

润滑就是在相对运动物体表面加入第三种物质(润滑剂),改善摩擦状态以降低摩擦阻力、减少磨损的技术措施,润滑是减小摩擦、减少磨损的最常用、最有效的方法。摩擦与润滑是金属材料在塑性加工过程中必然会遇到的重要实际问题。

摩擦学作为一门独立的学科始于 20 世纪 60 年代。1964 年英国以乔斯特为首的一个组,调查了摩擦与润滑方面的科研与教育状况及工业在这方面的需求,调查报告提到,通过充分运用摩擦学的原理与知识,就可以使英国工业每年节约 5 100 万英镑,相当于英国国民生产总值的 1%。这项报告引起了英国政府和工业部门的重视,同年英国开始将研究摩擦、磨损、润滑及有关的科学技术归并为一门新学科——摩擦学。机械产品的易损零件大部分是因摩擦磨损超过限度而报废。对于机器来讲,摩擦会使效率降低、温度升高、表面磨损,过大的磨损会使机器丧失应有的精度,进面产生振动和噪声,缩短使用寿命。世界上使用的能源有 1/3 以上乃至达到 1/2 消耗于摩擦。如果能够尽力减少无用的摩擦消耗,便可大量节省能源。因此,摩擦学的研究进展具有重要的意义,与之相关的就是耐磨材料的发展。目前,摩擦学的研究已经发展成为理论体系比较完善的一门学科。

7.1 塑性加工中摩擦的特点及其作用

7.1.1 塑性加工中摩擦的特点

塑性加工中的摩擦相对在机械传动过程中存在的摩擦有很大的区别,具有下列特点:

1. 在较高温度下产生的摩擦

塑性加工时界面温度条件比较恶劣。在金属塑性加工过程中,一部分塑性变形功转化为热量,使金属和工模具升温。对于热加工,对于不同金属,温度在数百摄氏度到一千多摄氏度之间;对于冷加工,由于变形热效应、表面摩擦热,也可以达到颇高的温度。高温下的金属材料,除了内部组织和性能变化外,金属表面发生氧化,给润滑带来很大影响。例如,不锈钢板料在拉伸过程中局部温度可以达 400 ℃以上。高温使得润滑剂变稀,改变了摩擦条件,给润滑带来很大的困难。

2. 在高压下产生的摩擦

金属塑性成形时,接触表面上的单位压力很大,通常热加工时为 $100\sim150$ MPa,冷加工时可高达 $500\sim2\,500$ MPa。而在机器轴承中的接触表面上的单位压力通常只有 $20\sim50$ MPa。塑性成形是在如此高的接触压力下进行的,使润滑剂难以带入或容易从变形区挤出,并且润滑油膜容易破裂,使润滑比较困难及润滑方法特殊,要求润滑剂与变形金属有非常好的亲和力。

3. 接触表面不断更新

在塑性变形过程中,接触面上金属各点移动情况不同,有的滑动,有的黏着,有的快,有的慢,坯料和工模具间又会出现有新的接触表面,新的金属表面的物理、化学性能与原先的金属材料表面不同,使工模具与金属之间的接触条件不断改变,因而在接触面上各点的摩擦状态也不一样。此外,新的接触面往往也没有润滑剂保护,易于与工模具发生黏着现象,所以金属塑性成形时的摩擦要比机械传动的摩擦复杂得多,也给润滑增加了困难。

4. 摩擦状态不同

工模具在金属材料塑性成形中的摩擦是一种间断的、非稳定摩擦,工模具接触表面的不同部位的摩擦都不相同。

5. 摩擦副的性质相差大

塑性加工中的摩擦副是指相互接触的金属与工模具产生摩擦而组成的一个摩擦体系。一般工模具硬度高且要求在使用时不容易产生塑性变形,而金属要求比工模具柔软得多,希望有较大的塑性变形能力。二者的性质与作用差异如此之大,因而变形时的摩擦情况也很特殊。

7.1.2　塑性加工中摩擦的作用

塑性加工中的外摩擦多数情况下是有害的,应设法减小,但在某些情况下,外摩擦有利于塑性加工过程。

1. 外摩擦对金属塑性加工的不利影响

(1)改变金属的应力状态,使变形力和能耗增加。一般情况下,摩擦力的加大可使负荷增加 30%。

(2)引起工件变形与应力分布不均匀,产生残余应力。金属塑性成形时,因摩擦的作用,金属流动受到阻碍,这种阻力在接触面的中部很强而在边缘部分比较弱,这导致金属的不均匀变形,产生残余应力。摩擦引起的这种不均匀变形使金属过多集中,会产生局部变形,当局部变形超过材料的变形能力时会导致金属的断裂,这将使得金属材料的整体变形能力降低。

(3)摩擦还会改变金属的变形方式,例如在对筒形金属料进行扩口与缩口,当摩擦力比较大时,筒形工件将会产生轴向受压失稳而导致加工失败。

(4)恶化金属工件表面质量,加速工模具磨损,降低工模具寿命。塑性成形时接触面间的相对滑动、摩擦热、变形与应力的不均匀、摩擦提高金属的成形力增加能耗,都会加速工模具磨损,降低其使用寿命。此外,摩擦提高金属的变形温度,使金属容易与工模具产生粘连,不仅缩短了工模具寿命,也降低了产品的表面质量与尺寸精度。

2. 塑性加工中摩擦有效性的利用

在实际生产中,有时可以有效利用外摩擦,使其有利于塑性加工过程。例如,在开式模锻时利用飞边阻力来保证金属充满模腔;在轧制时采用增大摩擦方法改变咬入条件,强化轧制过程;在冲压生产中增大冲头与板片间的摩擦,可以强化生产工艺,减少由起皱和撕裂等造成的废品。挤压时,由于摩擦力而产生了死区,从而提高了金属的表面质量。还可以通过设计,摩擦力变成金属流动的动力,如 Conform 连续挤压。

近年来,在深入研究接触摩擦规律,寻找有效润滑剂和润滑方法来减少摩擦有害影响的同时,积极开展了有效利用摩擦的研究。即强制改变和控制工模具与变形金属接触滑移运动的特点,使摩擦应力能促进金属的变形发展。

7.2   塑性加工中摩擦的分类及机理

7.2.1   摩擦的常见分类

摩擦的分类方法很多,因研究和观察的依据不同,分类方法也就不同。常见的有下列几种:

(1)按摩擦是否发生在同一物体分类,可分为内摩擦和外摩擦。内摩擦是指在物体的内部发生的阻碍分子之间相对运动的现象,属于同一物体内各部分之间发生的摩擦;而外摩擦是指在相对运动的物体表面间发生的相互阻碍作用的现象,属于两个物体的接触表面间发生的摩擦。塑性加工中的摩擦通常指的就是外摩擦。

(2)按摩擦副的运动形式分类,可分为滑动摩擦和滚动摩擦。滑动摩擦是指两接触表面间存在相对滑动时产生的摩擦;而滚动摩擦是指两物体沿接触表面滚动时产生的摩擦。

(3)按摩擦副的运动状态分类,可分为静摩擦和动摩擦。静摩擦是指两接触表面存在相对运动趋势,但尚未发生相对运动时的摩擦;而动摩擦是指两接触表面间存在相对运动时的摩擦。

(4)按摩擦副的润滑状态分类可分为干摩擦、流体摩擦、边界摩擦和混合摩擦。对塑性加工中的摩擦进行分类通常采用这种方法。

7.2.2   按润滑状态分类的摩擦

1. 干摩擦

干摩擦是指不存在任何外来介质时金属与工模具的接触表面之间的摩擦,两接触表面间无任何润滑介质存在。但在实际生产中,这种绝对理想的干摩擦是不存在的。因为金属塑性加工过程中,其表面多少存在氧化膜,或吸附一些气体和灰尘等其他介质。通常说的干摩擦指的是不人为添加润滑剂的摩擦状态。

2. 流体摩擦

流体摩擦是指当金属与工模具表面之间的润滑层较厚,两摩擦副在相互运动中不直接接触,完全由润滑油膜隔开,如图 7.1 所示,发生在流体内部分子之间的摩擦,又常被称为湿摩擦,与上述的干摩擦相对应。流体摩擦不同于干摩擦,摩擦力的大小与接触面的表面状态无关,而是与流体的黏度、速度梯度等因素有关。塑性加工中接触面上压力和温度较高,使润滑剂常易挤出或被烧掉,所以流体摩擦只发生在有限情况下。

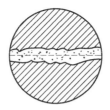

图 7.1　流体摩擦

3. 边界摩擦

边界摩擦是指介于干摩擦与流体摩擦之间的摩擦状态,两接触表面上有一层极薄的边界膜(吸附膜或反应膜)存在时的摩擦,如图 7.2 所示。

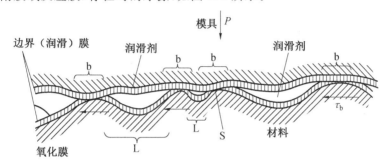

图 7.2　接触面的放大模型图

S—黏着部分;b—边界摩擦部分;L—流体摩擦部分

4. 混合摩擦

混合摩擦是指两接触表面同时存在着流体摩擦、边界摩擦和干摩擦的混合状态时的摩擦。混合摩擦一般是以半干摩擦和半流体摩擦的形式出现。半干摩擦是指两接触表面同时存在着干摩擦和边界摩擦的混合摩擦,而半流体摩擦是指两接触表面同时存在着边界摩擦和流体摩擦的混合摩擦。

在实际生产中,由于摩擦条件比较恶劣,理想的流体润滑状态较难实现。此外,在塑性加工中,无论是工具表面,还是坯料表面,都不可能是“洁净”的表面,总是处于介质包围之中,总是有一层敷膜吸附在表面上,这种敷膜可以是自然污染膜、油性吸附形成的金属膜、物理吸附形成的边界膜、润滑剂形成的化学反应膜等。因此理想的干摩擦不可能存在。实际上常常是上述三种摩擦形式共同存在的混合摩擦。

7.2.3　摩擦的机理

塑性加工时摩擦的性质是复杂的,目前尚未能彻底地揭示有关接触摩擦的规律。关于摩擦机理,即摩擦产生的原因,有表面凸凹学说和分子吸附学说。

1. 表面凸凹学说

所有经过机械加工的表面并非绝对平坦光滑,都有不同程度的微观凸起和凹入。当凹凸不平的两个表面相互接触时,一个表面的部分凸峰可能会陷入另一表面的凹坑,产生机械咬合。当这两个相互接触的表面在外力的作用下发生相对运动时,相互咬合的部分会被剪断,此时摩擦力表现为这些凸峰被剪切时的变形阻力。根据这一观点,相互接触的表面越粗糙,相对运动时的摩擦力就越大。降低接触表面的粗糙度,或涂抹润滑剂以填补表面凹坑,都可以起到减少摩擦的作用。

2. 分子吸附学说

当两个接触表面非常光滑时,接触摩擦力不但不降低,反而会提高,这一现象无法用机械咬合理论来解释。分子吸附学说认为:摩擦产生原因是接触面上分子之间的相互吸引。物体表面越光滑,实际接触面积越大,接触面间距离越小,分子吸引力越强,因此滑动摩擦力越大。

近代摩擦理论认为,以上两种作用均有。摩擦力不仅来自接触表面凹凸部分互相咬合产生的阻力,而且还来自真实接触表面上原子、分子相互吸引作用产生的黏合力。对于流体摩擦来说,摩擦力则为润滑剂层之间的流动阻力。

7.2.4 塑性加工时接触表面摩擦力的计算

计算金属塑性加工时的摩擦力,通常分如下三种情况考虑:

1. 库仑摩擦条件

这种情况不考虑接触面上的黏合现象,是处于全滑动状态,认为摩擦符合库仑定律,满足以下条件:

(1)摩擦力与作用于摩擦表面的垂直压力成正比,与摩擦表面的大小无关。

(2)摩擦力与滑动速度的大小无关。

(3)静摩擦系数大于动摩擦系数。

其数学表达式为

$$F = \mu N \text{ 或 } \tau = \mu \sigma_n \tag{7.1}$$

式中　F——摩擦力;

　　　μ——外摩擦系数;

　　　N——垂直于接触面的正压力;

　　　τ——接触面上的摩擦切应力;

　　　σ_n——接触面上的正应力。

由于摩擦系数为常数(由实验确定),故又称常摩擦系数定律。对于像拉拔及其他润滑效果较好的加工过程,此定律较适用。

2. 最大摩擦条件

当接触表面没有相对滑动,完全处于黏合状态时,摩擦切应力 τ 等于变形金属流动时的临界切应力 k,即

$$\tau = k \tag{7.2}$$

根据塑性条件,在轴对称情况下:

$$k = 0.5\sigma_T \tag{7.3}$$

在平面变形条件下:

$$k = 0.577\sigma_T \tag{7.4}$$

式中　σ_{T}——该变形温度或变形速度条件下金属的真实应力。

在热变形时,常采用最大摩擦条件。

3. 摩擦力不变条件

这种情况认为接触面间的摩擦力不随正压力大小而变化,其单位摩擦力 τ 是常数,故又称常摩擦力定律,其数学表达式为

$$\tau = mk \tag{7.5}$$

式中　m——摩擦因子,介于 $0 \sim 1$ 之间。

在 m 为 1 时,式(7.5)就和式(7.2)的摩擦条件一致。

对于面压较高的挤压、变形量大的镦粗、模锻以及润滑比较困难的热轧等变形,由于金属的剪切流动主要出现在次表层内,$\tau = \tau_s$,因此摩擦应力与相应条件下变形金属的性能有关。

在实际金属塑性加工过程中,接触面上的摩擦规律,除与接触表面的状态(粗糙度、润滑剂)、材料的性质与变形条件等有关外,还与变形区几何因子密切相关。在某些条件下同一接触面上存在常摩擦系数区与常摩擦力区的混合摩擦状态。这时求解变形力、变形能有关方程的边界条件是十分重要的。

7.3　摩擦系数的影响因素和测定方法

7.3.1　摩擦系数

接触表面上出现滑动时,任意点的单位摩擦力 F 与正压力 N 之比就是摩擦系数 μ,即 $\mu = F/N$。这也符合一般力学概念的点的滑动摩擦系数,其值取决于表面粗精度、滑动速度和润滑剂种类等因素,而和接触面积的大小无关。在塑性加工的摩擦过程中,摩擦系数是指接触面上的平均摩擦系数,是由基本摩擦力之和与正压力之和的比值或平均单位摩擦力与平均压力之比来确定的,即

$$\mu = \sum F / \sum N = F_{均} / N_{均} \tag{7.6}$$

如果在变形区的接触面上存在黏着区时,μ 值就是平均条件摩擦系数,其值取决于黏着区的长度及变形区的几何参数。因为黏着区内的摩擦力值不取决于接触面上的物理条件,而取决于变形金属的内应力。如果在整个接触面上发生滑动时,就存在平均物理摩擦系数。平均条件摩擦系数小于平均物理摩擦系数。摩擦系数可以按工艺过程的阶段和表面相对位移的方向进行分类。例如轧制时,可以分为咬入时的摩擦系数;从开始咬入向稳定轧制过渡阶段的摩擦系数;稳定轧制阶段的摩擦系数等。由于摩擦有各向异性,必须考虑摩擦系数与滑动方向的关系,如轧制时,要区分纵向摩擦系数和横向摩擦系数。通常在最大滑动方向确定摩擦系数。常用金属及合金在不同加工条件下的摩擦系数可查有关加工手册(或实际测量)。

7.3.2　摩擦系数的影响因素

除无润滑挤压及其他一些变形条件恶劣、润滑剂难以发挥作用的变形过程外,在通常

使用润滑剂的金属塑性加工过程中,接触面上的摩擦可以认为服从常摩擦系数定律,摩擦系数是常数,数值与金属性质、工艺条件、表面状态、单位压力以及采用润滑剂的种类等因素有关,其主要影响因素可归结于如下几方面:

1. 金属的种类和化学成分

摩擦系数随着不同金属、不同化学成分而不同。由于金属表面的硬度、强度、吸附性、扩散能力、导热性、氧化速度、氧化膜的性质以及金属间的相互结合力等都与化学成分有关,因此不同种类的金属,摩擦系数不同。例如,用光洁的钢压头在常温下对不同金属进行压缩时测得摩擦系数:软钢为 0.17、铝为 0.18、黄铜为 0.10、电解铜为 0.17。即使同种金属,化学成分变化时,摩擦系数也不同。如碳钢热变形时,钢中碳含量增加时,摩擦系数会减小,这一方面可能是金属组织中黏着倾向较低的珠光体相的体积增加的缘故,另一方面可能是硬度提高的缘故。金属中通常随着合金元素的增加,摩擦系数下降。对工具有明显黏着倾向的金属,其摩擦系数值较高,热轧时不锈钢的摩擦系数比碳钢高 30% ~50%;如使用工艺润滑剂进行冷轧,其差值达 10% ~20%。因此,作为一般的规律,金属硬度、强度越高,摩擦系数就越小。因而凡是能提高金属硬度、强度的化学成分都可使摩擦系数减小。黏附性较强的金属通常具有较大的摩擦系数,如铅、铝、锌等,金属中所有能够降低氧化皮熔点或促使其软化的杂质和元素,都能降低热加工时的摩擦系数。

2. 工模具材料及其表面状态和金属的表面状态

(1)工模具材料的选择。

工模具选用铸铁材料时的摩擦系数,比选用钢时的摩擦系数低 15% ~20%,而淬火钢的摩擦系数与铸铁的摩擦系数相近。硬质合金轧辊的摩擦系数较合金钢轧辊摩擦系数可降低 10% ~20%,而金属陶瓷轧辊的摩擦系数比硬质合金辊也同样可降低 10% ~20%。

(2)工模具的表面状态。

工模具表面精度及机加工方法不同,摩擦系数可能在 0.05~0.5 范围内变化。一般来说,工模具表面光洁度越高,摩擦系数越小。但如果两个接触面光洁度都非常高,由于分子吸附作用增强,反而摩擦系数增大。工模具表面加工刀痕常导致摩擦系数的异向性。如垂直刀痕方向的摩擦系数有时要比沿刀痕方向高 20%,这是由于被变形的较软的金属嵌入工模具表面,阻碍了金属的流动。用久了的热轧辊表面产生龟裂、环状裂、纵向裂等,不仅使摩擦系数加大,而且具有明显的方向性。

(3)金属的表面状态。

金属的表面越粗糙,摩擦系数越大,但有时由于表面粗糙有利于润滑剂的导入,反而可使摩擦系数降低.如镦粗坯料表面的凸凹不平,构成了许多"润滑小池",从而有助于降低表面的摩擦系数。热加工时,表面氧化膜对摩擦系数有较大影响。一般来说,金属表面轻度氧化可使表面活性减小,并易与活性润滑剂反应生成化学吸附膜,从而使摩擦减小。然而过厚、性脆、带有磨料性质的氧化膜,不仅加大摩擦,而且易被压入金属表面而恶化制品表面质量。不过,关于金属表面状态对摩擦系数的影响,一般认为只有初次(第一道次)加工时才起明显作用,随着变形的进行,金属表面已成为工模具表面的印痕,故以后的摩擦情况只与工模具表面状态相关。

3. 接触面上的单位压力

单位压力较小时,表面分子吸附作用不明显,摩擦系数与正压力无关,可认为是常数。当单位压力增加到一定数值后,润滑剂被挤掉或表面膜破坏,这不但增加了真实接触面积,而且使分子吸附作用增强,从而使摩擦系数随压力增加而增加,但增加到一定程度后趋于稳定,如图 7.3 所示。

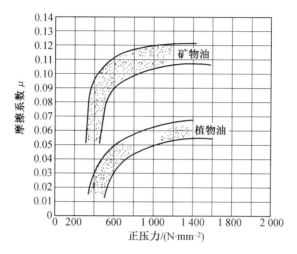

图 7.3　正压力对摩擦系数的影响

4. 变形温度

温度变化时,对金属表面形成氧化膜的情况、金属基体的力学性质、表面上润滑剂存在状态及其润滑作用效果等都有一定影响,因此,变形温度是影响摩擦系数最积极、最活泼的一个因素。在一般情况下,其影响规律大体是开始随温度升高而增大,当达到某一较高温度之后,则随温度的升高而减小,如图 7.4 所示。这是因为温度较低时,金属的硬度大,氧化膜薄,摩擦系数小。随着温度升高,金属硬度降低,氧化膜增厚,表面吸附力、原子扩散施力加强;同时,高温使润滑剂性能变坏,所以,摩擦系数增大。当温度继续升高,由于表面氧化物软化和脱落,在接触表面间起润滑剂的作用,摩擦系数反而减小。

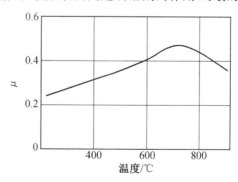

图 7.4　温度对铜的摩擦系数的影响

5. 变形速度

通常,变形速度或工具与金属表面相对滑动速度增加,摩擦系数降低(图 7.5)。变形速度增加引起摩擦系数下降的原因,与摩擦状态有关。在干摩擦时,变形速度增加,表面凹凸不平部分来不及相互咬合,表现出摩擦系数的下降;在边界润滑条件下,由于变形速度增加,油膜厚度增大,因此摩擦系数下降。

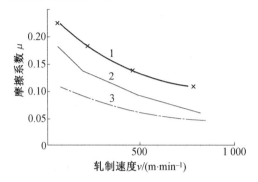

图 7.5   轧制速度对摩擦系数的影响

1—压下率 60%,润滑油中无添加剂;2—压下率 60%,润滑油中加入酒精;
3—压下率 25%,润滑油中加入酒精

塑性加工中,通常低速咬入摩擦系数大,高速轧制摩擦系数小,一般速度较低时,工具与金属的接触时间长,表面塑性变形立刻发展形成的新表面起作用,新表面形成时,干净而粗糙,摩擦系数增大,此外接触时间长,表面相互咬合的紧密度增加,摩擦系数增大。高速变形时,表面来不及咬合,摩擦系数降低。但是,变形速度往往与变形温度密切相关,并影响拽入润滑剂的效果。因此,实际生产中,随着条件的不同,变形速度对摩擦系数的影响也很复杂。有时会得到与上述情况相反的结果,例如轧铅时,当轧速由 0.1 m/s 提高到 1.0 m/s 时,摩擦系数几乎增加 1 倍。

6. 润滑剂

塑性加工中采用润滑剂能起到防黏减摩以及减少工模具磨损的作用,而不同润滑剂所起的效果不同。因此,正确选用润滑剂,可显著降低摩擦系数。

7.3.3   摩擦系数的测定方法

当前测定塑性加工中摩擦系数的方法中,大都是利用常摩擦系数定律,即求相应正压力下的切应力,然后求出摩擦系数。由于上述多种因素的影响,加上接触面上各处情况不一致,因此,只能按平均值确定。下面简要介绍几种常用的测定摩擦系数的方法。

1. 夹钳轧制法

夹钳轧制法的基本原理是利用纵轧时力的平衡条件来测定摩擦系数,如图 7.6 所示,实验时用钳子夹住板材的未轧入部分,钳子的另一端与测力仪相连,由该测力仪可测得轧辊打滑时的水平力 T。轧辊打滑时,板料试样在水平方向所受力的平衡条件,即

$$T+2 P_{n}\sin \frac{\alpha}{2}=2\mu P_{n}\cos \frac{\alpha}{2} \tag{7.7}$$

$$\mu=\frac{T}{2 P_{n}\cos \dfrac{\alpha}{2}}+\tan \frac{\alpha}{2} \tag{7.8}$$

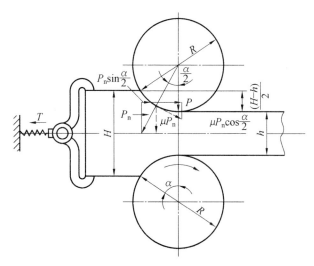

图 7.6　夹钳轧制法

式中，P_n 可以由测定的轧辊垂直压力 P 求出：

$$P_n = \frac{P}{\cos\frac{\alpha}{2}} \tag{7.9}$$

将式（7.9）代入式（7.8），有

$$\mu = \frac{T}{2P} + \tan\frac{\alpha}{2} \tag{7.10}$$

式中，咬入角 α 可用几何关系算出

$$R - R\cos\alpha = (H - h)/2 \tag{7.11}$$

$$\sin^2\frac{\alpha}{2} = \frac{H-h}{4} \tag{7.12}$$

即，当 α 很小时，$\sin\alpha/2 \approx \alpha/2$，由式（7.12）有

$$\alpha = \sqrt{\frac{H-h}{R}} \tag{7.13}$$

由于 P、T 可以测得，将式（7.13）代入式（7.10）即可求出摩擦系数 μ。这种测定方法操作简单，也比较精确，可以用来测定冷、热状态下塑性加工中的摩擦系数。

2. 楔形件压缩法

在倾斜的平锤头间塑压楔形试件，可根据试件变形情况以确定摩擦系数。如图 7.7 所示，试件受塑压时，水平方向尺寸要扩大。按照金属流动规律，接触表面金属质点要朝着流动阻力最小的方向流动，因此，在水平方向中间，一定有一个金属质点朝两个方向流动分界面，即中立面，那么根据图 7.7 所示建立力的平衡方程时，可以得出：

$$P'_x + P''_x + T''_x = T'_x \tag{7.14}$$

设锤头倾角为 $\frac{\alpha}{2}$，试件宽度为 b，平均单位压力为 P，那么

$$P'_x = PbL'_c \sin\frac{\alpha}{2} \tag{7.15}$$

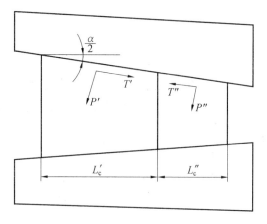

图 7.7　斜锤间塑压楔形件

$$P''_x = Pb L''_c \sin \frac{\alpha}{2} \tag{7.16}$$

$$T'_x = \mu Pb L'_c \cos \frac{\alpha}{2} \tag{7.17}$$

$$T''_x = \mu Pb L''_c \cos \frac{\alpha}{2} \tag{7.18}$$

将式(7.15)～(7.18)代入式(7.14),得

$$L'_c \sin \frac{\alpha}{2} + L''_c \sin \frac{\alpha}{2} + \mu L''_c \cos \frac{\alpha}{2} = \mu L'_c \cos \frac{\alpha}{2} \tag{7.19}$$

当 α 很小时,有: $\sin \frac{\alpha}{2} \approx \alpha/2$, $\cos \frac{\alpha}{2} \approx 1$,代入式(7.19),有

$$\mu = \frac{(L'_c + L''_c)\dfrac{\alpha}{2}}{L'_c - L''_c} \tag{7.20}$$

当 α 角已知,并在实验后能测出 L'_c 和 L''_c 的长度,即可根据式(7.20)计算出摩擦系数。这种测定方法的实质可以认为与轧制过程及一般的平锤下镦粗相似,故可以用来确定这两种塑性加工过程中的摩擦系数。此法应用比较方便,主要困难是在于较难准确地确立中立面的位置及精确地测定有关数据。

3. 圆环镦粗法

圆环镦粗法是把一定尺寸圆环试样(如 $D : d_0 : H = 20 : 10 : 7$)放在平砧上镦粗。由于试样和砧面间接触摩擦系数的不同,圆环的内、外径在压缩过程中将有不同的变化。在任何摩擦情况下,外径总是增大的,而内径则随摩擦系数而变化,或增大或缩小。当摩擦系数很小时,变形后的圆环内外径都增大;当摩擦系数超过某一临界值时,在圆环中就会出现一个以 R_n 为半径的分流面。分流面以外的金属向外流动,分流面以内的金属向内流动。所以变形后的圆环其外径增大,内径缩小,如图 7.8 所示。用上限法或应力分析法可求出分流面半径 R_n、摩擦系数和圆环尺寸的理论关系式。据此可绘制成如图 7.9 所示的理论校准曲线,据它可以查到欲测接触面间的摩擦系数。这种测定方法较简单,一般用于测定各种温度、速度条件下的摩擦系数,是目前较广泛应用的方法。但由于圆环试件在镦粗时会出现鼓形,环孔出现椭圆形等,引起测量上的误差,影响结果的精确性。

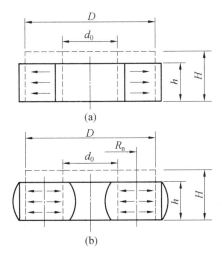

图 7.8　圆环镦粗时金属的流动

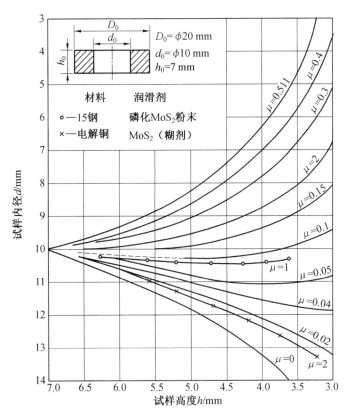

图 7.9　圆环镦粗法确定摩擦系数的理论校准曲线

7.4　塑性加工中摩擦导致的磨损

磨损就是机器或别的物体由于摩擦导致其表面材料的逐渐丧失或迁移而造成的损耗现象,它的出现降低机器的效率和可靠性,甚至促使机器提前报废。塑性加工中的磨损通常是指工模具的磨损,即由于摩擦导致工模具表面材料的逐渐丧失或迁移而造成的损耗现象,它的出现会降低工模具的精度,必须定期更换工模具。

7.4.1　磨损的分类

按照表面破坏机理特征,磨损可以分为磨粒磨损、黏着磨损、表面疲劳磨损、腐蚀磨损和微动磨损等。前三种是磨损的基本类型,后两种只在某些特定条件下才会发生。

1. 磨粒磨损

物体表面与硬质颗粒或硬质凸出物(包括硬金属)相互摩擦引起表面材料损失。

2. 黏着磨损

摩擦副相对运动时,由于固相焊合作用,因此接触面金属损耗。

3. 表面疲劳磨损

两接触表面在交变接触压应力的作用下,材料表面因疲劳而产生物质损失。

4. 腐蚀磨损

零件表面在摩擦的过程中,表面金属与周围介质发生化学或电化学反应,因而出现的物质损失。

5. 微动磨损

两接触表面间没有宏观相对运动,但在外界变动负荷影响下,有小振幅的相对振动(小于 $100~\mu m$),此时接触表面间产生大量的微小氧化物磨损粉末,因此造成的磨损称为微动磨损。

7.4.2　表征材料磨损性能的参量

为了反映零件的磨损,常常需要用一些参量来表征材料的磨损性能。常用的参量有以下几种:

1. 磨损量

由磨损引起的材料损失量称为磨损量,它可通过测量长度、体积或质量的变化而得到,并相应称它们为线磨损量、体积磨损量和质量磨损量。

2. 磨损率

以单位时间内材料的磨损量来表示,即磨损率 $I = dV/dt$(V 为磨损量,t 为时间)。

3. 磨损度

以单位滑移距离内材料的磨损量来表示,即磨损度 $E = dV/dL$(L 为滑移距离)。

4. 耐磨性

耐磨性指材料抵抗磨损的性能,它以规定摩擦条件下的磨损率或磨损度的倒数来表示,即耐磨性 $= dt/dV$ 或 dL/dV。

7.4.3　磨损失效过程

磨损失效通常经历一定的磨损阶段。图 7.10 所示为典型的磨损过程曲线,可以将磨损失效过程分为三个阶段。

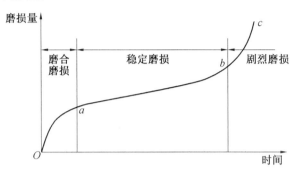

图 7.10　磨损过程的三个阶段

1. 磨合磨损阶段(图 7.10 中 Oa 段)

新的摩擦副在运行初期,由于对偶表面的表面粗精度值较大,实际接触面积较小,接触点数少而多数接触点的面积又较大,接触点黏着严重,因此磨损率较大。但随着磨合的进行,表面微峰峰顶逐渐磨去,表面粗糙度值降低,实际接触面积增大,接触点数增多,磨损率降低,为稳定磨损阶段创造了条件。为了避免磨合磨损阶段损坏摩擦副,因此磨合磨损阶段多采取在空车或低负荷下进行;为了缩短磨合时间,也可采用含添加剂和固体润滑剂的润滑材料,在一定负荷和较高速度下进行磨合。磨合结束后,应进行清洗并换上新的润滑材料。

2. 稳定磨损阶段(图 7.10 中 ab 段)

这一阶段磨损缓慢且稳定,磨损率保持基本不变,属正常工作阶段,这一阶段的长短直接影响机器的寿命。

3. 剧烈磨损阶段(图 7.10 中 bc 段)

经过长时间的稳定磨损后,由于摩擦副对偶表面间的间隙和表面形貌的改变以及表层的疲劳,其磨损率急剧增大,因此机械效率下降、精度丧失、产生异常振动和噪声、摩擦副温度迅速升高,最终摩擦副完全失效。设计时,应该力求缩短磨合期,延长稳定磨损期,推迟剧烈磨损的到来。有时也会出现下列情况:

(1)在磨合磨损阶段与稳定磨损阶段无明显磨损。当表层达到疲劳极限后,就产生剧烈磨损,滚动轴承多属于这种类型。

(2)磨合磨损阶段磨损较快,但当转入稳定磨损阶段后,在很长的一段时间内磨损甚微,无明显的剧烈磨损阶段。一般特硬材料的磨损(如刀具等)就属于这一类。

(3)某些摩擦副的磨损,从一开始就存在着逐渐加速磨损的现象,如阀门的磨损就属于这种情况。

7.4.4　影响磨损的因素

如前所述,磨粒磨损和黏着磨损都起因于固体表面间的直接接触。如果摩擦副两对偶表面被一层连续不断的润滑膜隔开,而且中间没有磨粒存在时,上述两种磨损则不会发生。但对于表面疲劳磨损来说,即使有良好的润滑条件,磨损仍可能发生,可以说这种磨损一般是难以避免的。因此,如下讨论影响磨损的因素主要是讨论影响表面疲劳磨损的因素。

1. 材料性能

钢中的非塑性夹杂物等冶金缺陷,对疲劳磨损有严重的影响。如钢中的氮化物、氧化物、硅酸盐等带棱角的质点,在受力过程中,其变形不能与基体协调而形成空隙,构成应力集中源,在交变应力作用下出现裂纹并扩展,最后导致疲劳磨损出现。因此,选择含有害夹杂物少的钢(如轴承常用净化钢),对提高摩擦副抗疲劳磨损能力有着重要意义。在某些情况下,铸铁的抗疲劳磨损能力优于钢,这是因为钢中微裂纹受摩擦力的影响具有一定方向性,且也容易渗入油而扩展;而铸铁基体组织中含有石墨,裂纹沿石墨发展且没有一定方向性,润滑油不易渗入裂纹。

2. 硬度

一般情况下,材料抗疲劳磨损能力随表面硬度的增加而增强,而表面硬度一旦越过一定值,则情况相反。钢的心部硬度对抗疲劳磨损有一定影响,在外载荷一定的条件下,心部硬度越高,产生疲劳裂纹的危险性就越小。因此,对于渗碳钢应合理地提高其心部硬度,但也不能无限地提高,否则韧性太低也容易产生裂纹。此外,钢的硬化层厚度也对抗疲劳磨损能力有影响,硬化层太薄时,疲劳裂纹将出现在硬化层与基体的连接处而易形成表面剥落。因此,选择硬化层厚度时,应使疲劳裂纹产生在硬化层内,以提高抗疲劳磨损能力。

3. 表面粗糙度

在接触应力一定的条件下,表面粗糙度值越小,抗疲劳磨损能力越高;当表面粗糙度值小到一定值后,对抗疲劳磨损能力的影响减小。如果接触应力太大,无论表面粗糙度值多么小,其抗疲劳磨损能力都低。此外,若零件表面硬度越高,其表面粗糙度值也就应越小,否则会降低抗疲劳磨损能力。

4. 摩擦力

接触表面的摩擦力对抗疲劳磨损有着重要的影响。通常,纯滚动的摩擦力只有法向载荷的 1%～2%,而引入滑动以后,摩擦力可增加到法向载荷的 10% 甚至更大。摩擦力促进接触疲劳过程的原因是:摩擦力作用使最大切应力位置趋于表面,增加了裂纹产生的可能性。此外,摩擦力所引起的拉应力会促使裂纹扩展加速。

5. 润滑

润滑油的黏度越高,抗疲劳磨损能力也越高;在润滑油中适当加入添加剂或固体润滑剂,也能提高抗疲劳磨损能力;润滑油的黏度随压力变化越大,其抗疲劳磨损能力也越大;润滑油中含水量过多,对抗疲劳磨损能力影响也较大。

此外,接触应力大小、循环速度、表面处理工艺、润滑油量等因素,对抗疲劳磨损也有较大影响。

根据上述有关论述可知,减小磨损的主要方法有:润滑是减小摩擦、减小磨损的最有效的方法;合理选择摩擦副材料;进行表面处理;注意控制摩擦副的工作条件等。

7.5　塑性加工中润滑的目的和分类

7.5.1　润滑的目的

在金属的塑性加工过程中,为减少或消除塑性加工中外摩擦的不利影响,往往在工模具与变形金属接触界面上施加润滑剂,进行工艺润滑。其主要目的是:

1. 降低金属变形时的能耗

当使用有效润滑剂时,可大幅度减少或消除工模具与变形金属的直接接触,使接触表面间的相对滑动剪切过程在润滑层内部进行,从而大幅度降低摩擦力及变形功耗。例如,采用适当的润滑剂,拉拔铜线时,拉拔力可以降低 $10\% \sim 20\%$;轧制板带材时,则可降低轧制压力 $10\% \sim 15\%$,节约主电机电耗 $8\% \sim 20\%$。

2. 提高产品质量

由于外摩擦可导致产品表面黏结、压入、划伤及尺寸超差等诸多缺陷,甚至产生废品,并且对金属内外质点塑性流动阻碍作用的显著差异,各部分剪切变形程度(晶粒组织的破碎)明显不同。因此,采用有效的润滑方法,利用润滑剂的减磨防黏作用,有利于提高产品的表面和内在质量。

3. 减少工模具磨损,延长工模具使用寿命

润滑具有降低面压、隔热和冷却等作用,从而使工模具磨损减少,使用寿命延长。

4. 防锈、减振、密封、传递动力

为达到上述目的,应采用有效润滑剂及润滑方法,充分考虑工模具及变形金属与润滑剂的吸附性质以及工模具与变形金属之间的配对性质。

7.5.2　润滑的分类

通常可根据润滑剂的不同或摩擦副之间摩擦状态的不同进行分类。

1. 根据润滑剂分类

根据润滑剂的不同,润滑可分为流体润滑、固体润滑和半固体润滑。

(1)流体润滑指使用的润滑剂为流体,包括气体润滑(采用气体润滑剂,如空气、氢气、氦气、氮气、一氧化碳和水蒸气等)和液体润滑(采用液体润滑剂,如矿物润滑油、合成润滑油、水基液体等)两种。

(2)固体润滑指使用的润滑剂为固体,如石墨、二硫化钼、氮化硼、尼龙、聚四氟乙烯、氟化石墨等。

(3)半固体润滑指使用的润滑剂为半固体,是由基础油和稠化剂组成的塑性润滑脂,有时根据需要还加入各种添加剂。

2. 根据摩擦状态分类

根据摩擦副之间摩擦状态的不同,润滑可分为流体摩擦润滑和边界摩擦润滑。

(1)流体摩擦润滑。流体摩擦润滑是两相互摩擦表面被一层具有一定厚度($1.5 \sim 2\ \mu m$ 及以上)的黏性流体隔开,由流体压力平衡外载荷,流体层内的分子大部分不受摩擦表面离子电力场的作用而可自由移动,即摩擦只存在于流体分子之间的润滑状态。流体润滑的摩擦系数很低(小于 0.01)。根据润滑膜压力的产生方式不同又可分为流体动压润滑和流体静压润滑两类。

①流体动压润滑是靠摩擦表面的几何形状和相对运动由黏性流体的动力作用产生压力平衡外载荷的润滑状态。

②流体静压润滑是由外部将一定压力的流体送入摩擦表面间,靠流体的静压平衡外载荷的润滑状态。

(2)边界摩擦润滑。边界摩擦润滑是摩擦表面间存在一层薄膜(边界膜)时的润滑状态。它可分为吸附膜和反应膜两类。

①吸附膜指润滑剂中的极性分子吸附在摩擦表面所形成的膜,包括物理吸附膜和化学吸附膜。其中物理吸附膜指的是分子的吸引力将极性分子牢固地吸附在固体表面上,并定向排列形成一个至数个分子层厚的表面膜;而化学吸附膜指的是润滑油中的某些有机化合物(如二烷基二硫代磷酸盐、二元酸二元醇酯等)降解或聚合反应所生成的表面膜,或润滑油中极性分子的有价电子与金属表面的电子发生交换而产生的化学结合力,使金属皂的极性分子定向排列,并吸附在表面上所形成的表面膜。吸附膜达到饱和时,极性分子紧密排列,分子间的内聚力使膜具有一定的承载能力,防止两摩擦表面直接接触。当摩擦副相对滑动时,吸附膜如同两个毛刷子相对滑动,能起润滑作用,降低摩擦系数。影响吸附膜润滑性能的因素,有极性分子的结构和吸附量、温度、速度和载荷等。当极性分子中碳原子数目增加时,摩擦系数降低。极性分子吸附量达到饱和时,膜的润滑性能良好并稳定。当工作温度超过一定范围时,吸附膜将散乱或脱附,润滑失效。通常吸附膜的摩擦系数随速度的增加而下降,直到某一定值。在一般工况下,吸附膜的摩擦系数与干摩擦的类似,不受载荷的影响。

②反应膜指润滑剂中的添加剂与金属表面起化学作用生成能承受较大载荷的表面膜。反应膜熔点高,不易黏着,剪切强度低,摩擦阻力小,又能不断破坏和形成,故能防止金属表面直接接触而起润滑作用。反应膜在极高压力下有很强的抗黏着能力,润滑性能比任何吸附膜更稳定,它的摩擦系数随速度的增加而增加,直到某一定值。反应膜常用于重载、高速和高温等工况下。

在一定的工作条件下,边界膜抵抗破裂的能力称为边界膜的强度。它可用临界 Pv 值、临界温度值或临界摩擦次数来表示。

①临界 Pv 值。在正常的边界润滑中,当载荷 P 或速度 v 加大到某一数值,摩擦副的温度突然升高,摩擦系数和磨损量急剧增大。边界膜强度达到极限值时相应的 Pv 值称为临界 Pv 值。

②临界温度值。当摩擦表面温度达到边界膜散乱、软化或熔化的程度时,吸附膜发生脱附,摩擦系数迅速增大但仍具有某些润滑作用,这时的温度称为第一临界温度。当温度继续升高到使润滑油(脂)发生聚合或分解,边界膜完全破裂,摩擦副发生黏着,磨损剧增时的温度称为第二临界温度。临界温度是衡量边界膜强度的主要参数。

③临界摩擦次数。边界膜达到润滑失效时所重复的摩擦次数称为临界摩擦次数。

7.6　塑性加工中的润滑机理

7.6.1　流体力学原理

根据流体力学原理,当固体表面发生相对运动时,与其黏接的液体层被以相同速度带着运动,即液体与固体层之间不产生滑动,如图 7.11 所示。当润滑剂压力增加到工具与坯料的接触压力时,润滑剂就进入接触面间。如果变形速度、润滑剂黏度越大,则润滑剂压力上升得越急剧,接触面间的润滑膜也越厚。此时,所发生的摩擦力在本质上是一种润滑剂分子间的吸引力,这种吸引力阻碍润滑剂质点之间的相互移动,这种阻碍称为相对流动阻力。

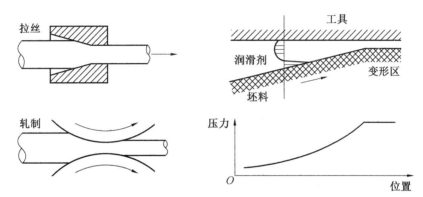

图 7.11　润滑剂的拽入

液体层与层之间的剪切抗力 T(液体内摩擦力),由牛顿定律确定:

$$T = \eta \frac{\mathrm{d}v}{\mathrm{d}y} S \tag{7.21}$$

式中　$\dfrac{\mathrm{d}v}{\mathrm{d}y}$——垂直于运动方向的内剪切速度梯度;

　　　S——剪切面积,即滑移表面的面积;

　　　η——动力黏度,$Pa \cdot s$。

通常取液体厚度上的速度梯度为常数或取其平均值,即

$$\frac{\mathrm{d}v}{\mathrm{d}y} = \frac{\Delta v}{\varepsilon} \tag{7.22}$$

式中　ε——液体层厚度。

将式(7.22)代入式(7.21),得

$$T = \eta \frac{\Delta v}{\varepsilon} S \tag{7.23}$$

因此流体的单位摩擦力 t 为

$$t = \eta \frac{\Delta v}{\varepsilon} \tag{7.24}$$

对液态润滑剂来说,最重要的物理指标是黏度及在整个变形区形成的润滑层厚度。在流体润滑理论中,润滑油的黏度是评价润滑油性质的重要指标。所谓润滑剂的黏度是指润滑剂本身黏稠程度,是衡量润滑油流动阻力的参数,表示流体分子彼此流过时所产生的内摩擦阻力的大小。在金属塑性加工过程中润滑油的黏度影响很大,黏度过小即过分稀薄润滑油,易从变形区挤出,起不到良好润滑作用;黏度过大即过分稠厚润滑油,往往剪切阻力较大,形成油膜过厚,不能获得光洁制品表面,也不能达到良好润滑的目的。同时,黏度增加使润滑剂进入困难,如拉拔中,多使用较稀的润滑剂(个别金属除外),或把金属或工具全部浸入液体润滑剂的槽中。因此,在实际生产中如何根据工艺条件以及产品质量要求选择适当黏度的润滑油是十分重要的。润滑剂的黏度与温度及压力有关,随温度的增加,黏度急剧下降;随压力的增加,黏度升高。分析表明,矿物油的黏度受压力影响比动植物油更为明显。

7.6.2　吸附机制

润滑剂从本质上可分为不含有表面活性物质(如各类矿物油)和含有表面活性物质(如动植物油、添加剂等)两大类。这些润滑剂中极性或非极性分子对金属表面都具有吸附能力,可在金属表面形成油膜。

矿物油属非极性物质,当它与金属表面接触时,这种非极性分子与金属之间靠瞬时偶极而相互吸引,于是在金属表面形成第一层分子吸附膜(图 7.12)。而后由于分子间吸引形成多层分子组成的润滑油膜,将金属与工具隔开,呈现为液体摩擦。然而由于瞬时偶极的极性很弱,当承受较大压力和高温时,这种矿物油所形成的油膜将被破坏而挤走,因此润滑效果不理想。

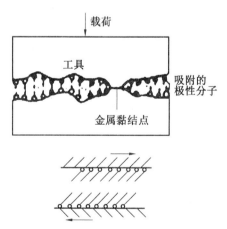

图 7.12　单分子层吸附膜的润滑作用模型

当润滑剂中有极性物质存在时,会减少纯溶剂表面张力,而加强工模具与变形金属之间接触面与润滑剂分子间吸附力。一般动植物油脂及含有油性添加剂矿物油与金属表面接触时,润滑油中极性基因与金属表面产生物理吸附,从而在变形区内形成油膜。而当润滑剂中含有硫、磷、氧等活性元素时,这些极性物质还能与金属表面起化学反应形成化学吸附膜,起到良好的润滑作用。例如硬脂酸与金属表面的氧化膜(只需极薄的氧化膜)发生化学反应,生成脂肪酸盐,在塑性加工过程中起到良好的润滑作用。

可见润滑剂能否很好地起润滑作用,取决于其他不能很好地保持在工具与金属接触表面之间,并形成一定厚度、均匀、完整的润滑层。而润滑层厚度、完整性及局部破裂取决于润滑剂的黏度及其活性、作用的正压力、接触面的粗糙度以及加工方法的特征等,所谓润滑剂的活性,就是润滑剂中极性分子在摩擦表面形成结实的保护层的能力。它决定润滑剂的润滑性能及与摩擦物体之间吸引力的大小。

7.7　塑性加工中的润滑剂

7.7.1　润滑剂的分类和作用

润滑剂是指在相对运动物体表面加入用以润滑、冷却和密封机械的第三种物质,达到改善摩擦状态以降低摩擦阻力、减少磨损的效果,在金属塑性成形中,也常用于改进流动性和脱模性,防止在机内或工模具内黏着而产生鱼眼等缺陷。润滑剂最重要的特性是化学成分,其中也包括物理状态及表面活性剂的含量。

1.润滑剂的分类

润滑剂的种类很多,应用广泛,常见的分类有如下几种:

(1)根据来源可分为矿物性润滑剂(如机械油)、植物性润滑剂(如蓖麻油)和动物性润滑剂(如牛脂)。此外,还有合成润滑剂,如硅油、脂肪酸酰胺、油酸、聚酯、合成酯、羧酸等。

(2)根据形态可分为液体润滑剂、固体润滑剂、液固润滑剂以及熔体润滑剂。

(3)根据用途可分为工业润滑剂(包括润滑油和润滑脂)、人体润滑剂、医用外科器械润滑剂。

2.润滑剂的作用

润滑剂之所以能起润滑作用,是因为它的加入可以降低摩擦。针对外摩擦和内摩擦相应有外润滑剂和内润滑剂。常用的外润滑剂有石蜡、硬脂酸及其盐类;内润滑剂有相对低分子量的 PE(聚乙烯)、PTFE(聚四氟乙烯)、PP(聚丙烯)等。这些低分子量的聚合物不但是优良的内润滑剂,而且也是很好的外润滑剂。有时候,一种润滑剂的效果往往不理想,需要几种润滑剂配合使用,由此产生了复合润滑剂。润滑剂的用量一般为0.5%~1%。

(1)外润滑剂的作用主要是改善相互接触物体的表面摩擦状况。在金属的塑性成形过程中,外润滑剂能在变形金属与工模具间形成一层很薄的隔离膜,使金属不粘住工模具表面,并且可以使变形金属容易脱模。

(2)内润滑剂与聚合物有良好的相容性,它在聚合物内部起着降低聚合物分子间内聚力的作用,在塑料加工成形过程中,可以改善塑料熔体的内摩擦生热和熔体的流动性。内润滑剂和聚合物长链分子间的结合是不强的,它们可能产生类似于滚动轴承的作用,因此其自身能在熔体流动方向上排列,从而互相滑动,使得内摩擦力降低,这就是内润滑的机理。

3.选用润滑剂的原则

(1)对塑料和金属成形,如果聚合物和金属的流动性已可满足成形工艺的需要,则主要考虑外润滑剂是否满足工艺要求,是否便于脱模,以保证内外平衡。

(2)外润滑是理想,应看它在成形时,在接触面表面能否形成完整的液体薄膜。因此,外润滑剂的熔点应与成形温度相接近,但要注意有 $10\sim30$ ℃的差异,这样才能形成完整薄膜。

(3)与聚合物的相容性大小适中,内外润滑作用平衡,不喷霜,不易结垢。

(4)润滑剂的耐热性和化学稳定性优良,在加工中不分解、不挥发、不腐蚀设备、不污染制品、没有毒性。

4. 有关润滑剂优劣评判标准的几个重要性能

(1)黏度。如上述,黏度可定性地认为是反映润滑剂的流动阻力的重要参数。

(2)油性。油性是指润滑油中极性分子与金属表面吸附形成一层边界油膜的性能,油性越好,油膜与金属表面的吸附能力就越强。

(3)极压性。极压性是润滑油中加入硫、氯、磷的有机极性化合物后,油中极性分子在金属表面生成抗磨、耐高压的化学反应边界膜的性能。

(4)闪点。当油在标准仪器中加热所蒸发出的油气,遇到火焰即能发出闪光时的最低温度,称为油的闪点。

(5)凝点。凝点是指润滑油在规定的条件下冷却到液面不能自由流动时所达到的最高温度,又称凝固点。

7.7.2　金属塑性成形中对润滑剂的基本要求

金属塑性成形中,在选择和配制润滑剂时,必须符合下列要求:

(1)润滑剂应有良好的耐压性能,在高压下,润滑膜仍能吸附在接触表面上,保持良好润滑状态。

(2)润滑剂应有良好的耐高温性能,在热加工时,润滑剂应不分解,不变质。

(3)润滑剂有冷却工模具的作用。

(4)润滑剂不应对金属和工模具有腐蚀作用。

(5)润滑剂应对人体无毒,不污染环境。

(6)润滑剂要求使用、清理方便,来源丰富,价格便宜等。

7.7.3　金属塑性成形中常用的润滑剂

1. 液体润滑剂

液体润滑剂是金属塑性成形中使用最广泛的润滑剂类型,通常可分为纯粹性油(矿物油或动植物油)和水溶型液体(如乳液等)两类。

(1)矿物油是指机油、气缸油、锭子油、齿轮油等。矿物油分子组成中只含有碳、氢两种元素,由非极性的烃类组成,当它与金属接触时,只发生非极性分子与金属表面的物理吸附作用,不发生任何化学反应,润滑性能较差,在塑性加工中较少直接用作润滑剂。通常只作为配制润滑剂的基础油,再加上各种添加剂,或是与固体润滑剂混合,构成液—固混合润滑剂。

(2)动植物油有牛油、猪油、豆油、蓖麻油、棉籽油、棕榈油等。它们都含有极性根,属于极性物质。这些有机化合物的分子中,一端为非极性的烃基;另一端则为极性基。其能在金属表面定向排列而形成润滑油膜。这就使润滑剂在金属上的吸附力加强,故在塑性加工中不易被挤掉。

(3)乳液是一种可溶性矿物油与水均匀混合的两相系。在一般情况下,油和水难以混合,为使油能以微小液珠悬浮于水中,构成稳定乳状液,必须添加乳化剂,使油水间产生乳化作用。另外,为提高乳液中矿物油的润滑性,也需添加油性添加剂。乳化剂是由亲油性基团和亲水性基团组成的化合物。图 7.13 所示为硬脂酸钠乳化剂作用机理示意图。乳化剂用于形成 O/W 型乳液时,这两个基端的存在能使油水相连,不易分离,如经搅拌之后,可使油呈小球状弥散分布在水中,构成 O/W 型乳液,主要用于带材冷轧、高速控丝、深拉延等过程。

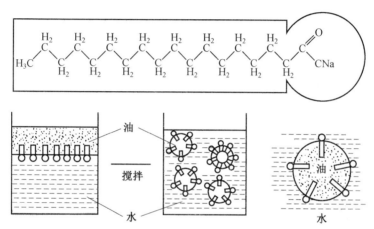

图 7.13　硬脂酸钠乳化剂作用机理示意图

2. 固体润滑剂

固体润滑剂主要包括石墨、二硫化钼、肥皂类等。除上述三种外,用于金属塑性加工的固体润滑剂还有重金属硫化物、特种氧化物、某些矿物(如云母、滑石)和塑料(如四氟乙烯)等,固体润滑剂的使用状态可以是粉末状的,但多数是制成糊状剂或悬浮液。此外,目前新型的固体润滑剂还有氮化硼(BN)和二硒化铌($NbSe_2$)等。由于金属塑性加工中的摩擦本质是表层金属的剪切流动过程,因此从理论上讲,凡剪切强度比被加工金属流动剪切强度小的固体物质都可作为塑性加工中的固体润滑剂,如冷锻钢坯端面效的紫铜薄片;铝合金热轧时包纯铝薄片;拉拔高强度丝时表面镀铜;以及拉拔中使用的石蜡、蜂蜡、脂肪酸皂粉等均属固体润滑剂。然而,使用最多的还是石墨和二硫化钼。

3. 液—固润滑剂

液—固润滑剂是把固体润滑粉末悬浮在润滑油或工作油中,构成固—液两相分散系的悬浮液。如拉钨、钼丝时采用的石墨乳液及热挤压时所采用的二硫化钼(或石墨)油剂(或水剂),均属此类润滑剂,它是把纯度较高,粒度小于 $2\sim6~\mu m$ 的二硫化钼或石墨细粉加入油或水中,其质量占 $25\%\sim30\%$,使用时再按实际需要用润滑油或水稀释,一般浓度控制 3% 以内。为减少固体润滑粉末的沉淀,可加入少量表面活性物质,以减少液—固界面张力,提高它们之间的润滑性,从而起到分散剂的作用。

4. 玻璃润滑剂

玻璃润滑剂出现得相对比较晚。某些高温强度大、工模具表面黏着性强，而且易于受空气中氧、氮等气体污染的钨、钼、钽、铌、钛、锆等金属及合金，在热加工（热锻及挤压）时常采用玻璃、沥青或石蜡等作为润滑剂。其实质是当玻璃等与高温坯料接触时，可以在工具与坯料接触面间熔成液体薄膜，达到隔开两接触表面的目的。

玻璃润滑剂具有以下优点：

（1）玻璃润滑剂对变形金属具有很好的浸润性（黏附性）和结合力，在金属变形过程中具有良好的延展性和耐压性。玻璃润滑剂在挤压过程中能随着金属的延展而延展，玻璃膜层不断裂，变形金属表面始终存在完整的玻璃膜层，形成良好的液态摩擦条件，降低由摩擦造成的模具磨损和减少制品表面缺陷。

（2）玻璃的适用温度范围广，在 $350\sim2\,200$ ℃的工作温度范围都可选用。玻璃润滑剂的高温黏度是重要性能指标，不同玻璃有不同的温度黏度特性，合理的高温黏度是保证加工的必要条件，根据金属热挤压加工温度的不同和加工金属种类的不同，需要确定适合的高温黏度，选择或设计合理的玻璃组成。

（3）热导率小。当高温下熔化时，玻璃包围在坯料表面形成一层熔融状态的致密膜层，坯料与模具不直接接触，减少坯料表面温降和工模具的温升，起到绝热作用，既改善金属的塑性又提高工模具的使用寿命。

（4）润滑性能好（摩擦系数为 $0.02\sim0.05$）。润滑剂能在整个挤压过程中存在于金属与工模具之间，形成有一定高温黏度的润滑膜层，并具有小的摩擦系数。

（5）对金属具有化学惰性。在整个热历程中不对金属表面造成化学腐蚀，使用时可以粉末状、网状、丝状及玻璃布等形式单独使用，也可与其他润滑剂混合使用。

（6）环保。对环境和人体无毒无害。

玻璃润滑剂也有一些缺点，主要表现在：

（1）润滑完毕后，从制品表面除去玻璃润滑剂是十分困难的，通常要用喷砂法、急冷法和化学法。前两种方法不易将玻璃完全清除干净，后一种方法则要使用氢氟酸或者溶化的氢氧化钠，二者都有危险性，且废液的处理也困难。

（2）由于在变形区内的润滑层较厚，制品的质量有时不能保证。

（3）变形速度在一定程度上受玻璃软化速度的限制。

玻璃润滑剂的使用方法主要有以下几种：

（1）涂覆法。用浸泡或喷涂的方法在坯料的表面涂覆上由黏合剂和玻璃粉混合而成的玻璃润滑剂。

（2）玻璃饼垫法。这种方法主要用于挤压模具的润滑。用硅酸钠做胶合剂，把高纯度的玻璃润滑剂粉轻轻压实成与坯料直径相同的垫，厚度约 10 mm，中心有一个直径与挤压制品相同的孔。

（3）滚黏法。将坯料加热到变形温度，然后在盛有玻璃粉的浅盘里翻滚，使坯料形成覆盖层。

（4）玻璃布包盖法。将由玻璃润滑剂编织而成的玻璃布包在坯料上。

以上这些方法可单独使用，也可混合使用，应根据不同的条件和要求进行处理。

7.7.4　润滑剂中的添加剂

润滑剂中的添加剂指的是为了提高润滑剂的润滑、耐磨、防腐等性能,需在润滑油中加入少量的活性物质的总称,一般应易溶于机油,热稳定性要好,且应具有良好的物理化学性能,润滑剂中加入适当的添加剂后,摩擦系数降低,金属黏模现象减少,变形程度提高,并可使产品表面质量得到改善。因此目前广泛采用有添加剂的润滑油。例如,在使用最多的润滑剂石墨和二硫化铝中,常用三氧化二硼作为添加剂来提高抗氧化性和使用温度。在塑性加工中常用的添加剂及其添加量见表 7.1,常用的添加剂有极压剂、油性剂、抗磨剂和防锈剂等。

表 7.1　在塑性加工中常用的添加剂及其添加量

种类	作用	化合物名称	添加量/%
油性剂	形成油膜,减少摩擦	长链脂肪酸、油酸	0.1～1
极压剂	防止接触表面黏合	有机硫化物、氯化物	5～10
抗磨剂	形成保护膜,防止磨损	磷酸酯	5～10
防锈剂	防止生锈	羧酸、磷酸酯	0.1～1
乳化剂	使油乳化,稳定乳液	硫酸、磷酸酯	约 3
流动点下降剂	防止低温时油中石蜡固化	氯化石蜡	0.1～1
黏度剂	提高润滑剂黏度	聚甲基丙烯酸等聚合物	2～10

(1)极压剂是指能够提高润滑剂在低速高负荷或高速冲击负荷摩擦条件下,即在所谓的极压条件下,防止摩擦面发生烧结、擦伤的能力而使用的含硫、磷、氯等的有机化合物活性物质的添加剂物质,如氯化石蜡、硫化烯烃等。在高温、高压下易分解,分解后产物与金属表面起化学反应,生成熔点低、吸附性强的氯化铁、硫化铁薄膜。由于这些薄膜的熔点低,易熔化,且具有层状结构,因此在较高温度下仍然起润滑作用,如图 7.14 所示。

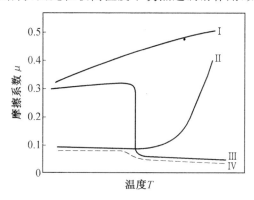

图 7.14　各种润滑剂的效果

Ⅰ—矿物油;Ⅱ—脂肪酸;Ⅲ—极压剂;Ⅳ—极压剂＋脂肪酸

(2)油性剂是指为提高润滑剂减少摩擦的性能而使用的天然酯、醇、脂肪酸、动物油脂等添加剂物质。这些物质都含有羧类(—COOH)活性基,活性基通过与金属表面的吸附作用,在金属表面形成润滑膜,起润滑和减磨作用。

（3）抗磨剂是指为提高润滑剂在轻负荷和中等负荷条件下能在摩擦表面形成薄膜，防止磨损的能力而使用的添加剂，常用的有硫化油脂、磷酸酯、硫化棉籽油、硫化鲸鱼油等，这些硫化物可以在 S—S 键处分出自由基，然后自由基与金属表面起化学反应，生成抗腐蚀、减磨损的润滑油膜，起到抗腐、减磨作用。

（4）防锈剂是一种极性很强的化合物，其极性基团对金属表面有很强的吸附力，在金属表面形成紧密的单分子或多分子保护层，阻止腐蚀介质与金属接触，起到防锈作用。此外，溶解防锈剂的基础油，可在防锈剂吸附少的地方进行吸附，深入到防锈添加剂分子之间，借助范德瓦尔斯力与添加剂分子共同作用，使吸附膜更加牢固；并且基础油还可以与添加剂形成浓缩物，从而使吸附膜更加紧密。总之，基础油的这些作用有利于保护吸附分子，保持油膜厚度，起到一定的防锈作用。最常用的防腐蚀剂如：磺酸钡、磺酸钙、改性磺酸钙、硼酸胺等，当加入润滑油后，在金属表面形成吸附膜，起隔水、防锈的作用。

7.7.5　先进润滑剂

为了减少摩擦，人们不断改进润滑剂的性能和研制新的润滑剂。下面就当前几种比较先进的常见润滑剂进行简单介绍。

1. 环境友好润滑剂

随着润滑剂的广泛使用，润滑剂在使用过程中能通过各种途径进入环境中，从而造成环境污染。目前全世界使用的润滑剂中，除一部分由机械运转正常消耗掉或部分回收再生利用外，在装拆、灌注、机械运转过程中仍有 4%～10% 的润滑剂流入环境。环境友好润滑剂应运而生。

环境友好润滑剂是一类生态型润滑剂，是指润滑剂既能满足机械设备和生产的使用要求，又能在较短时间内被活性生物（细菌）分解为 CO_2 和 H_2O，润滑剂及其损耗产物对生态环境不产生危害，或在一定程度上为环境所容许。

2. 微纳米润滑材料

微纳米润滑材料是微纳米材料与润滑技术相结合，制备出同时具有减磨、抗磨和修复功能的润滑材料。微纳米自修复技术是机械设备智能自修复技术的主要研究内容之一，它是指在不停机、不解体状况下，以液体或半固体润滑剂为载体将微纳米材料输送到装备摩擦副表面，并通过摩擦副之间产生的摩擦机械作用、摩擦化学作用、摩擦电化学作用等交互作用，使微纳米材料与摩擦副材料和润滑剂之间产生复杂的物质交换和能量交换，最终在零部件磨损表面原位生成一层具有耐磨、耐腐蚀、耐高温或超润滑等特点的保护层，实现设备磨损表面的动态自修复。现有的微纳米润滑材料多以添加剂的形式存在于液体润滑剂中，主要有微纳米单质粉体、硫属化合物、氢氧化物、氧化物、稀土化合物、硅酸盐等。

纳米金属粉添加到润滑油中，可部分地渗入到摩擦表面，改变表面结构，使其硬度发生变化，提高抗氧化、抗腐蚀及抗磨性能。未渗入的纳米金属粉则填充到摩擦表面的凹凸处，提高了承载面积而降低了摩擦系数。例如纳米铜添加剂，纳米铜的表面改性工艺能均匀、稳定地分散在润滑油中,并可防止纳米铜的二次积聚和沉淀。纳米铜是一种无机润滑剂,无腐蚀性而且对环境友好。

3. 乳化液和离子液体

切削液和轧制液大量使用乳化液,乳化液是在润滑油中加入大量的表面活性剂,然后溶于水制成。针对纳米材料本征问题,即表面或界面问题的二元协同纳米界面材料的研究,从改变纳米材料表面或界面性质入手,实现性质不同材料的界面重组,可将油和水这两类不管在宏观还是微观尺度上都完全不相容的材料界面性质加以改变,使其相溶,由此制备出性能更加优异的金属加工乳化液。

离子液体的快速发展产生了许多具有应用价值的新型离子液体。目前,离子液体作为绿色溶剂已广泛应用于合成、催化和分离等许多领域以替代传统有机溶剂。由于离子液体具有低熔点、低蒸气压、极性可调和安全稳定等诸多特性,可作为一种潜在的高效、通用型润滑剂。离子液体本身带有负电荷,在摩擦过程中很容易与摩擦副的正电荷点结合,形成稳定的过渡态,而且这种过渡态的构型非常有序,能形成有一定厚度的、不易被切断的边界润滑膜;极性来说,离子液体具有两重性,遇到极性物质表现极性,遇到非极性物质表现非极性,因此可与各种表面作用形成保护膜,从而可承载高负荷,降低摩擦系数和磨损率。例如,含磷酸酯的离子液体因可与铝形成五元或六元配合物,导致二者的结合能力更强,从而在基底上形成致密的化学吸附层,减缓了对铝的腐蚀,提高了润滑性能,解决了烷基咪唑类离子液体在较高载荷下作为钢/铝摩擦副润滑剂时对铝基体的腐蚀磨损问题。

7.8　金属塑性加工中常用的摩擦系数和润滑方法的改进

7.8.1　金属塑性加工中常用的摩擦系数

润滑剂对摩擦系数的影响集中归结到润滑剂所能起到的防黏降磨作用以及减少工模具磨损作用的程度上。以下介绍不同塑性加工条件下摩擦系数的一些数据,可供使用时参考。

(1)热锻时的摩擦系数见表 7.2。

(2)磷化处理后冷锻时的摩擦系数见表 7.3。

(3)拉伸时的摩擦系数见表 7.4。

(4)热挤压时的摩擦系数,钢热挤压(玻璃润滑时)为 0.025～0.05,其他金属热挤压见表 7.5。

表 7.2　热锻时的摩擦系数

材料	坯料温度/℃	不同润滑剂的 μ 值			
		无润滑	润滑		
45# 钢	1 000	0.37	—	0.18（炭末）	0.29（机油石墨）
	1 200	0.43	—	0.25（炭末）	0.31（机油石墨）
锻铝	400	0.48	0.09（汽缸油＋10%石墨）	0.1（胶体石墨）	0.09（精制石蜡＋10%石墨）	0.16（精制石蜡）

表 7.3　磷化处理后冷锻时的摩擦系数

压力/MPa	μ 值			
	无磷化膜	磷酸锌	磷酸锰	磷酸铬
7	0.108	0.013	0.085	0.034
35	0.068	0.032	0.07	0.069
70	0.057	0.043	0.057	0.055
140	0.07	0.043	0.066	0.055

表 7.4　拉伸时的摩擦系数

材料	μ 值		
	无润滑	矿物油	油＋石墨
08 钢	0.2～0.25	0.15	0.08～0.1
12Cr18Ni9Ti	0.3～0.35	0.25	0.15
铝	0.25	0.15	0.1
杜拉铝	0.22	0.16	0.08～0.1

表 7.5　热挤压时的摩擦系数

材料	μ 值					
	铜	黄铜	青铜	铝	铝合金	镁合金
无润滑	0.25	0.18～0.27	0.27～0.29	0.28	0.35	0.28
石墨＋油	比上面相应数值降低 0.03～0.035					

7.8.2　润滑方法的改进

为了减小金属塑性成形时的摩擦和磨损,改进润滑方法也是一个很重要的问题,下面就当前几种常见的改进的润滑方法进行简单介绍。

1. 流体润滑

在线材拉拔、反挤压、静液挤压和充液拉深等工艺中,通过模具的特殊设计,润滑剂能够起到良好的润滑效果,实现流体润滑作用。

2. 表面处理

(1)表面磷化—皂化处理。冷挤压、冷拉拔钢制品时,表面磷化电化处理能够起到良好的润滑作用,磷化处理就是将经过去油清洗,表面洁净的坯料放置于磷酸锰、磷酸锌或磷酸铁等溶液中,使金属与磷酸盐相互作用,生成不溶于水且与坯料牢固结合的、能短时间经受 $400 \sim 500\ ℃$ 工作温度的磷酸盐膜层,这种在坯料表面上用化学方法制成的磷化膜的厚度在 $10 \sim 20\ \mu m$ 之间,呈多孔状态,对润滑剂有吸附作用,它与金属表面结合得很牢,而且有一定塑性,在塑性加工时能与坯料一起变形。为了加速磷化反应,往往加入少量硝酸盐、亚硝酸盐或氨酸盐等催化制,一般在处理时都是将固体或液体的化学原料用水稀释成溶液状态以浸渍法或喷洒法来进行。磷化处理后的坯料要经过皂化处理,即将磷化处理后用清水冲洗干净的坯料投入皂化处理液中,利用硬脂酸钠或肥皂与磷化层中的磷酸锌反应生成硬脂酸锌,在挤压中起润滑作用。磷化皂化经干燥处理后就可进行冷挤压。在磷化处理后,也可再用二硫化钼拌猪油或羊毛脂进行润滑处理,如使用 $3\% \sim 5\%$ 二硫化铝与 $95\% \sim 97\%$ 羊毛脂的混合物。

(2)表面氧化处理。对于一些难加工的高温合金,如钨丝、钼丝、钽丝等,在拉拔前,需进行阳极氧化或氧化处理,使这些氧化生成的膜成为润滑底层,对润滑剂有吸附作用。

(3)表面镀层。电镀得到的镀层结构细密,纯度高,与基体结合力好。目前常用的是镀铜。坯料经镀铜后,镀膜可作为润滑剂,其原因是镀层的屈服强度比零件金属小得多,因此,摩擦也较小。

7.9　金属塑性加工中摩擦与润滑的实践应用

7.9.1　锻造工艺中的摩擦与润滑

锻造是一种间歇变形工艺过程,锻造过程中的摩擦与润滑很少有稳定状态,在研究时通常采取瞬间状态进行处理,为了提高工件质量和工模具寿命、降低生产成本,有必要不断地研制、开发锻造新工艺和新型润滑剂。

1. 锻造工艺中的摩擦特点

镦粗是最基本的一种锻造方式,是用冲击压力将处于锤头与砧座之间的金属坯料压短,由于体积不变而导致在坯料侧表面金属可向各方向变形,从而横向尺寸增大的一种锻造过程,摩擦改变零件应力状态,使变形力和能耗增加,引起应力分布不均匀和工件变形。

以平锤圆柱体试样镦粗为例,当无摩擦时,为单向压应力状态,即 $\sigma_s = \sigma_1$;而有摩擦时,则呈现三向应力状态,为了评价中间主应力σ_2对金属屈服的影响,常用罗德应力参数μ_σ将 Mises 屈服准则写成:

$$\sigma_1 - \sigma_3 = (2/\sqrt{3+\mu_\sigma^2})\sigma_s \tag{7.25}$$

$$\sigma_1 = \sigma_3 + \beta\sigma_s \tag{7.26}$$

式中 $\beta = 2/\sqrt{3+\mu_\sigma^2}$;

σ_1——主变形力;

σ_3——摩擦力引起的变形力。

若接触面间摩擦越大,则σ_3越大,即静水压力越大,所需变形力随之增大,从而消耗的变形功增加。此外,接触面中心受摩擦影响大,远离接触面的边缘部分受摩擦影响小,最后工件变成鼓形。同时,摩擦使接触面单位压力分布不均匀,由边缘至中心压力逐渐升高。变形和应力的不均匀直接影响产品的性能,降低产品的合格率。

2. 锻造工艺中的润滑特点

(1)锻造润滑剂的作用。

①降低锻造负荷。

②促进金属在模具中流动。

③防止模具卡死。

④减少模具磨损。

⑤在工件和模具间进行冷却。

⑥便于工件脱模。

(2)锻造润滑剂的分类。

锻造润滑剂的选择取决于多种因素,其中主要考虑锻造温度、锻造速度、变形的难度以及模具表面粗糙度等。锻造润滑剂的分类标准有多种,常用的分类方法如下。

①传统分类法。若按传统的分类方法,则可分为石墨系和非石墨系两大类,每一类都有水溶性和油活性两种。目前石墨类润滑剂因为吸附性好、价廉易得而广泛应用于锻造。但是,石墨色黑、粒小、易扩散,会污染环境,且有害工人的身体健康。因此,在环保和身体健康要求日益严格的情况下,人们正在开发非石墨系的锻造润滑剂,目前,在一些发达国家已经有逐渐取代石墨系润滑剂的趋势。

②按原材料分类法。若以原材料分类则可分为以下几类。

a. 固体润滑剂。主要包括石墨和二硫化钼、氮化硼、云母、滑石粉等,它们耐热性极佳,既可单独用作锻造润滑剂,也可制备成乳化液使用。

b. 高分子润滑剂。主要包括四氟乙烯、合成蜡和三聚氰胺树脂等,它们在较低温度条件下具有优良的润滑性,但在 300~400 ℃条件下开始分解,因此高温锻造时应防止发生火灾。

c. 金属盐类润滑剂。主要指钙、钾、钠、铝和锌等金属的脂肪酸盐,它们常混合使用。其中以羧酸钾和羧酸钠等的水溶性白色润滑剂使用最为广泛。

d. 矿物油型润滑剂。一般使用含有极压剂等添加剂的高黏度润滑油,由于在高温下容易着火,常做成乳化液,以增加使用的安全性和减少对环境的污染。

③按锻造温度分类法。按照锻造工艺的锻造温度,可以分为冷锻用润滑剂和热锻用润滑剂。

7.9.2　轧制工艺中的摩擦与润滑

轧制加工主要应用在生产各种规范的坯料、管材、型材,是金属材料生产的主要加工工艺之一。

1. 轧制工艺中的摩擦特点

(1)轧制过程中的金属材料滑动特点。

在轧制过程中一般都存在坯料的前滑、后滑观象,所谓的前滑是指轧件的出口速度大于该处轧辊圆周速度的现象。后滑是轧件入口处的速度小于轧辊在入口断面上水平速度的现象。前、后滑区的交界面称为中性面,在前滑区内的摩擦力指向轧制的反方向;而后滑区的摩擦力指向轧制方向,即前、后滑区的摩擦方向相反,如图 7.15 所示。图中 γ 为中性角,表示中性面与轧辊重力垂线的夹角;α 为咬入角,表示轧件与轧辊相接触的圆弧所对应的圆心角。

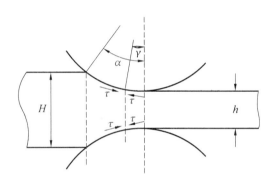

图 7.15　金属板材的轧制加工状态

在简单轧制条件下,中性角 γ 主要受摩擦系数的影响,在有张力的轧制条件下,还要受前、后张力的影响。同时,在变形区内,改变相对滑动方向的界限不是一条线,而是一个区段,在这段长度上,后滑结束,而前滑还未开始,此段称为黏着区。这样,变形区将由前、后滑区和两者之间的黏着区等三部分组成。这种按轧件与辊面的相对滑动特性将变形区分为几个区段的情况在一般的金属材料塑性加工工艺中是少见的。并且,轧制过程将产生相当多的摩擦热量,从而对生产特性和产品质量带来严重影响。因此,要求润滑剂在起到润滑作用的同时,还必须对轧辊起到足够的冷却作用。此外,相对滑动速度的不断变化和在轧制过程中滑动方向颠倒,对解决摩擦和润滑技术问题增加了不少困难。

(2)摩擦条件对轧制过程影响的复杂性。

摩擦条件对轧制过程具有多方面的影响。目前对摩擦条件的研究,最终都归结为对摩擦系数的研究。摩擦系数的大小,与轧件和轧辊的材质与表面状态、变形量、轧制速度和润滑状态等一系列因素有关。因此其本身对轧制过程的影响是相当复杂的,而且,它又与应力状态的其他因素之间相互影响,从而使问题更趋复杂。例如,在用相同的坯料厚度 H、压下量 Δh 和不同辊径 D 的轧辊轧成相同厚度 h 轧件的条件下,当辊径 D 较大时,使金属材料的接触弧较长,摩擦路径增长,单位压力也增大,从而使摩擦力加大;而随着辊径 D 的减小,咬入角口将增大,轧辊压力的垂直分量随之减小,使单位压力减小,同时又使摩擦路径缩短,则会减小摩擦的影响。因此,辊径的大小除了对工具形状产生影响外,还对摩擦条件产生影响。

事实上,在大多数情况下,除了外部张力因素以外,其他因素的影响都混合在一起,很难彻底分清。

(3)变形区内摩擦状态的复杂性。

目前,普遍认为润滑轧制的大多数情况属于混合摩擦状态,即变形区内同时存在着干摩擦、边界摩擦和流体摩擦等区域。因此,轧制过程的摩擦状态比机械传动的摩擦状态复杂得多。

测定结果表明,摩擦系数沿接触弧量不均匀分布状态。在生产过程中,任一个工艺条件的变化都会引起摩擦系数的波动。在润滑轧制条件下,很难确定各种摩擦状态在变形区内所占面积的比例,从而难以对摩擦系数进行精确的估计,而且随着轧制条件的波动和变化,摩擦状态会从一种形式转变为另一种形式,即各种摩擦状态所占变形区面积的比例会不断地发生变化。在所有的理论研究中,几乎都需要作出各种简化,大都假定摩擦系数沿接触弧均匀分布,取其平均值。另外,在工程应用中,摩擦系数大都是根据实测统计值进行选取。

(4)温度对摩擦的影响。

金属材料在轧制过程中,摩擦系数始终处于波动之中,给操作和产品质量控制带来很大困难。在冷轧的条件下,尤其在高速冷连轧过程中,强烈的热效应现象可使变形区内的温度高达 $100 \sim 200$ ℃,这样高的温度除了影响轧件的表面状态之外,还会影响润滑剂的吸附、解吸附性能以及加速化学反应等,直接影响润滑剂的润滑效果及其老化过程。在轧制过程中,润滑剂所承受的恶劣条件,在一般的金属塑性加工工艺中是少见的。因此,在润滑剂的研制和使用中都必须考虑这一特点。

(5)有效摩擦与剩余摩擦。

①有效摩擦。能够维持轧件匀速前进的最小摩擦力称为有效摩擦力。金属坯料与轧辊之间必须存在有效摩擦力,否则无法实现金属材料的轧制加工。摩擦力太小,将会产生打滑现象;而摩擦力太大,将会产生前滑现象。既不产生打滑,又不产生前滑现象时的摩擦系数称为最小允许摩擦系数,研究最小允许摩擦系数对于理论研究和指导生产实践都具有重要的实际意义。

②剩余摩擦。为了阐述这个问题,先引入摩擦角的概念。摩擦角就是轧制过程中作用在轧件上的正压力 P 与摩擦力 T 的合力 R 和正压力 P 之间的夹角。如图 7.16 所示,图中 α 和 β 分别表示咬入角和摩擦角,自然咬入的条件为 $\alpha > \beta$,稳定过程的条件为 $\beta \geqslant 0.5\alpha$。可见,咬入过程对摩擦条件的要求比稳定过程的要求高出一倍以上。显然,稳定过程中有一半以上的摩擦是多余的,多余部分的摩擦称为剩余摩擦。

在稳定轧制过程中,为了维持受力的平衡关系,有效摩擦力与金属的径向压力相平衡,剩余摩擦必须以另一种方式消耗掉,其中一部分推动靠近出口一定区段的金属,使其流动速度大于轧辊的线速度,即产生前滑,另一部分用来平衡前滑区的摩擦力。

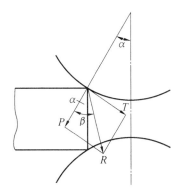

图 7.16　摩擦角示意图

2. 轧制工艺中的润滑特点

(1)轧制工艺中对润滑剂的特殊要求。

通常,对于轧制工艺而言,由于接触压力大,材料的成形温度也高(尤其是热轧工艺),所以对所采用的润滑剂功能就提出了更高的要求,具体要求如下:

①有效地减少轧辊和轧件之间的摩擦力,并控制摩擦系数。

②在轧制过程中有效减轻轧制负荷,实现最大的压下率。

③保证轧制产品表面光泽并无污斑。

④冷却轧辊以保持轧辊的形状精度。

⑤降低摩擦,减少动力消耗。

⑥保证油膜的强度和润滑性能,减少轧辊的磨损。

⑦湿润轧制产品,提高轧制产品的表面质量和轧制效率。

⑧保证不粘辊,不焖辊。

⑨防锈性好且无腐蚀,防止工序间轧制件锈蚀。

(2)常用润滑剂的基本组分。

润滑剂通常由基剂、油性剂、极压剂以及用于特殊目的的各种添加剂组成。

①基剂。基剂是润滑剂主体成分,用于混合各种添加剂。常用的基剂有水、矿物油、动植物油、酒精和苯等。

②油性剂。油性剂用以改善润滑剂的性能,使金属材料与模具之间能形成边界润滑状态。常用的油性剂有油酸、脂肪酸、动植物油、乙醇及蜂蜡等,一般油性剂适于在温度140 ℃以下的环境使用,超过该温度,油性剂容易发生解吸,从而破坏边界润滑状态。

润滑剂油膜强度取决于润滑油中某些分子与金属表面的吸附作用和亲和作用。由于不同润滑剂中这些分子的组成和结构不同,而其吸附力也有所不同。例如,油酸对金属表面的吸附能为 71 128 J/(g · mol),而一些非极性的如烷烃的吸附能则仅为7 113 J/(g · mol)。吸附能大,其油膜比较坚固;吸附能小,则油膜不牢。油膜强度也受摩擦部分的金属化学成分的影响,例如,在由铁、铜、铅、锌、锡所组成的轴或轴承上形成的油膜强度,比在含镍、铬等的轴承上的油膜强度大得多。研究表明,润滑油的分子中的碳原子数有 10%～15% 为环,并有 85%～90% 为烷基侧链,少环长侧链的环带烷属烃,即带有长侧链和 1～2 个环结构的烃的润滑油的油性最好,且黏温性质也好,而多环的环烷或芳烃的油性较差。特别是含有硫、氧的长侧链少环烃类的油性最好,因为硫、氧等极性分子与摩擦金属表面的吸附力最大,而所形成的油膜也最强,但由于这些含极性基的化合物的抗氧化安定性较低,在使用过程中易于氧化或叠合,成为胶质而失去润滑性,因而对这类化合物的添加量一般不宜太多。

7.9.3 挤压工艺中的摩擦与润滑

挤压加工可用于生产各种复杂断面实心型材、棒材、空心型材和管材,是金属材料生产的主要加工工艺之一。

1. 挤压工艺中的摩擦特点

在挤压加工工艺中,摩擦不仅对金属的流动和总挤压力有很大的影响,而且还对挤压制品的质量起着决定性的作用。因此必须对挤压过程中的摩擦问题有足够的重视。

(1)挤压过程中的摩擦。

挤压时,坯料侧表面和挤压筒壁之间的摩擦是影响金属流动的最主要的因素之一。正常挤压的过程中,金属与挤压筒壁、模具压缩锥面和定径带之间为相对滑动,摩擦力由黏着点的撕裂力、犁沟力、分子吸附力等组成。此时,可近似认为各自的摩擦系数为常数,摩擦应力与正应力成比例。随着变形条件的变化,位于变形"死区"的金属与挤压筒壁和模壁发生黏合而无相对滑动,金属变形发生在弹性变形"死区"形成的压缩锥,而与变形金属之间,以金属内部沿金属压缩锥面的剪切变形的方式进行。这时,摩擦力为常数(即等于金属材料的屈服剪应力),不再受压应力的影响。当摩擦力为常数时,摩擦系数则要随着正应力的变化而变化,即摩擦系数随着正应力的增加而减小。在静液挤压时,由于变形金属与模具之间存在一层高压工作液体,形成液体润滑状态,摩擦力的大小只取决于润滑剂的黏度和相对滑动速度。

在挤压过程中,变形区的几何参数也会对摩擦系数产生很大影响,随着模具入口锥角的增加,金属流动的状态会发生改变,使金属与模具表面的滑动逐渐转变为变形金属表层的剪切变形,外摩擦变成内摩擦,摩擦系数增大。在挤压异型材时,模孔形状复杂,一套模具上的模孔数目越多,金属塑性变形时的摩擦力就越大。

(2)摩擦在挤压工艺中的作用。

①摩擦使金属在挤压过程中流动不均匀,从而导致挤压件内部组织、力学性能不均匀和缩尾、表面裂纹以及波浪、翘曲和歪扭等外形质量缺陷。

当挤压筒壁与变形金属之间的摩擦应力达到一定程度时,外层金属的运动受阻,使挤压筒壁与坯料之间的相对滑动减小,坯料的次表面出现滑动,即金属的内部相互间滑动;当摩擦应力足够大时,外层金属与挤压筒壁完全黏合在一起,而使坯料的次表层发生剪切变形,摩擦力越大,坯料中心和外层金属的变形率差值也越大,从而使挤压制品横断面的中心区和外层区组织的形成条件不同,分别生成细晶环和粗晶环,导致横向的组织和性能的不均匀。在挤压过程中,随着金属坯料的逐渐变短,金属沿径向流动速度的增加导致金属的变形硬化、摩擦力和挤压力都增加,从而引起了作用在挤压筒上的正应力和摩擦应力的增加,促使外层金属向坯料中心流动,从而使金属的流动逐渐地由平流阶段向挤压终了时的紊流阶段过渡,造成制品纵向的组织和性能的不均匀。

当金属流动完全进入紊流阶段之后,死区与塑性流动区界面因剧烈滑移使金属受到剧烈的剪切变形而断裂,表面层带有氧化物、各种表面缺陷及污物的金属会沿着断裂面而流出,与此同时,死区的金属也逐渐流出模孔包覆在制品的表面上,形成皮下缩尾,或者起皮。

当模具与金属之间的外摩擦很大时,就会导致内部金属流动速度快,外部金属流动速度慢,从而在外部金属中出现附加轴向拉应力,内部金属出现附加轴向压应力。与轴向主应力叠加后,在变形区压缩锥部分有可能改变应力性质,使轴向主应力变为拉应力。当这个拉应力超过金属的变形抗力时,金属制品表面就会出现周期性裂纹。

在型材挤压时,除因型材断面复杂而造成金属流动失去对称性,使型材件薄壁部分出现波浪、翘曲、歪扭以及充不满模孔等缺陷之外,同时由于金属与模壁之间的摩擦对金属的流动也起着阻碍作用,若在某一部位不适当地增加了模具定径带长度,也可以使该处的摩擦阻力加大,流动的金属内的流体静压力增加,迫使金属向阻力小的部分流动,从而破坏了型材断面上金属的均匀流动,这同样可能使挤压制品上出现裂纹、波浪、翘曲和歪扭等缺陷。

②摩擦对模具、生产过程和生产设备的影响。摩擦加快了模具的磨损,缩短了模具的使用寿命。摩擦增加了从模具中取出挤压件的困难,有时会产生工件的黏模现象,影响正常生产。挤压使材料处于三向压应力状态,可以最大限度地发挥出金属材料的塑性,成形零件的硬度、强度均有不同程度的提高,但三向压应力使得变形力及变形功增加,需要较大吨位的设备。

③摩擦在挤压工艺中的有益作用。在挤压过程中,摩擦的存在会给变形过程带来一定的麻烦和不利的影响。但在某特定条件下,摩擦却对挤压工艺有益,对此部位在保证不发生黏着的前提下,希望增加摩擦力。例如在挤压的最后阶段,当挤压力变得很大时,坯料后端的金属趋于沿挤压坯料端面流动,产生缩尾。此时,若金属与挤压坯料的摩擦减小,金属就越容易向内流动,产生的缩尾就越长,因此,为减小缩尾,有时还在金属与挤压坯料之间放置石棉垫片或在挤压坯料上车削出一些同心环以增大摩擦系数。

为了利用摩擦,人们研究出了有效摩擦挤压法,该方法的特点在于挤压筒前进的速度比挤压轴前进的速度快,从而使坯料表面上的摩擦力方向指向金属流动方向,使摩擦力产生有效作用。当速度系数选择适当时,有效摩擦作用可完全消除挤压缩尾现象。该方法与正向无润滑挤压相比,能降低 $15\% \sim 20\%$ 的挤压力,并能在较低的挤压温度下进行,并提高金属流出速度和制品成品率,改善制品质量。

另一个利用挤压过程中的摩擦的例子是 Conform 连续挤压法,如图 7.17 所示,当从挤压型腔的入口端连续喂入挤压坯料时,由于它的三面是向前运动的可动边,在摩擦力的作用下,轮槽咬着坯料,并牵引着金属向模孔移动,当夹持长度足够长时,摩擦力的作用在模孔附近产生高达 $1\ 000\ N/mm^2$ 的挤压应力和高达 $400 \sim 500\ ℃$ 的温度,使金属从模孔流出。可见 Conform 连续挤压原理十分巧妙地利用了挤压轮槽壁与坯料之间的机械摩擦作为挤压力。同时,由于摩擦热和变形热的共同作用,铜、铝材挤压前无须预热,直接喂入冷坯(或粉末粒)而挤压出热态制品,这比常规挤压节省 3/4 左右的热电费用。此外因设置紧凑、轻型、占地小以及坯料适应性强,材料成材率高达 90% 以上。目前广泛用于生产中小型铝及铝合金管、棒、线、型材。

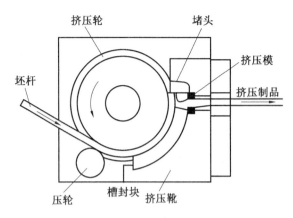

图 7.17　Conform 连续挤压原理

2. 挤压工艺中的润滑措施

研究挤压工艺的润滑措施时,必须根据不同的挤压工艺过程、被加工金属的性质和对制品的要求,来选择不同的挤压润滑剂、润滑部位和润滑方法,以便达到提高模具使用寿命和产品质量的目的。

(1)润滑剂在挤压工艺中的作用及相应措施。

如上所述,挤压时,摩擦能够产生许多不利影响,若采用合理的润滑工艺,减少挤压坯料与挤压筒及模孔间的摩擦力,减少金属流动的不均匀性,从而防止或减少这些不利现象的产生。

挤压的工艺润滑作用可以降低摩擦系数和挤压力;扩大挤压坯料的长度;改善挤压过程中金属流动的性质,减少不均匀性;防止金属与模具的黏着;减小制品中的挤压应力等。同时,它还起到对挤压坯料的保温或绝热的作用,以改善工模具的工作条件,提高挤压速度,减小模具的磨损,延长模具使用寿命,降低力能消耗,提高挤压制品的成品率和表面质量等。

挤压过程中一般都要对挤压模具进行润滑,但需要指出的是,由于模具对制品的表面有一种抛光作用,若模具上存有过量的润滑剂会增大挤压制品的表面粗糙度,所以在挤压某些对表面光洁度要求高的制品时,还应该限制使用润滑剂。

挤压筒壁与金属坯料之间的润滑应根据它们之间的运动情况来确定,若存在相对运动(如正挤压),则应该对挤压筒壁进行润滑;若不存在相对运动(如反挤压),则可以不考虑润滑问题。静液挤压时金属与挤压筒壁之间不直接接触,且挤压液体本身也起到润滑作用,因此可以不采用专门的润滑。而对于连续挤压、有效摩擦挤压等方法,则需要利用金属与挤压容器之间的摩擦力,所以更不能使用润滑剂。

应该注意的是:为了避免形成挤压缩尾或防止挤压缩尾扩大,必须减小金属沿挤压坯料端面的流动。因此,不要润滑挤压坯料端面,在设计挤压工艺和模具时还应该采取措施防止润滑挤压筒壁的润滑剂因各种其他原因错误地进入坯料端面。

对于空心型材的挤压过程,如果用穿孔挤压或是带心轴的挤压方式,对心轴部位的润滑可以明显改善心轴的工作条件,降低穿孔力,有利于挤压过程的正常进行。但是在用桥式模、舌形模等类型的分流组合模挤压空心制品时,由于金属流体必须在焊合腔中重新焊合,所以绝对不能使用润滑剂,以防止润滑剂污染焊合部位,使焊合质量降低,产生废品。

（2）冷挤压时的表面处理及常用润滑剂。

冷挤压是最常见的一种挤压方式,精度高、效率高,一般不需要机械加工,如冷挤压杯状件内外表面不需再进行其他处理就可以装机使用,作为一种切屑少或无的塑性成形方法已得到广泛应用,而且随着技术的发展和设备吨位的提高,这种技术已扩大到不锈钢、低合金钢、铜合金、低塑性的硬铝等材料的生产中。冷挤压与热挤压相比,挤压温度较低,即使在连续工作条件下,由变形热效应与摩擦热效应导致的模具温度通常也不超过200～300 ℃,这一点对工艺润滑来说是有利的。但要在这个温度下,使处于凹模内的金属产生变形时必需的塑性流动所需要的挤压力,要比热挤压大得多,单位压力一般可达200～2 500 MPa,甚至更大,而且这种高压持续时间也较长。冷挤压使变形金属产生强烈的冷作硬化现象,又会导致变形抗力的进一步增加。此外,由于冷挤压时的变形量很大,新增加的表面多,新生金属与模具表面很容易发生黏着,使润滑条件恶化,影响坯料的成形、制品的质量和模具寿命。所以,要求冷挤压用润滑剂具有能显著降低摩擦力,在一定温度和高压下仍能保证良好的润滑性能,有很好的延展性以及使用时操作方便、无毒、无怪味,并且价格便宜等特点。

为了达到所要求的润滑性能,在冷挤压实际生产中,必须对坯料进行专门的表面处理和润滑处理,其方法主要有以下几种。

①磷化—皂化处理,这种方法主要用于能与磷化液发生作用的金属（如钢）的冷挤压过程。

②根据被挤压金属的性质选用不同的润滑剂,直接进行润滑处理,这种方法适用于大部分有色金属挤压,某些有色金属,如黄铜、紫铜、无氧铜和锡青铜等,在冷挤压前一般先经过钝化处理,然后再涂润滑剂。

③对硬而脆的有色金属进行冷挤压时,生产中需要采用其他表面处理方法。如镍在镀铜后采用紫铜的润滑处理;又如硬铝采用氧化处理、磷化处理或氟硅化处理。

④20 世纪 80 年代以来,国内外对冷挤压加工使用的润滑剂进行了大量研究工作。各种新型挤压润滑材料相继问世,如英国 D. Blake 等人采用聚硫橡胶代替磷系挤压润滑剂,取得了较好的效果;美国杜邦公司发明一种具有低摩擦系数的全氟聚合物,将金属坯料在室温下没入该物质中,浸泡 1 min 后取出,室温下 10 s 内即蒸发掉大部分溶剂。在坯料表面留下一层很薄的润滑剂即可进行冷挤压加工,对不同种钢材进行试验,其冷挤压效果均超过磷化—皂化法。

（3）温挤压时的表面处理及常用润滑剂。

温挤压是在冷挤压基础上发展起来的,其挤压温度在挤压金属的再结晶温度以下,挤压金属材料在变形后将产生冷作硬化。与冷挤压相比,温挤压具有变形抗力较小,变形较容易,模具寿命较长的优点;与热挤压相比,氧化和脱碳的可能性较小,产品的尺寸精度和表面状态好,强度性能比退火材料要高。由于温挤压的这些特点,它除要求润滑剂具有一般挤压润滑剂的共同特点外,还要求润滑剂在大约 800 ℃以下的温度范围内性能基本保持不变。

常用的温挤压润滑剂有:石墨、二硫化钼、二硫化钨、氟化石墨、氮化硼、聚四氟乙烯、氧化铅、金属粉(铅、锡、锌、铝和铜等)和无机化合物(滑石、云母、玻璃粉和瓷釉)等。

(4)热挤压时的表面处理及常用润滑剂。

热挤压是对金属在再结晶温度以上的某个合适温度范围内进行的挤压加工,热挤压时,变形抗力比较低,但由于变形温度相对较高,对润滑剂的热稳定性能和保温绝热性能提出了更高的要求。目前,热挤压工艺通常采用如下几种润滑方法:

①无润滑挤压。无润滑挤压也称自润滑挤压,即在挤压过程中不采用任何工艺润滑措施,这种挤压方法主要应用于某些在高温下氧化物比基体金属软的金属(金属的氧化层就可作为一种良好的自然润滑剂)或变形抗力较低的软合金。如:纯铜在 750~950 ℃的温度下,既可不加润滑剂,也可不进行扒皮挤压就可以顺利地挤制出产品。铝及铝合金在 500~550 ℃的温度下挤压,通常都不进行润滑。金、镁等金属也都属于这类可以自润滑的金属。

无润滑挤压挤出的制品表面较为光亮,与平模结合使用可以在一定程度上避免由于坯料夹带氧化皮和润滑剂而在制品表层或表面形成的缺陷。但是,它也容易划伤制品表面,在挤压黏附性较强的金属和合金(如铝和铝青铜等)时,易形成黏膜,从而使模具寿命下降;它与润滑挤压相比,延伸率较低,制品的组织性能均匀性较差,能耗较大。

②油基润滑挤压。油基润滑剂主要是以某种润滑油脂为基础,加入适量的石墨、二硫化钼、盐类等固体润滑剂和其他添加剂配制成的具有良好高温性能的混合物。需要注意的是,应根据各种金属的挤压工艺和润滑部位的不同,配制不同性能的润滑剂,将配好的油基润滑剂直接涂在需要润滑的部位后,进行润滑挤压。油基润滑剂的使用效果较好,制备较容易,便于调节性能,使用方便,运用较广。但是,在使用中会产生燃烧或烟雾,某些物质(如铅等)在燃烧时会分解出大量有毒气体,应设有良好的通风设备。此外,对这类润滑剂最好应随环境温度的变化,适当地调整其配方,以改善其性能。例如,在冬季常常加入 5%~7% 的煤油,以降低润滑剂的黏附性;在夏季则加入松香,以保证石墨质点处于悬浮状态。

必须指出,由于这类润滑剂绝热性能较差,且在一定条件下会与某些合金产生热化学作用,故在挤压长坯料及内孔很小的短管料或挤压温度和强度较高的材料以及黏附性较大、易受气体污染的软材和其他稀有金属坯料时,这类油基润滑剂就不太适用了。

③玻璃润滑工艺。这种润滑工艺既能起到润滑作用,又可在加热及热挤压过程中避免金属的氧化或减轻其他有害气体的污染,同时还具有热防护剂的作用,已广泛地应用于钢、铜、钛和稀有金属的热挤工艺中。例如,在 350~650 ℃挤压铜合金时,使用软化点 350~400 ℃的碱性磷酸钠玻璃;在 800~1 000 ℃挤压铜合金时,使用双组分或多组分的硼玻璃;在 700~900 ℃挤压纯钛和纯锆、在 900~1 200 ℃挤压钢和不锈钢、在 1 100~1 200 ℃挤压镍和钴、在 1 200~1 600 ℃挤压难熔金属钨和钼等时,均可使用玻璃润滑剂,而且目前在以上这些加工温度范围内,最常用的工艺润滑剂就是玻璃润滑剂。

玻璃润滑剂的制备和配方通常应根据被挤压材料的表面性质以及温度条件,改变玻璃中的各种成分和比例,调节其软化点、黏度和热稳定性等特性。

④软金属包覆润滑挤压。对于铌、钛、钽、锆及其合金材料进行挤压加工时,由于这些金属在加热时极易被氧化和受气体污染,所以常用紫铜、软钢和不锈钢等软而韧的材料包

覆在坯料表面,然后采用包套材料对应的润滑剂直接润滑后进行挤压。如挤压钛时用铜包套后采用沥青或稠石墨油脂润滑挤压。又如,铍在 50～650 ℃用钢包套后采用石墨润滑挤压。至于钨和钼,可以用紫铜、纯铁或其复合板作为包套材料,用石墨作为润滑剂在400～600 ℃进行挤压。

这种润滑挤压方法在稀有金属的挤压中应用较广。但是,挤压之后需用酸液除去包套材料,且回收包套材料的费用也很大。因此,一般仅用于小型挤压机挤压钛或者锆及其合金制品。除此之外,目前一般均采用玻璃润滑挤压稀有金属。

目前正在发展使用具有更优良的润滑性、冷却性、高温润湿性以及防锈性能的水基石墨型润滑剂。在这类润滑剂中,除石墨外,还有部分液体润滑材料,通常还添加磷酸盐、硼酸盐、黏结剂、表面活性剂、防锈剂及水的增稠剂,调节其相应的性能。

(5)等温挤压工艺中的润滑剂。

等温挤压工艺中应用最好的润滑剂是熔融状态的无机玻璃润滑剂。等温挤压时,一般将玻璃润滑剂涂覆在被加工坯料上,而不涂在模具上。

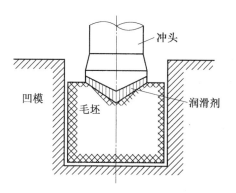

图 7.18　反挤压时的润滑情况

3. 挤压工艺中摩擦与润滑的实践应用

在反挤压时,将凹模和坯料做成如图 7.18 所示形状,润滑剂能够持久稳定地起到隔离冲头与毛坯的作用,产生良好的效果。在静液挤压工艺中,如图 7.19 所示,高压液体是作为传递变形力的介质,同时又起到强制润滑的作用。

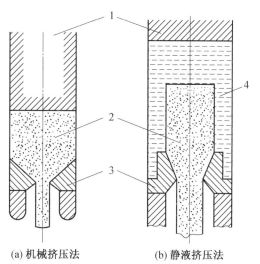

(a) 机械挤压法　　　　(b) 静液挤压法

图 7.19　机械挤压法和静液挤压法的对比
1—挤压杆;2—坯料;3—模子;4—高压液体

7.9.4　拉拔工艺中的摩擦与润滑

金属材料的拉拔一般在冷态下进行,可用于制造断面尺寸较小的各种金属管材、棒材和线材等。金属材料冷拉拔过程中,主要变形区集中在冷拉拔模具的型腔部分,摩擦力大且为有害摩擦,金属材料的温升也大,因此模具的型腔部分通常采用比较耐磨的并且摩擦系数比较小的硬质合金制造。润滑剂的优劣对于模具的使用寿命和冷拉拔工件的表面质量都有重要的影响,通常使用润滑性能比较好的动植物油和各种合成油脂。

1. 拉拔过程中的摩擦分析

拉拔时,坯料与模具的相对运动就是黏着、撕脱交替进行的过程,这个过程中的各黏着点被剪切而撕脱的阻力的总和,是构成摩擦力的主要部分。构成摩擦力的另一部分是因犁削金属而产生的摩擦阻力,当两表面较光滑时,它与黏着造成的摩擦力相比影响较小。

在很大的接触压力作用下,接触点上的金属将发生塑性变形。这时,塑性接触点上的应力等于较软金属的压缩屈服极限。此时摩擦系数为金属的剪切强度与压缩屈服极限的比值。

研究表明,拉拔中总能量的10%消耗于金属与模具间的外摩擦。当低速拉拔时,模具与金属界面发生的热量,几乎都传到金属与模具中,而在高速拉拔时,产生的变形热和摩擦热来不及传递,从而使模具与金属界面的温度急剧上升,引起润滑膜的破坏,发生黏结现象,随着摩擦系数的增加,摩擦能耗占总能耗的比例增加。

2. 拉拔过程中的润滑

(1)拉拔工艺采用润滑的目的。

为减小拉拔过程中的摩擦,采用合理有效的润滑剂和润滑方式具有十分重要的意义。拉拔中润滑的作用主要表现如下。

①减小摩擦。有效的润滑能降低拉拔模具与变形金属接触表面间的摩擦系数,降低表面摩擦能耗,降低拉拔动力消耗。

②减小模具磨损、提高生产效率和降低生产成本。

③降低拉拔产品的表面粗糙度。润滑不良会导致拉拔产品表面出现发毛、竹节状,甚至出现裂纹等缺陷,有效的润滑可以确保产品的表面质量。

④降低拉拔产品的表面温度。有效的润滑能使摩擦发热减小,尤其是湿法拉拔,润滑液能将产生的热很快传递出去,从而控制模具温度不会过高以及避免因温度过高而导致的润滑剂失效。

⑤减小拉拔产品的内应力分布不均。有效的润滑可以避免拉拔变形区应力的骤然改变,从而防止拉拔产品力学性能严重下降。

⑥防止制品锈蚀。常用的润滑剂一般都具有良好的化学稳定性,可以抵抗或减缓大气腐蚀的进行,从而提高了拉拔产品的抗腐蚀性,延长了使用寿命,便于生产中的保管与周转。

(2)拉拔对润滑剂的要求。

拉拔过程中,润滑剂要起到减小摩擦、防止磨损及冷却模具等作用,以便提高拉拔速度和断面收缩率,提高生产效率和产品质量。为提高润滑效果,一般要事先进行造膜处理。造膜处理后的坯料表面易于吸附大量的润滑剂,从而减少摩擦和防止模具与金属表面间的黏着。当拉拔模对坯料的接触压力很大和温度升高严重时,为使润滑剂满足要求,必须加入抗磨油性剂或极压剂,采用强制润滑方式,施加大约相当于材料塑性变形应力强度的油压,使材料和模具间的接触面接近于流体润滑状态,从而使摩擦产生的剪切应力下降,防止烧结并减少模具的磨损。

(3)拉拔过程中的润滑机理。

在拉拔时,由于模具锥角的作用,润滑剂在变形区入口处形成楔形润滑剂油楔,黏附在拉拔金属表面的润滑剂随之同步运动,中间润滑剂做层流运动。由于模具固定不动,与拉拔金属之间存在着较大速度差,有强烈的"油楔效应",其润滑剂随模具楔形增压。从变形区入口处至润滑楔顶,润滑剂压力达到最大,当压力达到金属屈服极限时,润滑剂将被挤入变形区,形成一定厚度的润滑膜。

模具和拉拔金属表面都不可能绝对光滑平整,凹凸不平的表面中的凹穴将会储存润滑剂,形成所谓"油池",拉拔时润滑剂将随同润滑"油池"带入变形区。表面越粗糙,带入的润滑剂越多,润滑膜就越厚。

润滑剂中既存在非极性分子又有极性分子,在金属表面可产生吸附作用,获得有效的润滑效果。当在润滑剂中加入含有硫、磷、氯等活性原子的添加剂时,润滑剂变为极性活化润滑剂。在由摩擦产生的高温条件下,活性原子会与金属发生化学反应,生成低摩擦的化学反应膜,其强度远大于通过物理、化学吸附所形成的润滑膜强度。通过化学反应形成的润滑膜在边界润滑过程中处于不断破坏和建立的过程。它在拉拔时的高温高压作用下生成,又在强烈摩擦下破裂;破裂的同时极性活化原子又与金属再次发生化学反应形成润滑膜,这就是极压作用,实质上就是对金属表层产生一种腐蚀作用,所生成的腐蚀层抗剪切强度极弱,从而减小了摩擦力。极性活化润滑剂的另外一个作用,就是使金属塑性变形容易进行,主要是通过极性物质的吸附,使金属表面能(表面张力)降低,从而有利于变形金属表面积的扩大,以及新鲜表面的形成。同时,极性活化润滑剂能没入金属表面的微观裂纹等缺陷内,容易渗入到金属内部,从而使塑性变形时容易进行金属内的滑移。

由上述润滑机理可知,拉拔润滑工艺由流体动力润滑机制、接触表面微观不平度夹带机制与接触面的物理及化学吸附机制共同作用,起到润滑效果。金属在拉拔时变形区可能存在流体润滑区、边界润滑区以及部分金属微凸体处与模壁表面直接接触区。理想的润滑应使流体润滑区在变形区中占主导地位或占其全部,即实现流体动力润滑。

3. 拉拔工艺中摩擦与润滑的实践应用

在拉拔生产中可以采用"强制润滑工艺",如图 7.20 所示,在模具入口处加一个套管,套管与坯料间具有很小的间隙,当坯料从套管中高速通过时,就把润滑剂带入模孔内。在模孔入口处,由于间隙变小,润滑油产生高压,当压力高到一定数值时,产生"高压油楔"作用,在模具与坯料之间产生高压油膜,起到良好的润滑作用。

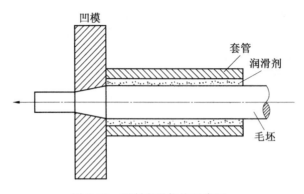

图 7.20   强制润滑拉拔示意图

　　另一个常见的例子就是拉拔生产中采用磷化—皂化处理。冷拉拔钢制品时,即使润滑油中加入添加剂,油膜还会遭到破坏或被挤掉,而失去润滑作用。

第8章 金属塑性加工过程中的断裂

金属断裂是指金属沿着一定方向产生机械破裂或裂开,失去其连续性和整体性的一种现象。断裂是金属材料在塑性加工过程中以及服役使用过程中遇到的重要实际问题。金属断裂后不仅完全丧失服役能力,而且还可能造成不应有的经济损失及伤亡事故。断裂现象的研究始于20世纪初期,英国物理学家Griffith(格里菲斯)最早研究了裂纹在脆性断裂中的作用,并给出了脆性断裂应力和裂纹长度的关系。从Griffith时代算起至今已有100多年的历史,在很长一个时期,研究进展十分缓慢。直到20世纪50年代初接连发生了很多次震惊工程技术领域的低应力脆断事故,人们在探求解决对策过程中逐渐形成了研究断裂的这一分支学科。20世纪60年代前后,在断裂现象研究方面已经开始逐渐建立起比较完整的学术体系,提出了断裂韧性这一概念,强调工程设计中的强韧结合和金属材料发展的强韧化方向。在随后的几十年中,关于裂纹和位错这两个控制金属断裂的基本缺陷之间相互作用的理论研究,以及裂纹尖端位错分布的研究有了很大的发展。到目前,金属断裂的研究已经发展成为理论体系比较完善的一门学科。目前论述金属断裂的专著有很多,本章仅讲述关于金属塑性加工过程中的断裂所涉及的基本概念和规律。

8.1 塑性加工过程的断裂与裂纹

塑性加工中的断裂除因铸锭质量差(疏松、裂纹、偏析和粗大晶粒等)和加热时造成的过热、过烧外,绝大多数的断裂是由不均匀变形造成的。生产中因工艺条件和操作上的不合理,也会发生各种断裂。

在塑性加工过程中,按金属制品裂纹产生的部位可分为表面裂纹和内部裂纹(图8.1)。

这里仅对加工过程中常遇到的典型断裂现象做简要的分析。

8.1.1 锻造时的断裂

1. 锻造时的表面开裂

自由锻镦粗塑性较低的金属饼材时,由于锤头端面对镦粗件表面摩擦力的影响,形成单鼓形,使其侧面周向承受拉应力。当锻造温度过高时,由于晶间结合力大大减弱,常出现晶间断裂,且裂纹方向与周向拉应力垂直(图8.1(a))。当锻造温度较低时,晶间强度常高于晶内强度,便出现穿晶断裂。由剪应力引起的其裂纹方向常与最大主应力成45°(图8.1(b))。

为了防止镦粗时的这种断裂,必须尽量减少鼓形所引起的周向拉应力。可采用如下措施:

(1)减少工件与工具间的接触摩擦:提高接触表面的光洁度,并采用适当的润滑剂。

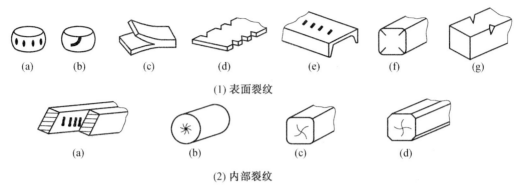

(1) 表面裂纹

(2) 内部裂纹

图 8.1　塑性加工制品的断裂形式

(2)采用凹形模:锻造时,由于模壁对工件的横向压缩,周向拉应力减少。

(3)采用软垫:如图 8.2 所示,因为软垫的变形抗力较小,在压缩开始阶段,软垫先变形,产生了强烈的径向流动,结果工件侧面呈凹形,如图 8.2(a)所示。随着软垫的继续压缩变薄,其单位变形抗力增加。这时工件便开始显著地被压缩,于是工件侧表面的凹形逐渐消失变得平直,如图 8.2(b)所示,继续压缩时才出现鼓形,如图 8.2(c)所示。这样与未加软垫的镦粗工件相比,其鼓形凸度就相应减少了,因而也就相应减少了工件侧面的周向拉应力。

镦粗塑性较低的合金钢时,常采用软钢做软垫。此时可按下列经验公式确定软垫厚度:当 $d/H=1.5\sim3.0$ 时,$S=(0.07\sim0.1)H$;当 $d/H=3\sim5$ 时,$S=(0.1\sim0.12)H$。d、H 分别为工件直径和厚度,S 为软垫厚度。

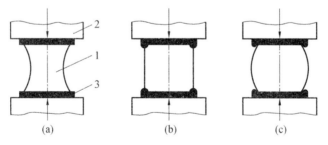

图 8.2　加软垫时的镦粗情况
1—试样;2—工具;3—软垫

(4)采用活动套环和包套:如图 8.3 所示,选用塑性好抗力较低的材料做外套,由于外套和坯料一起加热后镦粗,外套对坯料的流动起着限制作用,从而增加了三向压应力状态,防止了裂纹的产生。镦粗低塑性的高合金钢时,用普通钢做外套,套的外径可取 $D=(2\sim3)d$,d 是坯料原始直径。

用活动套镦粗时,低塑性毛坯经一定的小变形后就能与套环接触,然后取走垫铁再继续镦粗。套环材料除塑性好外,要其变形抗力比锻坯稍大些,使其对流动起限制作用,以增强三向压应力,防止裂纹的产生。

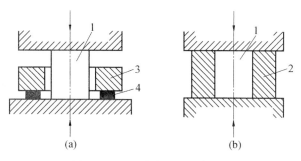

图 8.3 用活动套环和包套镦粗
1—工件；2—外套；3—套环；4—垫铁

2. 锻造时的内部裂纹

如图 8.4 所示，用平锤头锻压圆坯时出现纵向裂纹。这种情况与平锤头下压缩高件相似，压缩时形成双鼓形(图 8.4 中虚线)。

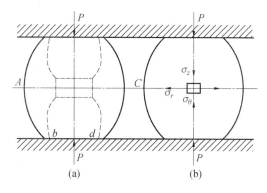

图 8.4 平锤头锻压圆坯时的纵向裂纹

因变形不深入(表面变形)，故在断面中心部分受到水平拉应力 σ_z 作用，当此应力超过材料的断裂应力时，就会在心部产生与拉应力方向垂直的裂口(图 8.5(a))，锻件翻转便产生如图 8.5(b)所示的裂口，如继续旋转锻造会形成如图 8.5(c)所示的孔腔。

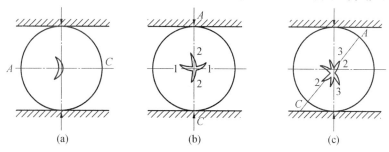

图 8.5 用平锤头锻压圆坯时裂口的形成

为了防止锻压圆坯时内部裂纹的产生，可采用槽形和弧形锤头，从而减少坯料中心处的水平拉应力，或把原来的拉应力变为压应力。实验结果表明，用图 8.6(b)所示两种锤头压缩总变形量达 40% 时都未见任何裂纹。因此，最好采用如下两种锤头，顶角不超过 $110°$ 的槽形锤头和 $R \leqslant r$，包角为 $100° \sim 110°$ 的弧形锤头，以增加工具对坯料作用的水平压应力,从而减少坯料中心水平附加拉应力。

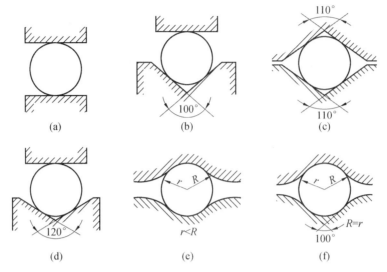

图 8.6　用各种锤头锻压圆坯

8.1.2　轧制时的断裂

1. 轧制时的表面开裂

对平辊轧制,当轧件通过辊缝时,沿宽向质点有横向流动的趋势。由于摩擦阻力的影响,中心部分宽展远小于边部,而中心部分厚度转化为长度的增加,故板端头如图 8.7(a) 所示,呈圆形。由于轧件为一整体,所以边部受附加拉应力,而易于产生边部周期裂纹。此外,当辊型控制不当(凸辊型)或坯料形状不良(凸形横断面)也会出现如图 8.7(b)所示的裂纹。

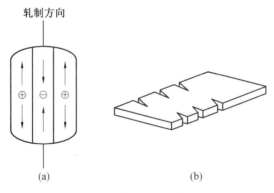

图 8.7　轧制板材时的侧裂

轧制薄板时,当辊型为凹形,或坯料为凹形断面,会产生与上述相反的情况,严重时会出现板材中部周期裂纹,如图 8.8 所示。

为避免上述断裂现象的发生,首先是要有适宜的良好辊型和坯料尺寸形状,其次是制定合理的轧制工艺规程(压下量控制张力调整、润滑适宜等)。

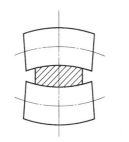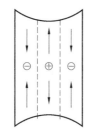

图 8.8　凹形轧辊轧制平板时的裂纹

2. 轧制时的内部裂纹

在平辊间轧制厚坯料时,因压下量小而产生表面变形,中心层基本没有变形,因而中心层牵制表面层,给予表面层以压应力,表面层则给中心层以拉应力(图 8.9(b))。当此不均匀变形与拉应力积累到一定程度时,就会引起心部产生裂纹,而使应力得到松弛。当变形继续进行,此应力又积累到一定程度又会产生心部裂纹,如此继续,在心部产生了周期性裂纹(图 8.9)。

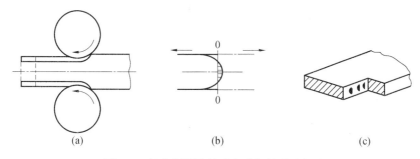

(a)　　　　　　　　(b)　　　　　　　　(c)

图 8.9　辊轧制厚轧件时变形与断裂示意图

为避免此种断裂现象的发生,可增加 l/h 值,如图 8.10 所示。随着 l/h 的增加,变形逐渐向内部深入。当 l/h 到定值后,轧件中间部分便由原来的纵向拉应力变为纵向压应力。有关研究所给出的结果是不一致的。多数学者认为只有当 $l/h=0.5\sim0.8$ 时,才能使厚轧件中心层的纵向拉应力转变为压应力。M.R.德兹古托夫提出用 D/h 表示此转变的临界值,在实验的基础上认为 $D/h=6\sim7$;而为压合已形成的裂纹,应使 $D/h\geqslant8$。

当轧辊直径与坯料厚度一定时,增加道次压量,可使 l/h 增大,从而使纵向拉应力减小,甚至变为纵向压应力,故有利于内部缺陷的焊合。在其他条件相同时,增大 D/h 有利于内部缺陷的焊合(图 8.11)。

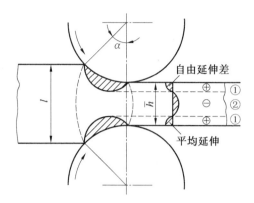

图 8.10　当 $l/\bar{h}$ 较大时轧制变形及纵向附加拉应力的分布情况

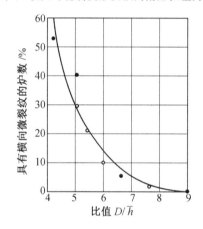

图 8.11　GCr15 钢在 600 轧机上轧制时微裂纹与 $D/\bar{h}$ 的关系

8.1.3　挤压和拉拔时的断裂

1. 表面裂纹

挤压时,在挤压件的表面常出现如图 8.12(a)所示的裂纹,严重时裂纹变成竹节状。由于挤压筒和凹模孔与坯料之间接触摩擦力的阻滞作用,挤压件表面层的流动速度低于中心部分,于是在表面层受附加拉应力,中心部分受附加压应力。此附加拉应力越趋近于出口处,其值越大,与基本应力合成后,工件表面层的工作应力 σ_f 仍然为拉应力(图8.12),当此应力超过材料的实际断裂强度时,在表面上就会产生向内扩展的裂纹。

拉拔与挤压类似,金属通过模孔时,受模壁摩擦阻力的影响,使金属边部流动速度慢于中心部,所以使这部分受附加拉应力的作用,又因基本应力也有拉应力,这就加剧边部拉应力(图 8.13),当此拉应力超过材料的拉断强度时就会产生制品表面周期裂纹(图 8.14(a)),当拉拔加工率过大时,此种现象加剧,严重时会出现劈裂(图 8.14(b))。

由上述分析可见,无论挤压与拉拔,减少摩擦阻力会使金属流动不均匀性减轻,从而可以防止这种裂纹的产生。防止裂纹的有效方法是加强润滑,例如铝合金热挤压采用油—石墨润滑剂,钢热挤时采用玻璃作为润滑剂。因为影响摩擦力的因素除了摩擦系数以外,还有垂直压力和接触面积的影响。对挤压和拉拔来说还可以采用反向挤压、反张力

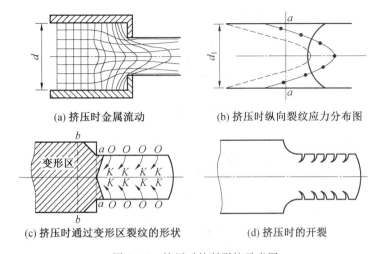

(a) 挤压时金属流动　　　　(b) 挤压时纵向裂纹应力分布图

(c) 挤压时通过变形区裂纹的形状　　　(d) 挤压时的开裂

图 8.12　挤压时的断裂纹示意图

——基本应力；　-----附加应力；　•—•工作应力；　O—裂纹起点；K—裂纹终点

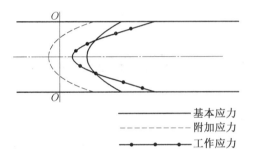

——基本应力

-----附加应力

•—•工作应力

图 8.13　拉拔时的纵向应力分布

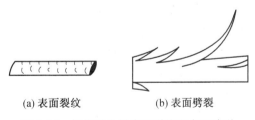

(a) 表面裂纹　　　　　(b) 表面劈裂

图 8.14　拉拔时金属表面裂纹和表面劈裂

拉伸、混式模拉伸等方法来减少有害摩擦,防止断裂现象的发生。

2. 内部裂纹

当挤压比(挤压变形程度)较小,或拉拔时 L/d_0 较小时,由于产生表面变形而深入不到棒材的心部,结果导致中心层产生附加拉应力,此拉应力与纵向基本应力相叠加,若轴心层的工作拉应力大于材料的断裂应力时,便会出现如图 8.15 所示的内部裂纹。

为了使变形深入轴心区,防止和减轻这种断裂现象发生,对挤压来说,增大挤压比;对拉拔来说,增加 L/d_0 可使变形深入到轴心区,即增大变形程度($\varepsilon = \dfrac{d_0^2 - d_1^2}{d_0^2}$)和减小模孔锥角 α,可减少此种断裂现象发生。

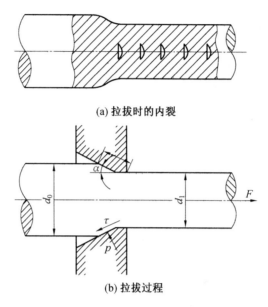

(a) 拉拔时的内裂

(b) 拉拔过程

图 8.15　拉拔时的裂纹

8.2　金属断裂的物理本质

8.2.1　理论断裂强度

完整晶体在正应力作用下沿着某一原子面被拉断时,其断裂强度称为理论断裂强度。它可以简单估计如下,设想如图 8.16 中被 mn 解理面分开的两半晶体其解理面网距为 d,沿拉应力方向发生相对位移 x。当位移很大时,位移和作用应力的关系不是线性的,原子间的交互最初是随 x 的增大而增大,当达到一峰值后就逐渐下降,图 8.17 所示为原子间作用力与原子间位移曲线,σ_m 代表晶体在弹性状态下的最大结合力,即理论断裂强度。在拉断后产生两个解理断面,设裂纹面上单位面积的表面能用 γ 表示,在拉伸过程中,形成单位裂纹表面外力所做的功,应为图 8.17 中 $\sigma-x$ 曲线

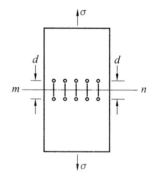

图 8.16　完整晶体拉断示意图

下所包围的面积,就应等于断裂时形成两个新表面的单位面积的表面能,即应等于 2γ。为了近似地求出图 8.17 中 $\sigma-x$ 曲线下所包围的面积,用一正弦曲线代替原来的曲线,其数学表达式为

$$\sigma = \sigma_m \sin \frac{2\pi x}{\lambda} \tag{8.1}$$

这里 $\frac{\lambda}{4}$ 为曲线峰值处的 x 值,因此

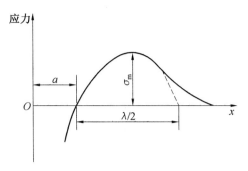

图 8.17　原子间作用力与原子间位移的关系

$$2\gamma = \int_0^{\lambda/2} \sin\frac{2\pi x}{\lambda}\,\mathrm{d}x = \frac{\lambda\sigma_{\mathrm{m}}}{\pi} \tag{8.2}$$

对于无限小的位移:

$$\sin\frac{2\pi x}{\lambda} \cong \frac{2\pi x}{\lambda} \tag{8.3}$$

因此,式(8.1)可化简为

$$\sigma = \sigma_{\mathrm{m}}\frac{2\pi x}{\lambda} \tag{8.4}$$

而根据胡克定律,弹性状态下:

$$\sigma = E\varepsilon = E\,\frac{x}{a} \tag{8.5}$$

式中　E——弹性模量;

　　　a——原子间平衡距离。

由式(8.4)和式(8.5)得

$$\lambda = \frac{2\pi a\,\sigma_{\mathrm{m}}}{E} \tag{8.6}$$

将式(8.6)代入式(8.2)可求得

$$\sigma_{\mathrm{m}} = \left(\frac{E\gamma}{a}\right)^{\frac{1}{2}} \tag{8.7}$$

式中　σ_{m}——理想晶体解理断裂的理论断裂强度。

对于铁,$\gamma = 2\ \mathrm{J/m^2}$,$E = 210\ \mathrm{GPa}$,$a = 2.5\times10^{-10}\ \mathrm{m}$,得出:$\sigma_{\mathrm{m}} \approx 41\ \mathrm{GPa} \approx E/5$。对于一般金属材料,$\sigma_{\mathrm{m}}$的数量级为 $E/5\sim E/10$,但实际金属的断裂强度要比这个估计值低很多(只有它的 $1/100\sim1/1000$),这是由于存在缺陷。

8.2.2　断裂强度的裂纹理论

为了解释实际材料的断裂强度和理论强度的差异,1921 年格雷菲斯提出一个断裂理论设想,材料中存在预裂纹,在拉应力作用下,裂纹尖端附近产生应力集中,使得断裂强度大为下降。对应于一定尺寸的裂纹,有一临界应力值σ_{c},当外加应力低于σ_{c}时,裂纹不能扩展;只有当应力超过σ_{c}时,裂纹迅速扩展,导致材料断裂。

假设试样为一薄板,中间有一长度为 $2a$ 的裂纹贯穿其间,如图 8.18 所示,板受到均匀张应力 σ 的作用,它和裂纹面正交。在裂纹面两侧的应力被松弛掉了(应力比 σ_c 低),而在裂纹两端局部地区引起应力集中(应力远超过 σ_c)。裂纹扩展增加新的表面,弹性能的降低恰好足以提供裂纹扩展时表面能的增加。裂纹所松弛的弹性能可以近似地看作形成直径为 $2a$ 的无应力区域所释放的能量(单位厚度),由弹性理论计算,在松弛前弹性能密度等于 $\sigma^2/2E$(弹性能密度用应力—应变曲线下阴影面积表示,即为 $\dfrac{1}{2}\sigma\varepsilon=\dfrac{1}{2}\sigma\dfrac{\sigma}{E}=\dfrac{\sigma^2}{2E}$),被松弛区域的体积为 πa^2,粗略估计弹性能的改变量等于 $-\pi a^2\sigma^2/2E$(系统释放的能量,前面加负号),精确计算求出的值为粗略估计值的 2 倍,即弹性能(U_1)为

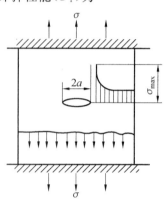

图 8.18　格雷菲斯裂纹的示意图

$$U_1=-\frac{\pi a^2\sigma^2}{E} \qquad (8.8)$$

裂纹形成时产生新表面需提供表面能(U_2)为

$$U_2=4a\gamma \qquad (\text{因为是 2 个表面}) \qquad (8.9)$$

式中　γ——单位面积的表面能。

由于表面能 γ 及外加应力 σ 是恒定的,则系统总能量变化及每一项能量均与裂纹半长 a 有关(注:逐渐拉紧平板后,系统释放的弹性能是由小变大),在裂纹失稳扩展时,裂纹的长度对应于系统总能量变化(U_1+U_2)的极大值。此时,裂纹就可以自发地扩展,这样的过程降低系统的能量。因此裂纹传播的能量判据为

$$\frac{\mathrm{d}}{\mathrm{d}a}(U_1+U_2)=\frac{\mathrm{d}}{\mathrm{d}a}\left(4a\gamma-\frac{\pi a^2\sigma^2}{E}\right)=0 \qquad (8.10)$$

这样就可以求出裂纹失稳扩展的临界应力 σ_c 为

$$\sigma_c=\left(\frac{2E\gamma}{\pi a}\right)^{\frac{1}{2}} \qquad (8.11)$$

式(8.11)称为格里菲斯公式,表明裂纹传播的临界应力和裂纹长度的平方根成反比。以上推导情况适合于薄板。Griffith 公式只适于脆性固体,如玻璃、金刚石等。格里菲斯理论的重要贡献是将裂纹看作材料中的重要缺陷,这是裂纹研究的开端。

对于工程金属材料,如钢等,裂纹尖端由于应力集中产生较大塑性变形,消耗大量塑性变形功,是裂纹扩展所消耗的能量的一部分,其值远大于表面能(至少相差 1 000 倍)。因此对格里菲斯公式进行修正,Griffith 公式中表面能应由形成裂纹所需表面能 γ_s 及发生塑性变形所消耗的塑性变形功 γ_p 构成,则 Griffith 公式应当修正为

$$\sigma_c=\left[\frac{2E(\gamma_s+\gamma_p)}{\pi a}\right]^{1/2} \qquad (8.12)$$

根据式(8.11)或式(8.12),当拉应力超过临界应力时,裂纹就会传播。在裂纹传播后,裂纹 a 值变大,故使裂纹继续发展所要求的应力下降,从而使裂纹迅速扩展。在实际金属材料中或多或少存在裂纹和缺陷,但当应力值(或裂纹长度)没有达到临界值时,裂纹不扩展。因此,可以容许存在一定尺度内的裂纹。只要设法使其不再发展,就可以保证不出现整体性的破坏了。

8.2.3　裂纹的萌生和扩展

金属的断裂过程通常可以分为裂纹的萌生和裂纹的扩展两个阶段。实践表明,金属的塑性变形过程和断裂过程是同时发生的。在外力作用下,金属多晶体发生塑性变形首先在位向有利的晶粒中发生塑性变形。为了保证各晶粒间变形的连续性,就要求在一个晶粒内的变形可以穿过晶界面传播到位向比较有利的晶粒中,一旦晶粒内的变形方式不能满足塑性变形连续性的要求,即塑性变形受阻或中断,则在严重变形不协调的局部区域将发生裂纹萌生,如果裂纹萌生后还不能以变形方式来协调整体变形的连续性,则裂纹继续扩展长大。从位错理论的观点来看,金属的塑性变形实质上是位错在滑移面上运动和不断增殖的过程,塑性变形受阻意味着运动位错遇到某种障碍而形成位错塞积,在其前端形成一个高应力集中区域,若在该区域所积累的应变能足以破坏原子结合键时,便开始裂纹萌生。随着变形过程发展,位错不断地消失到裂纹中而导致裂纹的扩展长大。断裂的发展过程是一种运动位错不断塞积和消失的过程。当裂纹长大到临界尺寸时,裂纹便开始失稳扩展直到最终断裂。因此,塑性变形和断裂是两个相互联系的竞争过程,塑性变形受阻(位错的增殖和塞积)导致裂纹萌生而塑性变形发展(位错的释放和消失)导致裂纹扩展,裂纹的萌生和扩展是协调变形的一种方式。

1. 裂纹的萌生

金属发生断裂,先要形成微裂纹。这些微裂纹主要来自两个方面:一是金属内部原有的,如气孔、夹杂、微裂纹等缺陷;二是在塑性变形过程中,变形受阻或位错塞积等导致萌生。下面简单介绍塑性变形促使裂纹萌生的几种常见机制。

(1)位错塞积理论。

位错在运动过程中,遇到了障碍(如晶界、相界面等)而被塞积(图 8.19),在位错塞积群前端就会引起应力集中,塞积位错越多,应力集中程度越大。当此应力大于界面结合力或脆性第二相或夹杂物本身的结合力时,就会在界面或脆性相中萌生裂纹。

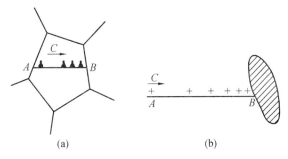

图 8.19　裂纹在晶界和相界处的萌生

(2)位错反应理论。

Cottrell 最早指出,bcc 中在两个滑移面上的两组位错相交后通过位错反应会生成[001]不动位错。

如图 8.20 所示,滑移面上的两个领先位错 A 和 B 通过反应后就成为不动位错 C。领先位错不断反应生成 C 位错,当合并在一起的 C 位错数目 n 增大到某一临界值时,它就会成为一个微裂纹。

（3）位错墙侧移理论。

刃型位错缺少半个原子面,当同一滑移面上的 n 个同号刃型位错合并在一起,就会在其下方形成一个尖劈型的微裂纹 ABE,如图 8.21(a)所示。另一种方式,由于刃型位错的垂直排列构成了位错墙,同时引起滑移面的弯折而使裂口形核（图 8.21(b)）,裂口面将和滑移面重合。hcp 金属沿滑移面断裂的原因正是这一理论。

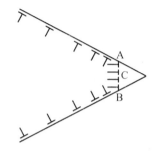

图 8.20 位错反应形成微裂纹示意图

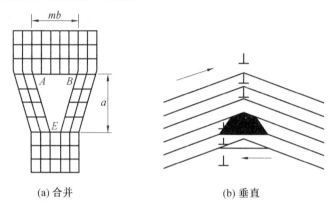

(a) 合并　　　　　(b) 垂直

图 8.21 刃型位错采用合并和垂直排列的方式形成微裂纹

（4）位错销毁理论。

位错在外力作用下发生相对运动,若两个相距为 $h<10$ 个原子间距的平行滑移面上,存在异号刃型位错,当它们相互接近后,就会彼此合并而销毁,便在中心处形成孔隙,随着滑移的进行,孔隙逐渐扩大,形成长条形空洞（图 8.22）。

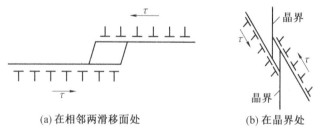

(a) 在相邻两滑移面处　　　　(b) 在晶界处

图 8.22 异号位错塞积群销毁形成的微裂纹

2. 裂纹的扩展

格里菲斯理论说明,可以容许存在一定尺度内的裂纹,只要裂纹没有达到临界值时,裂纹不扩展,只要设法使其不再扩展,就可以保证不出现整体性的破坏。因此,金属材料在塑性变形过程中形成微裂纹（或空洞）,并不意味着材料即将断裂,从微裂纹形成到导致金属的最终断裂是一个扩展过程,这个过程与材料的性质、应力状态等外部条件密切相关。

如果材料塑性好,则微裂纹形成后其前端应力集中可通过塑性变形松弛,使裂纹钝化,因此裂纹将难以发展,这就是微裂纹的修复过程。此过程可以通过原子扩散、原子吸附使破断面减少,也可通过增加静水压力促使破断面贴合,所以回复、再结晶、固态相变和强静水压力等都有助于裂纹的修复。反之,若材料塑性差,吸收变形功的能力小,微裂纹一旦形成,就可凭其尖端所积聚的弹性能迅速扩展成宏观裂纹,最终导致断裂。对于相同材料,如果应力状态等外部条件不同,则微裂纹扩展的情况也不同。压应力抑制微裂纹发展,而拉应力促使微裂纹迅速扩展。因此,变形过程的静水压力越小、温度越低,微裂纹越容易很快发展为宏观裂纹,其塑性便不能充分发挥。裂纹扩展遵循能量消耗最小原理,即裂纹扩展总沿原子键合力最薄弱的表面进行。由于晶界具有较高的位错密度和一些沉淀、一些第二相夹杂物,因此晶界是裂纹最容易扩展路径之一。但对于一些 bcc 和 hcp 金属,它们都存在着一种原子键合力最薄弱的原子面((001)面和(000)面等),它有时比晶界面上原子的键合力弱,因此也不能排除裂纹穿晶进行扩展的可能性。如果破坏晶界原子键合力的临界应力、破坏最薄弱面(即解理面)的临界应力和沿滑移面滑移的临界切应力等均已知,则比较三者的大小和相互关系,就可推出不论是塑性断裂还是脆性断裂,都可能存在两种断裂方式,即沿晶断裂和穿晶断裂。通常,金属受力后,一是发生塑性变形,即达到屈服;二是促进微裂纹萌生;三是促使裂纹扩展。裂纹萌生所需要的应力要小于裂纹扩展所需要的应力,因为裂纹扩展增加新表面使表面能增加,从而使临界应力增加,裂纹扩展困难,所以要使裂纹迅速扩展需要的功就增加了。因此,裂纹的扩展是有条件的。

研究断裂的目的是防止材料发生过早的或不应有的断裂,希望得到有较大塑性变形的韧性断裂结果。可见,所有促使材料裂纹形成的因素都在动摇着金属材料的塑性能力。但是,当掌握了材料塑性状态规律,很好地控制变形条件,可使这对矛盾往有利于塑性的方向发展。

8.3　断裂的基本类型

8.3.1　按断裂应变分类

根据断裂前金属是否呈现明显的塑性变形,可将断裂分为韧性断裂和脆性断裂两大类。

(1)韧性断裂:金属断裂前的宏观塑性变形(延伸率或断裂应变)或断裂前所吸收的能量(断裂功或冲击值)较大,则称为韧性断裂,这类材料称韧性材料。

(2)脆性断裂:金属断裂前几乎没有明显的宏观塑性变形(延伸率或断裂应变)或断裂前所吸收的能量(断裂功或冲击值)很小,则称为脆性断裂,这类材料称脆性材料。

人们通常把没有宏观塑性变形的材料,如玻璃和陶瓷,称为脆性材料;而把塑性应变很小的材料,如金属间化合物,称为准(或半)脆性材料;把有明显宏观塑性变形的材料,如铝合金和碳钢,称为韧性材料。工程实际中,常把单向拉伸时的延伸率或断面收缩率为 5% 作为韧脆性的分界线,大于 5% 者为韧性断裂,而小于 5% 者为脆性断裂。值得一提的是，金属的韧脆性是根据试验条件下的塑性应变量进行判定的，和试验条件、环境以及试样类型等因素有关。这个工程判断完全是人为的，故并没有获得一致赞同。

8.3.2　按断口形貌分类

根据断口形貌特征可分为沿晶断裂（对应沿晶断口）、解理断裂（对应解理断口）、准解理断裂（对应准解理断口）、纯剪切断裂和微孔聚集型断裂（对应韧窝断口），其中前三类属于脆性断裂，后两类属于韧性断裂。

需注意的是，在很多情况下，断裂面会显示混合断口，例如同时存在沿晶断口和解理（或准解理）断口，也可能韧窝断口或准解理（或沿晶）断口共存，有时宏观断口的不同区域显示不同的微观断口。

8.3.3　按断裂路径分类

根据断裂路径分类，一般可分为沿晶断裂和穿晶断裂（非沿晶断裂）两类。也有科研工作者发现和提出了沿相间断裂类型，即裂纹在相与相的边界萌生和扩展，例如，Ti－24Al11Nb 金属间化合物在甲醇中应力腐蚀时，裂纹沿 α_2 相和 β 相的边界萌生和扩展。

8.3.4　按断裂面的取向分类

根据断裂面相对作用力方向的取向分类，一般可分为正断和切断两类。

（1）正断：宏观断裂面垂直于最大正应力的断裂称为正断。

（2）切断：宏观断裂面和最大切应力方向一致的断裂，或沿最大切应力方向发生的断裂，称为切断。

应当指出，正断不等于脆断，相应的切断也不等于韧断。韧性金属圆柱试样拉伸时通常得到杯锥形断口，锥形中心区宏观上是平断口，它和拉应力垂直，因此属于正断，但微观断口则由韧窝构成，且断裂时塑性变形量很大，所以是韧断；杯锥形断口的杯形部分和拉应力成 $45°$，它和切应力平行，所以是剪切断口，它也是典型的韧窝断口，属于韧断。对于脆性金属，在平行于裂纹面且垂直于裂纹扩展方向的剪应力作用下，裂纹面上下错开，裂纹沿原来的方向向前扩展的撕开型断裂，宏观断口永远平行于剪应力面，所以是切断，但断裂前宏观应变很小，微观断口形貌也显示脆性特征（解理、准解理或沿晶），所以它属于脆性断裂。

8.3.5　按服役条件分类

根据金属的服役条件可分为过载断裂、疲劳断裂、蠕变断裂和环境断裂。

（1）过载断裂：载荷不断增大，或工作载荷突然增加导致试样或构件的断裂称为过载断裂。按加载速率可分为静载断裂和动载断裂（如冲击、爆破）。

（2）疲劳断裂：在循环应力（其最大值低于拉伸强度）作用下，金属经过一定的疲劳周期后通过疲劳裂纹形核、扩展而引起的断裂称为疲劳断裂。

（3）蠕变断裂：在中高温条件下施加恒定应力，经过一定时间的蠕变变形后导致金属的断裂称为蠕变断裂。

（4）环境断裂：存在腐蚀介质或氢的环境中，经过一定时间后在低的外应力作用下就能导致裂纹的形核和扩展直至试样或构件断裂，称为环境断裂（如应力腐蚀、氢脆）。

8.4 断口特征分析

金属断口是金属试样或构件断裂后，破坏部分的外观形貌的通称，记录着裂纹的萌生和扩展的过程。由于金属中裂纹的扩展方向沿着消耗能量最小区域进行，且与最大应力方向有关，因此，断口是金属性能最弱或所受应力最大的部位。通过对断口形貌特征的研究，可确定断裂的类型，并可分析产生断裂的原因。

断口特征分析分为宏观分析和微观分析两种。宏观分析指的是用肉眼、放大镜或低倍光学显微镜等来研究断口形貌特征的一种方法，简单易行，是断口特征分析过程中的第一步，是整个断口特征分析的基础。通过宏观分析，可以确定金属断裂的类型和性质（例如：是脆性断裂、韧性断裂还是疲劳断裂）；可以分析断裂源的位置和裂纹传播的方向；可以判断材质的质量。但对断口的细节与裂纹的萌生和扩展的机理的进一步深化分析和研究，还需要借助微观分析，即用电镜等工具来研究断口形貌特征。

8.4.1 断口特征宏观分析

在研究通常的金属断裂（如拉伸断裂和冲击断裂）时，人们发现尽管材料不同，断裂方式不同，但从断裂过程来看，断口通常呈现三个区域，即纤维区、放射区及剪切唇区，称为断口的三要素，分别以 F、R、S 表示。图 8.23（a）和（b）分别为圆柱拉伸试样和夏比冲击试样的断口的断裂区域示意图。

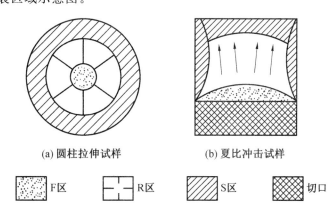

(a) 圆柱拉伸试样   (b) 夏比冲击试样

▨ F区   ▤ R区   ▨ S区   ▨ 切口

图 8.23 断口的断裂区域示意图

（1）纤维区是断裂的开始区，裂纹源在这个区域产生。在应力作用下，金属内部的第二相粒子、晶界或有缺陷的地方产生显微空洞，随着应力的增加，空洞增加并且不断长大，互相连接最终发生断裂。纤维区呈现粗糙的纤维状，是韧性断裂区。

（2）放射区是裂纹扩展区，与纤维区相邻，其交界处标志着裂纹由缓慢扩展向快速扩展的转化。放射区呈现放射状花样，放射状花样与裂纹扩展方向一致，并逆指向裂纹源。放射区是脆性断裂区。

（3）剪切唇区是裂纹的最后阶段，表面比较光滑，与应力轴大约成 45°，是在平面应力条件下裂纹做快速不稳定扩展的结果，是典型的切断断裂。剪切唇区也是韧性断裂区。

断口上三个区域的存在与否、大小、位置、比例、形态等都随着金属的强度水平、压力状态、尺寸大小、几何形状、内外缺陷以及位置、温度、外界环境等的不同而有很大变化。例如，当加载速度降低、温度上升、构件尺寸变小时，都使纤维区和剪切唇区增大。加载速度增大，放射区增大，塑性变形程度减小。构件截面增大时，由于结构上的缺陷概率增大，塑性指标下降。通常，金属韧性好的，纤维区占的面积比较大，甚至没有放射区，全是纤维区和剪切唇区。当金属脆性增大，放射区增大，纤维区减小，甚至会不存在纤维区和剪切唇区，并且放射区的花纹很细小，变得不明显和呈现别的特征。

以上是关于通常的金属断口的主要宏观特征。在实际观察和分析断口时，要从以下方面入手：

（1）观察断口是否存在放射状花样，根据纹路的走向可找到裂纹源位置；根据断口上三个区的形态及在断面上所占的比例，可粗略地估计出金属的性能，判断其韧性。纤维区和剪切唇区所占的比例越大，金属的塑性、韧性越好；反之，放射区所占比例越大，则金属塑性越低，脆性大。

（2）观察断口的粗糙程度、光泽和颜色，断口越粗糙，颜色越灰暗，表明裂纹扩展过程中塑性变形越大，韧性断裂的程度越大。反之，断口细平，多光泽，则脆性断裂的趋势大。

8.4.2　断口特征微观分析

在电子显微镜下呈现的断口形貌特征有各种不同类型，常见的有解理断口、准解理断口、沿晶断口和韧窝断口，将进一步讨论。

8.5　韧性断裂

8.5.1　韧性断裂的表现形式

韧性断裂有不同的表现形式，常见的表现形式如图 8.24 所示。

（1）切变断裂：可以发生在单晶体和多晶体中。在单晶体金属中，剪切沿着一定的结晶学平面扩展；在多晶体金属中，剪切沿着最大切应力的平面扩展。如 hcp 金属单晶体沿基面做大量滑移后就会发生这种形式的断裂，其断裂面就是滑移面，如图 8.24(a)所示。一般情况下，这种韧性断裂过程和空洞的形核长大无关，在断口上看不到韧窝。

（2）缩颈：在塑性变形后，一些塑性非常好的金属如高纯铜单晶、铝、金和铅，经拉伸屈服后，要经历大量塑性变形，直至发生缩颈至针尖状，最终断裂时断口接近一个点或一条线，此时断面收缩率接近 100%，如图 8.24(b)所示。

（3）微孔聚集型断裂：金属多晶体材料的断裂，通过空洞的形成、长大和相互连接的过程进行，这种断裂称为微孔聚集型断裂或韧窝断裂。对于一般韧性金属，拉伸的塑性变形量不如高纯铜单晶那样大，断面收缩率不能达到 100%，在发生一定程度的面缩后发生断裂，形成杯锥状断口，如图 8.24(c)所示。

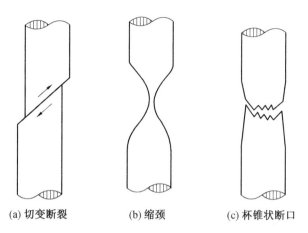

(a) 切变断裂　　　(b) 缩颈　　　(c) 杯锥状断口

图 8.24　韧性断裂的表现形式

8.5.2　杯锥韧性断裂的断裂过程

杯锥韧性断裂是由微孔洞聚集引起的,断裂过程分为两个阶段(图 8.25):

(1)试样发生缩颈。当加工硬化所引起的强度增加不足以补偿截面收缩的效应时,就产生了缩颈(图 8.25(a)),相应的材料拉伸强度达到极大值,此后金属的变形变得不均匀,但是断裂尚未开始。

(2)试样中心裂纹的萌生和扩展。缩颈的形成引入三向应力状态,由于缩颈中央张力的作用,在夹杂物或第二相粒子处形成许多微小孔洞(图 8.25(b)),这些孔洞逐渐汇聚成一个裂纹(图 8.25(c)),裂纹沿着垂直于拉伸方向的方向扩展(图 8.25(d)),最终导致断裂(图 8.25(e))。

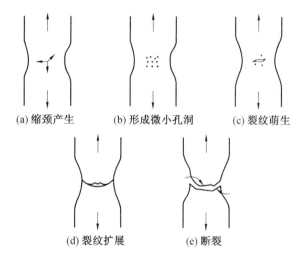

(a) 缩颈产生　　　(b) 形成微小孔洞　　　(c) 裂纹萌生

(d) 裂纹扩展　　　(e) 断裂

图 8.25　杯锥韧性断裂过程中裂纹的形成和发展的各个阶段

8.5.3   韧窝断口及其形成模型

在微孔聚集型断裂或韧窝断裂的断口上,覆盖着大量显微微坑(窝坑),称为韧窝,因此,这种断口称为韧窝断口。韧窝断口形貌特征如图8.26所示。

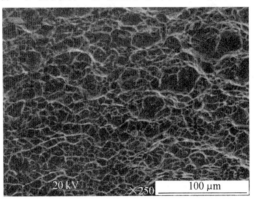

图 8.26   韧窝断口形貌特征

韧窝的产生通常与存在于金属中的夹杂物和第二相粒子有关,这些夹杂物和第二相粒子与金属本身有不同的塑性变形性能,当金属发生塑性变形时,由于变形的不协调,粒子与基体之间就会产生微孔洞,随着塑性变形的继续增大,微孔洞增加、长大、聚集、贯穿直至破断,这些微孔洞就形成断口上的韧窝,在断口上很多韧窝的底部存在这些粒子;而对于没有夹杂物和第二相粒子的高纯金属,微孔洞可以在位错胞墙空位簇处成核,这时韧窝的底部就不存在第二相粒子。

韧性断裂的微孔洞的形成和聚集模型如图8.27所示,分为三个阶段:

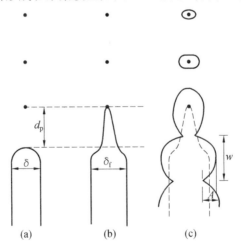

图 8.27   韧性断裂的微孔洞的形成和聚集模型

(1) 在外力作用下裂纹尖端发生钝化,裂纹尖端前方的夹杂物或第二相粒子处产生微孔洞(图 8.27(a))。

(2) 裂纹扩展启动,裂纹尖端扩展至下一个第二相粒子处(图 8.27(b))。

（3）裂纹继续扩展，形成韧窝状断口（图 8.27(c)）。

断口表面呈粗糙的不规则状，根据受力的不同会形成不同形状的韧窝，如图 8.28 所示，有等轴韧窝（图 8.28(a)）、抛物线形韧窝（图 8.28(b)）和拉长型韧窝（图 8.28(c)）。

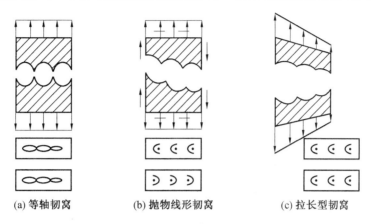

| (a) 等轴韧窝 | (b) 抛物线形韧窝 | (c) 拉长型韧窝 |

图 8.28　不同形貌特征的韧窝

塑性越好的金属，韧窝越深，可以用韧窝深度和直径之比表征金属塑性的高低，其数学表达式为

$$M = h/w \tag{8.13}$$

式中　h——韧窝深度；

　　　w——韧窝直径；

　　　M——断口表面粗糙度，M 值越大，金属的塑性越好。

一般说来，韧窝断口是韧性断裂的标志。但也有例外，微观上出现韧窝，宏观上不一定是韧性断裂；而宏观上为脆性断裂，在局部区域内也可能有塑性变形，从而显示出韧窝形态。

8.5.4　韧性断裂的特点

综上所述，韧性断裂有如下几个特点：①韧性断裂的断口呈纤维状，灰暗无光，具有韧窝断口特征；②韧性断裂主要是穿晶断裂，如果晶界处有夹杂物或沉淀物聚集，则也可能是沿晶断裂；③韧性断裂前已发生了较大的塑性变形，断裂时要消耗相当多的能量，所以韧性断裂是一种高能量的吸收过程；在小裂纹不断扩大和聚合过程中，又有新裂纹不断产生，因此韧性断裂通常表现为多断裂源；④韧性断裂的裂纹扩展的临界应力大于裂纹形核的临界应力；⑤韧性断裂是个缓慢的撕裂过程；随着变形的不断进行裂纹不断生成、扩展和集聚，变形一旦停止，裂纹的扩展也将随着停止。

8.6　脆性断裂

金属断裂前基本上不发生塑性变形，直接由弹性变形状态过渡到断裂，是一种突然发生的断裂，断前没有预兆，因而危害性大。脆性断裂的断口平齐。在高倍下（如用扫描电镜），断口有解理断口、准解理断口和沿晶断口三种常见类型。

8.6.1　解理断裂的特点

解理断裂是一种穿晶断裂,是在外力作用下,裂纹沿着一定的晶体学平面扩展而导致的脆性断裂。解理断裂对应的断口称为解理断口,裂纹扩展的晶体学平面称为解理面。通常 bcc 结构金属的解理面为(100),hcp 结构金属的解理面为(0001),而 fcc 结构金属一般不发生解理断裂。

由于解理断裂是在解理面上因原子键的简单破裂而发生的断裂,因而在一个晶粒内解理裂纹具有相对的平直性,而在晶界处要改变方向,所以典型的解理断口是由许多取向略微有差别的光滑小平面组成,每组小平面代表一个晶粒,如图 8.29 所示。这些小平面(即解理面)的反光性好,所以解理断口在宏观观察时常常可看到晶亮闪光。

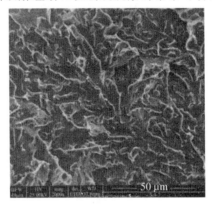

图 8.29　典型的解理断口形貌特征

解理断裂的断口特征除了平坦的解理断面之外还常观察到河流状花样,在有的解理断口上还存在舌状花样,分别如图 8.30(a)和(b)所示。所谓河流状花样形成原因之一,目前通常认为是解理裂纹交截螺型位错所产生的阶梯,也即形成解理台阶,其机制如图 8.31 所示。河流状花样也可以是两个相邻近而高度不同的解理裂纹扩展交叠连接在一起形成的二次解理台阶。“河流”的流向与裂纹扩展方向一致,反向追溯便可寻找断裂源

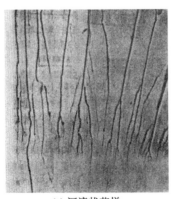

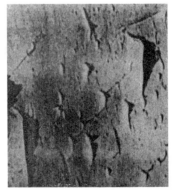

(a) 河流状花样　　　　　　　　　　(b) 舌状花样

图 8.30　解理断裂的花样特征

所在。舌状花样在低碳钢的低温拉伸或冲击断口上常可以见到,其通常被认为是由于解理裂纹遇到孪晶和基体的交界面时,裂纹改变扩展方向而形成的。

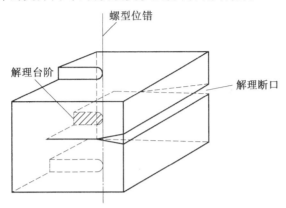

图 8.31　解理裂纹和螺型位错的交截形成解理台阶

8.6.2　准解理断裂的特点

当解理裂纹并不总是沿着解理面扩展,在断口上除了存在平坦的解理面和解理台阶以外,还存在在第二相粒子位置形成的韧窝,以及从解理向韧窝断口形貌过渡的撕裂带,这种由脆性解理和延性韧窝两种断裂过程混合在一起的断裂称为准解理断裂,对应的断口称为准解理断口,断口形貌如图 8.32 所示,其微观形态特征,似解理又非真正解理。

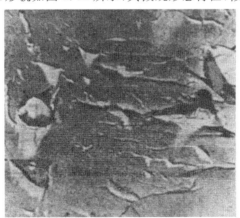

图 8.32　准解理断口形貌特征

准解理断裂和解理断裂的共同点是:通常都是穿晶断裂,有小解理刻面,常有台阶或河流状花样等特征。不同点是:准解理小刻面不是晶体学解理面,通常真正的解理裂纹源于晶界,断裂路径往往与晶粒位向有关,而准解理裂纹则源于晶内硬质点,常形成从晶内某点发源的放射状河流状花样,断裂路径不一定再与晶粒位向相关,难以严格地沿一定晶体学平面扩展。因此,严格地说,准解理断裂不是一种独立的断裂机制,而是解理断裂的变种。

8.6.3 沿晶断裂的特点

大多数金属为多晶体材料,裂纹沿晶界扩展导致金属失效的一种断裂形式称为沿晶断裂,多数是脆性断裂,对应的断口称为沿晶断口。沿晶断裂的情况比较复杂,最常见的是由于沿晶界的杂质原子、沉淀相或成分偏析等降低了晶界的黏合力,裂纹就会择优沿晶界扩展,从而引起沿晶界的脆断。沿晶断口形貌特征常呈冰糖状,在断面上可看到晶粒轮廓线或多边体晶粒的截面图,如图 8.33 所示。

图 8.33 沿晶断口形貌特征

8.7 韧性—脆性转变

韧性与脆性并非金属固定不变的特性。韧性断裂和脆性断裂只是相对的定性概念,在一定条件下韧性断裂的金属在另一些条件下可以转变为脆性断裂,这种现象称为韧性—脆性转变。在实际载荷下,同一种金属会由于温度、应力、环境等因素的不同,表现不同的断裂性质和断裂类型。例如,金属钨在室温下呈现脆性,在较高温度下却具有塑性。

在拉伸时为脆性的金属,在高静水压力下却呈现塑性。在室温下拉伸为塑性的金属,在出现缺口、低温、高变形速度时却可能变得很脆。因此,金属是韧性断裂还是脆性断裂,除了与金属本身的各种内在因素(诸如金属的化学成分、显微结构、杂质分布和应力状态等)有关,还与金属使用时所处的外在条件(包括环境的温度、应变速率和环境介质等)有关。对塑性加工来说,很有必要了解韧性脆性转变条件,尽可能防止脆性,向有利于塑性提高方面转化。

金属的韧性—脆性转变取决于多种因素,在这里先重点描述温度降低使金属由韧性断裂转变为脆性断裂的现象,这是金属使用中的一个十分重要的问题。一般的金属与合金(fcc 者除外),随温度降低,均有可能发生从韧性向脆性转变,存在一个转变温度 T_c,在 T_c 以上,断裂是韧性的,在 T_c 以下,断裂就是脆性的,这个转变温度 T_c 称为韧性—脆性转变温度(韧脆转变温度)。图 8.34 所示为多种金属随温度变化的韧性—脆性转变曲线,可以看出,光滑圆棒拉伸试样的断面收缩率、延伸率和夏比冲击吸收功随温度变化,在某一温度范围急剧下降,金属由韧性断裂转变为脆性断裂。

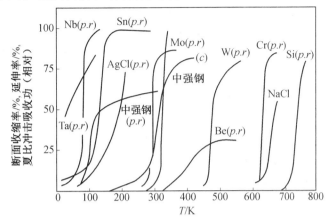

图 8.34　多种金属随温度变化的韧脆转变曲线

p—光滑拉伸试样延伸率；r—断面收缩率；c—夏比冲击吸收功

　　如上所述,在韧脆转变温度处,金属从韧性向脆性转变,相应地,反映金属强韧性能的韧性指标(如夏比冲击功、断裂韧性)和塑性指标(如延伸率、压缩率、断面收缩率),在该温度附近某一范围内必定有一个突变,因此可以用多种方式对韧脆转变温度进行测定。工程上通常采用 V 形缺口夏比冲击试样测定金属的韧脆转变温度。典型的韧脆转变温度曲线如图 8.35 所示,图中实线和虚线分别表示夏比冲击吸收功和解理断口所占比例随温度的变化。当温度高于 T_1 时,金属的夏比冲击吸收功基本保持恒定,即存在一个上平台区,断口为 100% 韧性纤维状(低倍放大)和韧窝断裂(高倍放大)；当温度低于 T_1 时,断口上开始出现解理断裂,因此 T_1 为全韧性转变温度。当温度降低时,夏比冲击吸收功急剧减少,断口上出现 50% 的解理断裂形貌,此时所对应的温度 T_2 通常表征为韧脆转变温度 T_c。在温度 T_3 时,断口几乎 100% 为解理形貌,表示材料已处于完全脆性断裂状态,此后夏比冲击吸收功也基本上不再随温度的降低而减小,即存在一个下平台区,因此 T_3 为无韧性转变温度。如果金属在韧脆转变温度处突然由韧性(100% 纤维)变为脆性(100% 解理),则上述三个温度是相等的,否则,$T_1 > T_2(T_c) > T_3$。当然,在工程实际中,也经常把

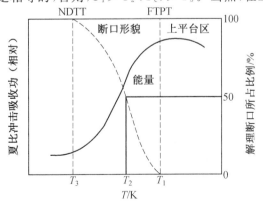

图 8.35　典型的韧脆转变温度曲线

图 8.35 中上平台区的夏比冲击吸收功的 50% 所对应的温度表征为韧脆转变温度。

无论用何种方式对韧脆转变温度进行表征,很显然,某一金属的韧脆转变温度越高,表征该金属的脆性趋势越大。对这种现象的解释,可以认为断裂强度对温度不敏感,热激活对脆性裂纹的传播不起多大作用,但屈服强度却随温度变化很大,温度越低,屈服强度越高。

将断裂强度与屈服强度对温度作图(图 8.36),两条曲线必然相交,交点所对应的温度就是 T_c,当 $T > T_c$ 时,断裂强度大于屈服强度,此时材料要经过一段塑性变形后才能断裂,故表现为韧性断裂;当 $T < T_c$ 时,断裂强度小于屈服强度,此时材料未来得及塑性变形就已经发生断裂,则表现为脆性断裂。值得一提的是,对于大多数 fcc 结构金属,由于屈服强度和断裂强度随温度的变化并不明显,故这两条曲线并不相交,即不存在韧性—脆性转变。

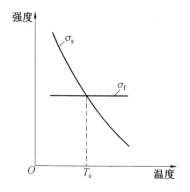

图 8.36   屈服强度 σ_s 和断裂强度 σ_f 与温度的关系

这种将塑性变形和断裂看成相互独立的过程各有其临界应力(分别用屈服强度和断裂强度)解释韧性—脆性转变的方法,也可以解释其他参量对于韧性—脆性转变的影响。例如,变形速度的影响与此类同。由于变形速度的提高,塑性变形来不及进行而使屈服强度增高,但变形速度对断裂强度影响不大,所以在一定的条件下,就可以得到一个临界变形速度,高于此值便产生脆性断裂。变形速度的提高相当于变形温度降低的效果。又如应力状态的影响也可以用这个方法得到解释。图 8.37 所示为相互正交的单轴拉伸所产生的切应力状态,可以看出两者的方向恰好相反,如果同时有两组或三组相互正交的拉伸应力作用在试样上(如三向拉应力状态),切应力抵消使滑移面上的有效应力值减小,对于滑移很不利,有缺口试样在拉伸时,就是这种情况。这是因为在有缺口的情况下,缺口部分截面积小,拉伸时,首先在此处发生变形,这与单向拉伸时发生缩颈类似,在缺口的截面上产生了三向拉应力状态(图 8.38)。若使材料屈服,其最大的切应力必须达到某一临界值。而由于处于三向拉应力状态时,滑移面上的有效切应力值减小。为了使材料屈服,必须使轴向拉应力增加 q 倍(q 称为塑性约束因素,$q > 1$,极大值约为 3),从而使试样整体的屈服强度提高为原来的 q 倍,相应地,屈服强度与断裂强度这两条曲线相交在更高的温度(图 8.39),因此使具有缺口试样拉伸的屈服强度高于无缺口试样的屈服强度,从而提高了缺口试样的脆脆转变温度。缺口越深越尖锐,三向拉应力状态越强,试验表明三向拉应力状态越强,材料的脆性转变温度越高,脆性趋势越大。

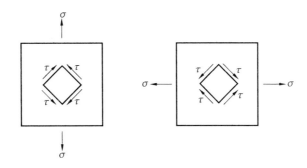

图 8.37　相互正交的张应力引起方向相反的切应力分量

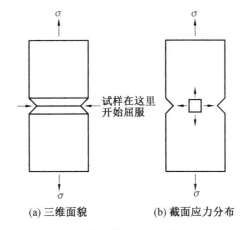

(a) 三维面貌　　　　(b) 截面应力分布

图 8.38　缺口拉伸试样引起的三向拉应力状态

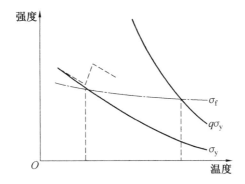

图 8.39　有缺口和无缺口试样对韧脆转变温度的影响

如果试样在流体静压力作用下拉伸,情况就会不同,在这种场合,外加的拉伸应力所引起的切应力和两个压缩应力的切应力分量具有相同的方向,使滑移面上的有效切应力值增加,因而对于滑移有利,这可以解释许多脆性材料在高压下进行拉伸表现出塑性特征。

上述阐述的温度、变形速度、应力状态等对金属的韧性—脆性转变的影响是从影响金属断裂行为的外部因素的角度进行的,事实上金属的韧性—脆性转变也取决于金属本身的内在因素,即金属的组织结构和化学成分。通常除 fcc 结构金属不显示韧性—脆性转变现象外,其他金属都具有韧性—脆性转变特征,晶体结构越复杂,对称性越差,则位错运动时晶格阻力越高,且随温度的变化也越敏感,韧性—脆性转变特征越明显。金属中夹杂物将提高韧脆转变温度。例如,超高纯铁在 $-270\ ℃$ 时韧性仍很高,对工业纯铁,则在 $-100\ ℃$ 就显示脆性,铁中加入间隙元素 P 和 O 则使韧脆转变温度升高,加入置换元素(如 Si 和 Cr)一般也使韧脆转变温度升高,但也有例外,如铁中加 Ni 和 Mn 使韧脆转变温度下降。纯 Cr 没有韧脆转变现象,但加入 $0.02\%N$,则室温就显示脆性。又如以氧对粉末冶金钨的塑性的影响为例(图 8.25),当氧的含量波动在 20 mg/L 上下时,对钨的低温塑性不起决定性的影响,但对单晶和多晶钨的低温脆性有影响,氧含量为 2 mg/L、10 mg/L、20 mg/L 的单晶钨,其转变温度分别为 $-18\ ℃$、$16\ ℃$ 和 $35\ ℃$,而氧含量为 4 mg/L、10 mg/L、30 mg/L 和 50 mg/L 的多晶钨其转变温度分别上升到 $230\ ℃$、$360\ ℃$、$450\ ℃$ 和 $550\ ℃$。从图 8.40 中看出,同样含量的氧,多晶钨的转变温度高,而单晶钨的转变温度较低,可见晶界影响很大。间隙元素氧、氮、氢和碳被认为是钨、钼低温脆性最有害的元素。随着这些杂质含量的增加,金属的韧脆转变温度急剧升高,降低抗冲击负荷的能力(塑性),金属的强韧性能变坏。间隙元素对 VA 族和 VIA 族金属脆性的影响,来源于杂质与位错的交互作用。这些间隙元素由于点阵的尺寸效应习惯于在位错周围聚集,把位错钉扎住,因而增加材料的屈服强度,当它等于或超过材料的断裂强度时,就发生没有塑性变形的脆断,这就是使材料韧脆转变温度上升的主要原因。

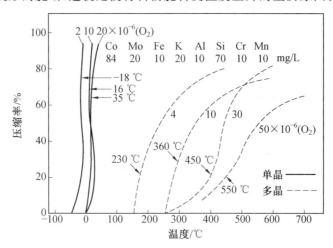

图 8.40　氧对粉末冶金钨的塑性影响

关于晶粒度对金属韧性—脆性转变现象的影响,一般来说,晶粒越细,韧脆转变温度越低,因为屈服强度和断裂强度均和晶粒直径的平方根成反比,其数学表达式分别为

$$\sigma_s = \sigma_0 + k_y d^{-\frac{1}{2}} \tag{8.14}$$

$$\sigma_f = \sigma_0 + k_f d^{-\frac{1}{2}} \tag{8.15}$$

式中　σ_s——屈服强度;

　　σ_f——断裂强度;

　　d——晶粒直径;其余参数为常数,但 $k_f > k_y$。

　　因此,当 d 减小时,σ_f 的增量就大于 σ_s 的增量,从而使细晶粒金属的断裂强度与屈服强度的交点温度低于粗晶粒金属的断裂强度与屈服强度的交点温度。即晶粒越细,韧脆转变温度越低,金属韧性越好。为了提高金属的强韧性能,通常采用加入某些元素,控制合金晶粒度的方法来降低金属的低温脆性;也可加入一些和碳、氮、氧等亲和力较大的元素,作为一种净化剂,使基体点阵中的间隙元素生成稳定的化合物,呈弥散分布,以降低间隙元素对基体脆性的有害影响。

参 考 文 献

[1] 杨秀英,刘春忠. 金属学及热处理[M]. 北京:机械工业出版社,2010.

[2] 王毅坚,索忠源. 金属学及热处理[M]. 北京:化学工业出版社,2017.

[3] 赵品,谢辅洲,孙振国. 材料科学基础教程[M]. 哈尔滨:哈尔滨工业大学出版社,2016.

[4] 胡赓祥,蔡珣,戎咏华. 材料科学基础[M]. 3 版. 上海:上海交通大学出版社,2010.

[5] 赵长生,顾宜. 材料科学与工程基础[M]. 北京:化学工业出版社,2020.

[6] 蔡珣. 材料科学与工程基础[M]. 2 版. 上海:上海交通大学出版社,2017.

[7] 杨扬. 金属塑性加工原理[M]. 北京:化学工业出版社,2016.

[8] 王占学. 塑性加工金属学[M]. 北京:冶金工业出版社,2020.

[9] 崔令江,韩飞. 塑性加工工艺学[M]. 2 版. 北京:机械工业出版社,2013.

[10] 俞汉清,陈金德. 金属塑性成形原理[M]. 北京:机械工业出版社,2017.

[11] 施于庆,祝邦文. 金属塑性成形原理[M]. 北京:北京大学出版社,2016.

[12] 彭大暑. 金属塑性加工原理[M]. 长沙:中南工业大学出版社,2004.

[13] 徐泰然. MEMS 和微系统:设计与制造[M]. 王晓浩,译. 北京:机械工业出版社,2004.

[14] 张凯锋. 微成形制造技术[M]. 北京:化学工业出版社,2008.

[15] 郑伟,林晓娟. 微塑性成形的尺寸效应与数值模拟[M]. 北京:化学工业出版社,2016.

[16] 孟宝. 微细成形理论与技术[M]. 北京:北京航空航天大学出版社,2022.

[17] 汪大年. 金属塑性成形原理[M]. 北京:机械工业出版社,1982.

[18] 斯德洛日夫,波波夫. 金属压力加工原理[M]. 哈尔滨工业大学锻压教研室,吉林工业大学锻压教研室,译. 北京:机械工业出版社,1980.

[19] 王占学. 塑性加工金属学[M]. 北京:冶金工业出版社,2010.

[20] 杨觉先. 金属塑性变形物理基础[M]. 北京:冶金工业出版社,1988.